U0313566

# 湖北七姊妹山

# 森林动态监测样地

## ——树种及其分布格局

Hubei Qizimeishan Forest Dynamics Plot: Tree Species and Their Distribution Patterns

朱　江　艾训儒
姚　兰　肖能文　编著

科　学　出　版　社

北　京

# 内 容 简 介

本书基于湖北七姊妹山国家级自然保护区的亚热带山地常绿落叶阔叶混交林森林动态监测大样地（6 hm²）2015 年的调查与分析数据，记载了样地内所有胸径大于 1.0 cm 的木本植物（含木质藤本）245 种（包括变种），隶属于 54 科 134 属，展示了各物种的科属类别、形态特征、个体数量、径级结构和空间分布图等，同时配有相应的彩色图片。书中裸子植物使用郑万钧（1978）分类系统，被子植物使用恩格勒（1964）分类系统。

本书文字简练，图文并茂，是一部具有科学性和地方特色的专业书籍，可供林学和生态学等相关领域的大专院校师生和科研单位研究人员参考使用。

**图书在版编目（CIP）数据**

湖北七姊妹山森林动态监测样地：树种及其分布格局 / 朱江等编著.
—北京：科学出版社，2022.1
ISBN 978-7-03-071055-0

Ⅰ. ①湖… Ⅱ. ①朱… Ⅲ. ①自然保护区 – 森林植物 – 介绍 – 湖北
Ⅳ. ① S759.992.63

中国版本图书馆 CIP 数据核字（2021）第 268675 号

责任编辑：王 彦 / 责任校对：王万红
责任印制：吕春珉 / 封面设计：金舵手

科 学 出 版 社 出版

北京东黄城根北街 16 号
邮政编码：100717
http://www.sciencep.com

北京中科印刷有限公司 印刷
科学出版社发行 各地新华书店经销

*

2022 年 1 月第 一 版 开本：787×1092 1/16
2022 年 1 月第一次印刷 印张：17
字数：455 000

定价：180.00 元
（如有印装质量问题，我社负责调换〈中科〉）

销售部电话 010-62136230 编辑部电话 010-62130750

# 前　言
## FOREWORD

　　亚热带常绿阔叶林是分布在我国亚热带地区最具代表性的植被类型，也是结构最复杂、生产力最高、生物多样性最丰富的地带性植被类型之一，对维持区域生态环境和全球碳平衡等都具有极重要的作用。地带性的亚热带常绿阔叶林在纬度偏北或海拔偏高处，往往会由于适应低温环境而出现不同程度的落叶成分，从而形成亚热带山地常绿落叶阔叶混交林。

　　武陵山东北区域中山地带，特别是鄂西南地区，保存有大面积亚热带山地常绿落叶阔叶混交林和大量的珍稀濒危及特有物种，是中国种子植物三大特有现象中心之一的"川东-鄂西特有现象中心"的核心地带，也是具有全球意义的生物多样性关键地区。在这片区域内，以亚热带山地常绿落叶阔叶混交林为主体的典型森林植被，在鄂西南乃至武陵山少数民族地区的生物多样性保护、养分循环、水源涵养、气候调节、林产品资源提供等生态系统服务方面发挥着不可替代的作用。

　　湖北民族大学在国家林业和草原局科学技术司指导下，在中国林业科学研究院森林生态环境与自然保护研究所的大力支持下，与湖北星斗山国家级自然保护区管理局、湖北木林子国家级自然保护区管理局、湖北七姊妹山国家级自然保护区管理局及湖北利川金子山国有林场等单位密切合作，采用"一站多点"方式，于2013年建立了"湖北恩施森林生态系统国家定位观测研究站"，开始了以华中丘陵山地常绿阔叶林及马尾松杉木毛竹林区为代表区域，对武陵山东北区域中山地带亚热带山地常绿落叶阔叶混交林生态系统结构与功能、退耕还林工程和长江中上游天然林保护工程经营管理模式及生态效益监测、珍稀濒危及特有生物资源的保护与开发利用的长期定位研究。这是该区域开展森林生态系统长期定位研究历史上的第一次。湖北民族大学按照CTFS建设规范，于2013-2017年，先后建立了3个亚热带山地常绿落叶阔叶混交林森林动态监测大样地（共27 hm²），分别位于湖北木林子国家级自然保护区内的大样地15 hm²、七姊妹山国家级自然保护区内大样地6 hm²和金子山国有林场的大样地6 hm²，同时建立了20 m×20 m的卫星监测样地209个，大样地及卫星监测样地共定位监测胸径大于1.0 cm的木本植物25万余株。

　　本书主要研究位于湖北七姊妹山国家级自然保护区内的6 hm²大样地的木本植物，详细描述了245种木本植物（含54科134属）的物种特征、种群结构及其空间分布，并以彩色照片对物种的主要识别特征加以展示。本书由中国环境科学研究院生物多样性调查评估项目（No. 2019HJ2096001006）和湖北民族大学林学省级"双一流"学科建设经费资助出版。

　　本书第Ⅰ部分由艾训儒教授撰写，第Ⅱ部分由肖能文研究员撰写，第Ⅲ部分从物种水杉（*Metasequoia glyptostroboides*）到四照花（*Cornus kousa* subsp. *chinensis*）由朱江博士撰写，第Ⅲ部分从物种城口桤叶树（*Clethra fargesii*）到小叶菝葜（*Smilax microphylla*）由姚兰教授负责撰写。全书由艾训儒教授和肖能文研究员统稿。除本书主要编著者外，参与样地建立与调查、提供照片或数据分析的还有臧润国、丁易、王玉兵、冯广、陈俊、黄伟、黄永涛、陈思、陈思艺、林勇、王进、黄小、吴漫玲、朱强、薛卫星、李玮宜、罗西、黄阳祥、徐静静、杨威、张永申、易咏梅、黄升、彭宗林、刘俊城、邓志军、吴林、郭秋菊、洪建峰、陈绍林、姚海云、陈龙清等 30 多位同仁。诚挚感谢为七姊妹山大样地建设和本书出版做出贡献的单位和个人。由于时间仓促，水平所限，不足疏漏之处在所难免，敬请读者批评指正。

艾训儒

2020 年 8 月

# 目 录
## CONTENTS

# I

## 湖北七姊妹山
## 国家级自然保护区

## 1.1 地理位置

保护区位于湖北省恩施土家族苗族自治州（以下简称恩施州）宣恩县境内，地理坐标109°38′30″-109°47′00″E，29°39′30″-30°05′15″N，总面积345.5 km²。保护区北与恩施市河溪村交界，东北属宣恩县椿木营乡管辖，东与鹤峰县太平镇接壤，南与湖南八大公山国家级自然保护区核心区毗连，西与宣恩县长潭乡和沙道沟镇相连。

## 1.2 地质地貌

保护区属鄂西南山区，为云贵高原的东北延伸部分，地处武陵山脉余脉，处于我国地势第二阶梯向第三阶梯的过渡区域。全境地势表现为西北高西南低，海拔为650-2014 m，最高峰火烧堡为全县最高峰（海拔2014 m）。保护区境内由喀斯特地貌发育而成，地质结构复杂，褶皱、断裂多，坡陡谷深，沟壑纵横。岩石类型以沉积岩为主。境内山系主要由七姊妹山、秦家大山和八大公山3个大的山脊所构成。

## 1.3 水文特征

保护区内河网密布，纵横交错，有大小河溪30条，总长度144.4 km，长度在10 km以上的有4条。保护区以中部的鸡公界、龙崩山为分水岭，形成全县相对独立的南北两大水系：北部贡水水系流归清江后入长江；南部酉水水系流进湖南省沅江，汇入洞庭湖。

## 1.4 气候特征

保护区属中亚热带季风湿润型气候，气候呈明显的垂直差异。海拔800 m以下的低山地带年均气温15.8℃，无霜期294 d，年均降水量1491.3 mm，年均日照时数1136.2 h；海拔800-1200 m的二高山地带年均气温13.7℃，无霜期263 d，年均降水量1635.3 mm，年日照时数1212.4 h；海拔1200 m以上的高山地带年均气温8.9℃，无霜期203 d，年均降水量1876 mm，年日照时数1519.9 h。

## 1.5 土壤特征

保护区土壤类型主要有黄壤、黄棕壤、棕壤、水稻土、石灰土和紫色土等6个土类。其土壤随海拔高度变化而不同，海拔1500 m以下的区域为山地黄棕壤，海拔1500 m以上的区域属棕壤。其中，黄棕壤、棕壤和黄壤是保护区的主要土壤，分别占保护区总面积的55.9%、26.8%和12.2%。

## 1.6 植被特征

保护区内具有丰富的生物多样性和大量的珍稀濒危及特有植物。该区域为中国种子植物三大特有现象中心之一的"川东-鄂西特有现象中心"的核心地带，特有种和国家重点保护植物繁多，因其特殊的地理位置、重要的生态功能和丰富的生物多样性资源而被《中国生物多样性保护行动计划》和《中国生物多样性国情研究报告》列为中国优先保护区域和具有全球意义的生物多样性关键地区。

　　保护区分布有 5 个植被型组、9 个植被型、30 个植物群系。区域内植被的垂直分布现象明显，低海拔区域多分布着常绿阔叶林，随着海拔升高植被以常绿落叶阔叶混交林为主，在山脊和坡顶有部分落叶阔叶林分布。在保护区东北部海拔 1650-1950 m 的范围内，分布着 30-40 hm² 的亚高山泥炭藓沼泽湿地。

　　多次调查结果表明，保护区现有维管束植物 183 科 752 属 2027 种，分别占湖北省维管束植物科、属、种数的 78.88%、51.86% 和 33.44%，占全国维管束植物科、属、种数的 53.82%、23.69% 和 7.29%。其中，国家重点保护植物 28 种，国家一级保护植物有珙桐（*Davidia involucrata*）、光叶珙桐（*Davidia involucrata* var. *vilmoriniana*）、红豆杉（*Taxus chinensis*）、南方红豆杉（*Taxus wallichiana* var. *mairei*）、钟萼木（*Bretschneidera sinensis*）和银杏（*Ginkgo biloba*）等 7 种；国家二级保护植物有连香树（*Cercidiphyllum japonicum*）、水青树（*Tetracentron sinense*）、红豆树（*Ormosia hosiei*）、黄杉（*Pseudotsuga sinensis*）、香果树（*Emmenopterys henryi*）等 21 种。

# II 七姊妹山常绿落叶阔叶混交林森林动态监测样地

## 2.1 样地建设

2013 年在湖北七姊妹山国家级自然保护区内，选择地势相对平缓、内部地形相对一致的区域，按照热带林业科学中心（centre for tropical forest science，CTFS）样地建设标准和技术规范（Condit，1995），采用实时动态测量仪（real time kinematic，RTK）从样地原点沿东西方向和南北方向每隔 20 m 定点，并测定各点海拔，建立东西长 300 m、南北长 200 m 的 6 hm² 固定监测大样地。样地的整体地势南高北低，呈较为一致的坡向（图 2-1）。将样地划分为 150 块 20 m×20 m 的样方，样方 4 个角使用经过防腐处理的不锈钢管作为永久标记，在每块 20 m×20 m 的样方内再细分为 4 个 10 m×10 m 或 16 个 5 m×5 m 的小样方。

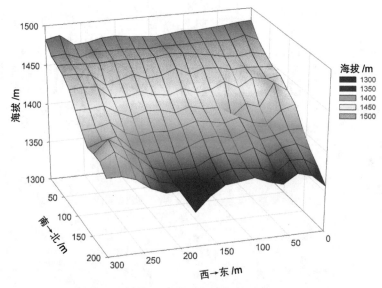

图 2-1 七姊妹山 6 hm² 森林动态监测样地地形图

## 2.2 植被调查

植被调查于 2014 年 6-8 月进行，对样地内所有胸径（diameter at breast height，DBH）在 1.0 cm 以上的木本植物个体在胸径处用红色油漆标记，对所有标记的植物个体用铜丝（1.0 cm≤DBH≤5.0 cm）或螺纹钢钉（DBH>5.0 cm）套挂具有唯一编号的特制铝牌。在对大样地生境因子调查的基础上，以 20 m×20 m 的样方为基本单元，对已标记挂牌的所有植物个体进行测树因子及相对位置坐标测量，主要包括种名、胸径、树高、是否萌生等指标，以及在调查样方单元的相对位置坐标（以大样地西南角为原点，测定 x 轴和 y 轴的坐标值）。野外调查内容和方法参照巴拿马巴洛科罗拉多岛（Barro Colorado Island，BCI）的技术规范，采用中国森林生物多样性监测网络的统一调查研究方法进行。

## 2.3 物种组成与群落结构

湖北七姊妹山 6 hm² 森林动态监测样地属于典型山地常绿落叶阔叶混交林，木本植物合计 54 科 134 属 245 种（含种下分类单位），其中常绿树种 95 种、落叶树种 150 种，共 49 718 株存活个体。

样地内乔木层的优势种为川陕鹅耳枥（*Carpinus fargesiana*）和交让木（*Daphniphyllum macropodum*），亚乔木层的优势种为黄丹木姜子（*Litsea elongata*）和木姜子（*Litsea pungens*），灌木层的优势种为翅柃（*Eurya alata*）和茶荚蒾（*Viburnum setigerum*），其径级分布如图 2-2 至图 2-4 所示。

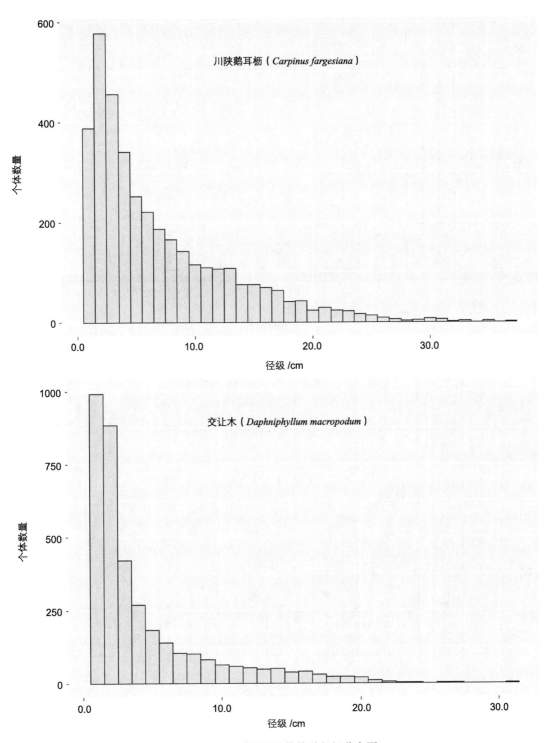

图 2-2　乔木层的优势种径级分布图

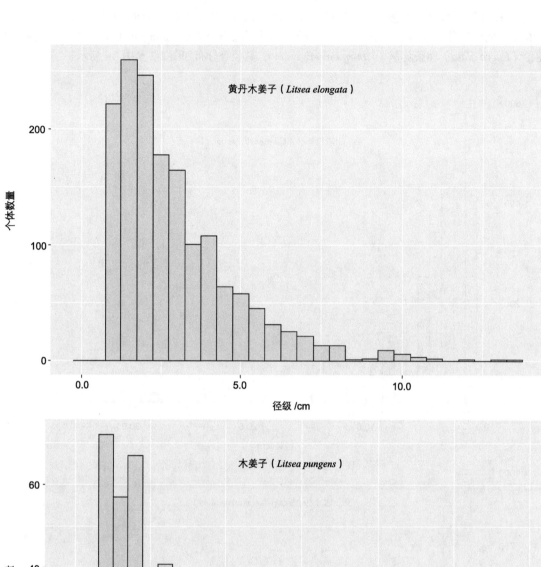

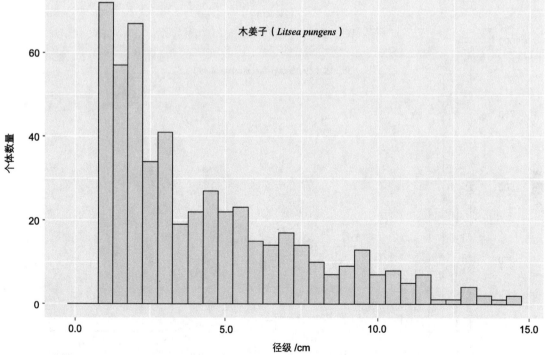

图 2-3　亚乔木层的优势种径级分布图

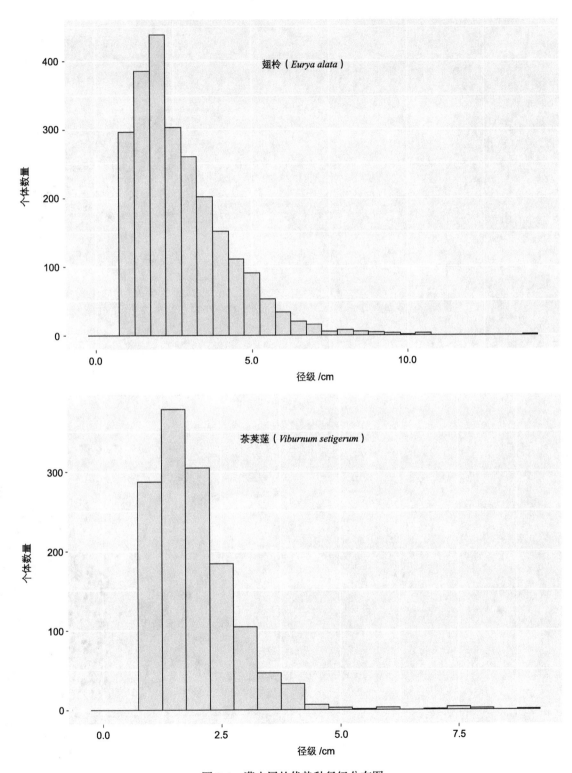

图 2-4　灌木层的优势种径级分布图

# III 样地树种及其分布

　　**林层划分**　根据样地内树种的生长型和个体高度，划分为3个林层：乔木层（乔木，树高10 m以上，共77种）；亚乔木层（乔木或小乔木，树高5-10 m，共45种）；灌木层（灌木，树高5 m以下，其中木质藤本划入灌木层，共123种）。

　　**重要值计算**　根据林层划分结果，分层计算各物种重要值；其中，重要值＝（相对显著度＋相对多度）×100/2，相对显著度用胸高断面积进行计算。

　　**胸径分级**　采用上限排除法进行划分，乔木层为 [1.0, 2.5)、[2.5, 5.0)、[5.0, 10.0)、[10.0, 20.0)、[20.0, 30.0)、[30.0, 40.0)、[40.0, 60.0)；亚乔木层为 [1.0, 2.5)、[2.5, 5.0)、[5.0, 8.0)、[8.0, 11.0)、[11.0, 15.0)、[15.0, 20.0)、[20.0, 30.0)；灌木层为 [1.0, 2.0)、[2.0, 3.0)、[3.0, 4.0)、[4.0, 5.0)、[5.0, 7.0)、[7.0, 10.0)、[10.0, 15.0)。

　　**个体分布**　以样地西南角为坐标原点，东西向边界为 $x$ 轴，南北向边界为 $y$ 轴，以树木个体在样地内的相对坐标确定分布位点。

# 水杉 *Metasequoia glyptostroboides* Hu & W. C. Cheng

## 水杉属 *Metasequoia*　　杉科 Taxodiaceae

个体数量（Individual number）= 3
最小，平均，最大胸径（Min, Mean, Max DBH）= 3.0 cm, 8.1 cm, 17.6 cm
分布林层（Layer）= 亚乔木层（Subtree layer）
重要值排序（Importance value rank）= 43/45

| 胸径区间 /cm | 个体数量 | 比例 /% |
|---|---|---|
| [1.0, 2.5) | 0 | 0.00 |
| [2.5, 5.0) | 2 | 66.67 |
| [5.0, 8.0) | 0 | 0.00 |
| [8.0, 11.0) | 0 | 0.00 |
| [11.0, 15.0) | 0 | 0.00 |
| [15.0, 20.0) | 1 | 33.33 |
| [20.0, 30.0) | 0 | 0.00 |

乔木，高达 35 m；树干基部常膨大；树皮灰色、灰褐色或暗灰色，幼树裂成薄片脱落，大树裂成长条状脱落，内皮淡紫褐色；枝斜展，小枝下垂，幼树树冠尖塔形，老树树冠广圆形，枝叶稀疏；一年生枝光滑无毛，幼时绿色，后渐变成淡褐色，二三年生枝淡褐灰色或褐灰色；侧生小枝排成羽状，长 4-15 cm，冬季凋落；主枝上的冬芽卵圆形或椭圆形，顶端钝，芽鳞宽卵形，先端圆或钝，长宽几相等，边缘薄而色浅，背面有纵脊。叶条形，长 0.8-3.5 cm，上面淡绿色，下面色较淡，沿中脉有两条较边带稍宽的淡黄色气孔带，每带有 4-8 条气孔线，叶在侧生小枝上列成二列，羽状，冬季与枝一同脱落。球果下垂，近四棱状球形或矩圆状球形，成熟前绿色，熟时深褐色；种鳞木质，盾形，通常 11-12 对，交叉对生，鳞顶扁菱形，中央有一条横槽，基部楔形，能育种鳞有 5-9 粒种子；种子扁平，倒卵形，间或圆形或矩圆形，周围有翅，先端有凹缺；子叶 2 枚，条形，两面中脉微隆起，上面有气孔线。花期 2 月下旬，球果 8 月成熟。

产于利川；分布于重庆、湖北、湖南，全国各地均有栽培。按照国务院 1999 年批准的国家重点保护野生植物（第一批）名录，本种为一级保护植物，同时也是极小种群物种。

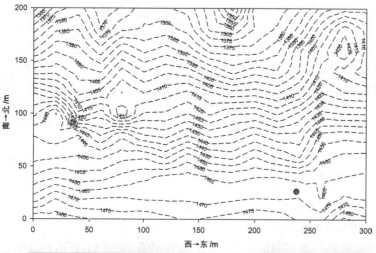

# 柳杉 *Cryptomeria japonica* var. *sinensis* Miq.

## 柳杉属 *Cryptomeria*　　杉科 **Taxodiaceae**

个体数量（Individual number）＝8
最小，平均，最大胸径（Min, Mean, Max DBH）＝1.0 cm，14.4 cm，32.9 cm
分布林层（Layer）＝乔木层（Tree layer）
重要值排序（Importance value rank）＝59/77

| 胸径区间 /cm | 个体数量 | 比例 /% |
|---|---|---|
| [1.0, 2.5) | 2 | 25.00 |
| [2.5, 5.0) | 0 | 0.00 |
| [5.0, 10.0) | 1 | 12.50 |
| [10.0, 20.0) | 3 | 37.50 |
| [20.0, 30.0) | 1 | 12.50 |
| [30.0, 40.0) | 1 | 12.50 |
| [40.0, 60.0) | 0 | 0.00 |

　　乔木，高达 40 m；树皮红棕色，纤维状，裂成长条片脱落；大枝近轮生，平展或斜展；小枝细长，常下垂，绿色，枝条中部的叶较长，常向两端逐渐变短。叶钻形略向内弯曲，先端内曲，四边有气孔线，长 1-1.5 cm，果枝的叶通常较短。雄球花单生叶腋，长椭圆形，集生于小枝上部，成短穗状花序状；雌球花顶生于短枝上。球果圆球形或扁球形；种鳞20 片左右，上部有 4-5 个短三角形裂齿，齿长 2-4 mm，鳞背中部或中下部有一个三角状分离的苞鳞尖头，尖头长 3-5 mm，能育的种鳞有 2 粒种子；种子褐色，近椭圆形，扁平，长 4-6.5 mm，边缘有窄翅。花期 4 月，球果 10 月成熟。

　　恩施州广泛栽培；分布于浙江、福建、江苏、安徽、河南、湖北、湖南、四川、贵州、云南、广西和广东等省区。

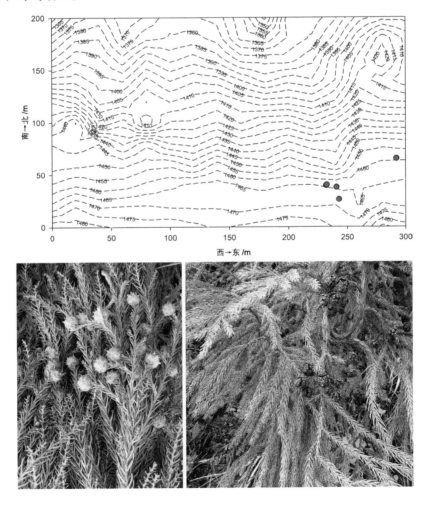

# 杉木 *Cunninghamia lanceolata* (Lamb.) Hook.

## 杉木属 *Cunninghamia*　　杉科 **Taxodiaceae**

个体数量（Individual number）＝1450
最小，平均，最大胸径（Min, Mean, Max DBH）＝1.0 cm, 4.5 cm, 37.0 cm
分布林层（Layer）＝乔木层（Tree layer）
重要值排序（Importance value rank）＝16/77

| 胸径区间 /cm | 个体数量 | 比例 /% |
|---|---|---|
| [1.0, 2.5) | 623 | 42.97 |
| [2.5, 5.0) | 420 | 28.97 |
| [5.0, 10.0) | 247 | 17.03 |
| [10.0, 20.0) | 137 | 9.45 |
| [20.0, 30.0) | 22 | 1.52 |
| [30.0, 40.0) | 1 | 0.06 |
| [40.0, 60.0) | 0 | 0.00 |

　　乔木，高达 30 m；幼树树冠尖塔形，大树树冠圆锥形，树皮灰褐色，裂成长条片脱落，内皮淡红色；大枝平展，小枝近对生或轮生，常成二列状，幼枝绿色，光滑无毛；冬芽近圆形，有小型叶状的芽鳞，花芽圆球形、较大。叶在主枝上辐射伸展，侧枝之叶基部扭转成二列状，披针形或条状披针形，通常微弯、呈镰状，革质、坚硬，长 2-6 cm，边缘有细缺齿，先端渐尖，稀微钝，上面深绿色，有光泽，除先端及基部外两侧有窄气孔带，微具白粉或白粉不明显，下面淡绿色，沿中脉两侧各有 1 条白粉气孔带；老树之叶通常较窄短、较厚，上面无气孔线。雄球花圆锥状，长 0.5-1.5 cm，有短梗，通常 40 余个簇生枝顶；雌球花单生或 2-4 个集生，绿色，苞鳞横椭圆形，先端急尖，上部边缘膜质，有不规则的细齿，长宽几相等。球果卵圆形，长 2.5-5 cm；熟时苞鳞革质，棕黄色，三角状卵形，长约 1.7 cm，先端有坚硬的刺状尖头，边缘有不规则的锯齿，向外反卷或不反卷，背面的中肋两侧有 2 条稀疏气孔带；种鳞很小，先端三裂，侧裂较大，裂片分离，先端有不规则细锯齿，腹面着生 3 粒种子；种子扁平，遮盖着种鳞，长卵形或矩圆形，暗褐色，有光泽，两侧边缘有窄翅，长 7-8 mm；子叶 2 枚，发芽时出土。花期 4 月，球果 10 月下旬成熟。

　　恩施州广布；全国大部分地区有栽培。

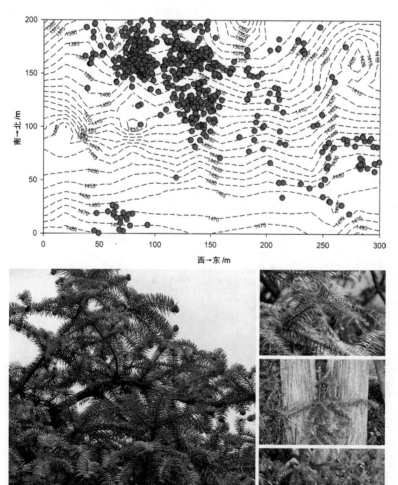

# 三尖杉 *Cephalotaxus fortunei* Hooker

## 三尖杉属 *Cephalotaxus* 三尖杉科 Cephalotaxaceae

个体数量（Individual number）＝27
最小，平均，最大胸径（Min, Mean, Max DBH）＝1.0 cm, 2.2 cm, 5.3 cm
分布林层（Layer）＝灌木层（Shrub layer）
重要值排序（Importance value rank）＝43/123

| 胸径区间 /cm | 个体数量 | 比例 /% |
|---|---|---|
| [1.0, 2.0) | 14 | 51.85 |
| [2.0, 3.0) | 7 | 25.93 |
| [3.0, 4.0) | 3 | 11.11 |
| [4.0, 5.0) | 1 | 3.70 |
| [5.0, 7.0) | 2 | 7.41 |
| [7.0, 10.0) | 0 | 0.00 |
| [10.0, 15.0) | 0 | 0.00 |

　　乔木，高达 20 m；树皮褐色或红褐色，裂成片状脱落；枝条较细长，稍下垂；树冠广圆形。叶排成两列，披针状条形，通常微弯，长 4-13 cm，宽 3.5-4.5 mm，上部渐窄，先端有渐尖的长尖头，基部楔形或宽楔形，上面深绿色，中脉隆起，下面气孔带白色，较绿色边带宽 3-5 倍，绿色中脉带明显或微明显。雄球花 8-10 朵聚生成头状，径约 1 cm，总花梗粗，通常长 6-8 mm，基部及总花梗上部有 18-24 枚苞片，每一雄球花有 6-16 枚雄蕊，花药 3 个，花丝短；雌球花的胚珠 3-8 枚发育成种子，总梗长 1.5-2 cm。种子椭圆状卵形或近圆球形，长约 2.5 cm，假种皮成熟时紫色或红紫色，顶端有小尖头。花期 4 月，种子 8-10 月成熟。

　　恩施州广布，生于山坡林中；分布于浙江、安徽、福建、江西、湖南、湖北、河南、陕西、甘肃、四川、云南、贵州、广西和广东等省区。

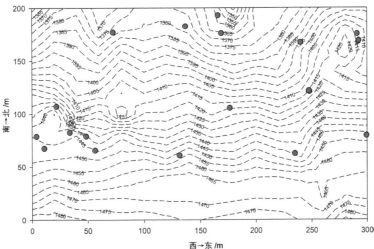

# 响叶杨 *Populus adenopoda* Maxim.

## 杨属 *Populus*　　杨柳科 Salicaceae

个体数量（Individual number）=37
最小，平均，最大胸径（Min, Mean, Max DBH）=1.2 cm, 11.7 cm, 29.3 cm
分布林层（Layer）=乔木层（Tree layer）
重要值排序（Importance value rank）=39/77

| 胸径区间<br>/cm | 个体<br>数量 | 比例<br>/% |
|---|---|---|
| [1.0, 2.5) | 4 | 10.81 |
| [2.5, 5.0) | 8 | 21.62 |
| [5.0, 10.0) | 9 | 24.33 |
| [10.0, 20.0) | 9 | 24.32 |
| [20.0, 30.0) | 7 | 18.92 |
| [30.0, 40.0) | 0 | 0.00 |
| [40.0, 60.0) | 0 | 0.00 |

乔木，高 15-30 m。树皮灰白色，光滑，老时深灰色，纵裂；树冠卵形。小枝较细，暗赤褐色，被柔毛；老枝灰褐色，无毛。芽圆锥形，有黏质，无毛。叶卵状圆形或卵形，长 5-15 cm，宽 4-7 cm，先端长渐尖，基部截形或心形，稀近圆形或楔形，边缘有内曲圆锯齿，齿端有腺点，上面无毛或沿脉有柔毛，深绿色，光亮，下面灰绿色，幼时被密柔毛；叶柄侧扁，被绒毛或柔毛，长 2-12 cm，顶端有 2 显著腺点。雄花序长 6-10 cm，苞片条裂，有长缘毛，花盘齿裂。果序长 12-30 cm；花序轴有毛；蒴果卵状长椭圆形，长 4-6 mm，稀 2-3 mm，先端锐尖，无毛，有短柄，2 瓣裂。种子倒卵状椭圆形，长 2.5 mm，暗褐色。花期 3-4 月，果期 4-5 月。

恩施州广泛栽培，生于人工林中；分布于陕西、河南、安徽、江苏、浙江、福建、江西、湖北、湖南、广西、四川、贵州和云南等省区。

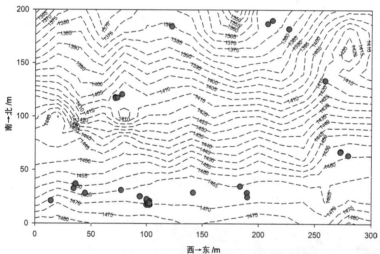

# 大叶杨 *Populus lasiocarpa* Oliv.

## 杨属 *Populus* 杨柳科 Salicaceae

个体数量（Individual number）=14
最小，平均，最大胸径（Min, Mean, Max DBH）=1.0 cm，15.0 cm，31.7 cm
分布林层（Layer）=乔木层（Tree layer）
重要值排序（Importance value rank）=47/77

| 胸径区间/cm | 个体数量 | 比例/% |
|---|---|---|
| [1.0, 2.5) | 2 | 14.29 |
| [2.5, 5.0) | 3 | 21.43 |
| [5.0, 10.0) | 1 | 7.14 |
| [10.0, 20.0) | 3 | 21.43 |
| [20.0, 30.0) | 4 | 28.57 |
| [30.0, 40.0) | 1 | 7.14 |
| [40.0, 60.0) | 0 | 0.00 |

乔木，高 20 余米。树冠塔形或圆形；树皮暗灰色，纵裂。枝粗壮而稀疏，黄褐或稀紫褐色，有棱脊，嫩时被绒毛，或疏柔毛。芽大，卵状圆锥形，微具黏质，基部鳞片具绒毛。叶卵形，长 15-30 cm，宽 10-15 cm，先端渐尖，稀短渐尖，基部深心形，常具 2 腺点，边缘具反卷的圆腺锯齿，上面光滑亮绿色，近基部密被柔毛，下面淡绿色，具柔毛，沿脉尤为显著；叶柄圆，有毛，长 8-15 cm，通常与中脉同为红色。雄花序长 9-12 cm；花轴具柔毛；苞片倒披针形，光滑，赤褐色，先端条裂；雄蕊 30-40 枚。果序长 15-24 cm，轴具毛；蒴果卵形，长 1-1.7 cm，密被绒毛，有柄或近无柄，3 瓣裂。种子棒状，暗褐色，长 3-3.5 mm。花期 3-4 月，果期 4-5 月。

恩施州广布，生于山谷林中；分布于四川、陕西、贵州、云南、湖北等省。

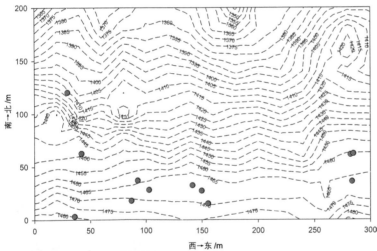

# 兴山柳 *Salix mictotricha* Schneid.

## 柳属 *Salix*    杨柳科 Salicaceae

个体数量（Individual number）=1
最小，平均，最大胸径（Min, Mean, Max DBH）=3.2 cm, 3.2 cm, 3.2 cm
分布林层（Layer）=灌木层（Shrub layer）
重要值排序（Importance value rank）=112/123

| 胸径区间<br>/cm | 个体<br>数量 | 比例<br>/% |
|---|---|---|
| [1.0, 2.0) | 0 | 0.00 |
| [2.0, 3.0) | 0 | 0.00 |
| [3.0, 4.0) | 1 | 100.00 |
| [4.0, 5.0) | 0 | 0.00 |
| [5.0, 7.0) | 0 | 0.00 |
| [7.0, 10.0) | 0 | 0.00 |
| [10.0, 15.0) | 0 | 0.00 |

灌木，高 4-6 m。幼枝具长柔毛，后无毛，紫褐色或稍带黑色。叶椭圆形或宽椭圆形，长 1.5-2 cm，宽 9-15 mm，先端近急尖或近圆形，基部圆形，上面绿色，具疏柔毛，下面苍白色，初有柔毛，后无毛，全缘；叶柄长 3-5 mm，具绢毛。雄花序近无梗，长达 2.8 cm，粗约 4 mm，密花，轴有长柔毛，雄蕊 2 枚，长为苞片的 2-3 倍，花丝基部具疏柔毛，花药黄色，宽椭圆形；苞片倒卵形，或近圆形，淡褐色，外面有绒毛，先端钝，腺体 1-2 个，腹生，先端分裂或不裂，背腺有或无，长椭圆形；雌花序长 2-2.5 cm，圆柱形，花序梗短，其上着生 2-3 片正常小叶，轴具疏柔毛；子房卵状椭圆形，无毛，无柄，花柱上端 2 裂，柱头各 2 裂；苞片长圆形，基部有疏柔毛，几与子房等长，黄褐色，腺体 1 个，腹生。蒴果有短柄。花期 5 月，果期 5 月下旬至 6 月。

产于恩施市，生于山坡林中；分布于湖北、四川等省。

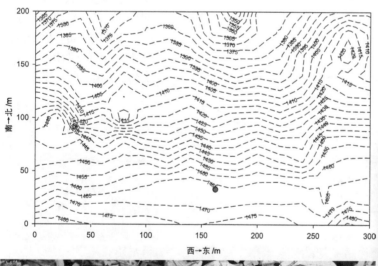

# 化香树 *Platycarya strobilacea* Sieb. et Zucc.

## 化香树属 *Platycarya*    胡桃科 Juglandaceae

个体数量（Individual number）=12
最小，平均，最大胸径（Min, Mean, Max DBH）=1.2 cm, 3.8 cm, 10.0 cm
分布林层（Layer）=乔木层（Subtree layer）
重要值排序（Importance value rank）=55/77

| 胸径区间/cm | 个体数量 | 比例/% |
|---|---|---|
| [1.0, 2.5) | 3 | 25.00 |
| [2.5, 5.0) | 6 | 50.00 |
| [5.0, 10.0) | 2 | 16.67 |
| [10.0, 20.0) | 1 | 8.33 |
| [20.0, 30.0) | 0 | 0.00 |
| [30.0, 40.0) | 0 | 0.00 |
| [40.0, 60.0) | 0 | 0.00 |

　　落叶小乔木，高2-6 m；树皮灰色，老时则不规则纵裂。二年生枝条暗褐色，具细小皮孔；芽卵形或近球形，芽鳞阔，边缘具细短睫毛；嫩枝被有褐色柔毛，不久即脱落而无毛。叶长约15-30 cm，叶总柄显著短于叶轴，叶总柄及叶轴初时被稀疏的褐色短柔毛，后来脱落而近无毛，具7-23枚小叶；小叶纸质，侧生小叶无叶柄，对生或生于下端者偶尔有互生，卵状披针形至长椭圆状披针形，长4-11 cm，宽1.5-3.5 cm，不等边，上方一侧较下方一侧为阔，基部歪斜，顶端长渐尖，边缘有锯齿，顶生小叶具长约2-3 cm的小叶柄，基部对称，圆形或阔楔形，小叶上面绿色，近无毛或脉上有褐色短柔毛，下面浅绿色，初时脉上有褐色柔毛，后来脱落，或在侧脉腋内、在基部两侧毛不脱落，甚或毛全不脱落，毛的疏密依不同个体及生境而变异较大。两性花序和雄花序在小枝顶端排列成伞房状花序束，直立；两性花序通常1条，着生于中央顶端，长5-10 cm，雌花序位于下部，长1-3 cm，雄花序部分位于上部，有时无雄花序而仅有雌花序；雄花序通常3-8条，位于两性花序下方四周，长4-10 cm。雄花：苞片阔卵形，顶端渐尖而向外弯曲，外面的下部、内面的上部及边缘生短柔毛，长2-3 mm；雄蕊6-8枚，花丝短，稍生细短柔毛，花药阔卵形，黄色。雌花：苞片卵状披针形，顶端长渐尖、硬而不外曲，长2.5-3 mm；花被2片，位于子房两侧并贴于子房，顶端与子房分离，背部具翅状的纵向隆起，与子房一同增大。果序球果状，卵状椭圆形至长椭圆状圆柱形，长2.5-5 cm，直径2-3 cm；宿存苞片木质，略具弹性，长7-10 mm；果实小坚果状，背腹压扁状，两侧具狭翅，长4-6 mm，宽3-6 mm。种子卵形，种皮黄褐色，膜质。花期5-6月，果期7-8月。

　　恩施州广布，生于山坡林中；分布于甘肃、陕西、河南、山东、安徽、江苏、浙江、江西、福建、台湾、广东、广西、湖南、湖北、四川、贵州和云南。

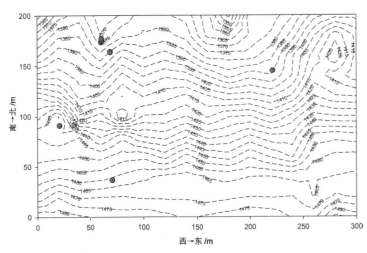

## 青钱柳 *Cyclocarya paliurus* (Batal.) Iljinsk.

### 青钱柳属 *Cyclocarya*　　　胡桃科 Juglandaceae

个体数量（Individual number）=43
最小，平均，最大胸径（Min, Mean, Max DBH）=1.2 cm, 8.8 cm, 25.0 cm
分布林层（Layer）=乔木层（Tree layer）
重要值排序（Importance value rank）=37/77

| 胸径区间 /cm | 个体数量 | 比例 /% |
|---|---|---|
| [1.0, 2.5) | 9 | 20.93 |
| [2.5, 5.0) | 8 | 18.6 |
| [5.0, 10.0) | 9 | 20.93 |
| [10.0, 20.0) | 12 | 27.91 |
| [20.0, 30.0) | 5 | 11.63 |
| [30.0, 40.0) | 0 | 0.00 |
| [40.0, 60.0) | 0 | 0.00 |

俗名"摇钱树"，乔木，高达 30 m；树皮灰色；枝条黑褐色，具灰黄色皮孔。芽密被锈褐色盾状着生的腺体。奇数羽状复叶长约 20 cm，具 7-9 小叶；叶轴密被短毛或有时脱落而成近于无毛；叶柄长约 3-5 cm，密被短柔毛或逐渐脱落而无毛；小叶纸质，近于对生或互生，具 0.5-2 mm 长的密被短柔毛的小叶柄，长椭圆状卵形至阔披针形，长约 5-14 cm，宽约 2-6 cm，基部歪斜，阔楔形至近圆形，顶端钝或急尖、稀渐尖；顶生小叶具长约 1 cm 的小叶柄，长椭圆形至长椭圆状披针形，长约 5-12 cm，宽约 4-6 cm，基部楔形，顶端钝或急尖；叶缘具锐锯齿，侧脉 10-16 对，上面被有腺体，仅沿中脉及侧脉有短柔毛，下面网脉显明凸起，被有灰色细小鳞片及盾状着生的黄色腺体，沿中脉和侧脉生短柔毛，侧脉腋内具簇毛。雄性葇荑花序长 7-18 cm，3 条或稀 2-4 条成一束生于长约 3-5 mm 的总梗上，总梗自 1 年生枝条的叶痕腋内生出；花序轴密被短柔毛及盾状着生的腺体。雄花具长约 1 mm 的花梗。雌性葇荑花序单独顶生，花序轴常密被短柔毛，老时毛常脱落而成无毛，在其下端不生雌花的部分常有 1 长约 1 cm 的被锈褐色毛的鳞片。果序轴长 25-30 cm，无毛或被柔毛。果实扁球形，径约 7 mm，果梗长约 1-3 mm，密被短柔毛，果实中部围有水平方向的径达 2.5-6 cm 的革质圆盘状翅，顶端具 4 枚宿存的花被片及花柱，果实及果翅全部被有腺体，在基部及宿存的花柱上则被稀疏的短柔毛。花期 4-5 月，果期 7-9 月。

恩施州广布，生于山坡林中；分布于安徽、江苏、浙江、江西、福建、台湾、湖北、湖南、四川、贵州、广西、广东和云南。

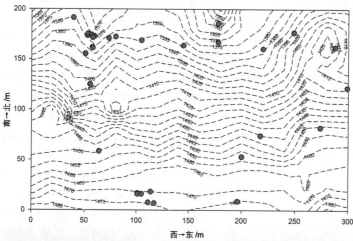

## 湖北枫杨 *Pterocarya hupehensis* Skan

### 枫杨属 *Pterocarya*　　胡桃科 Juglandaceae

个体数量（Individual number）＝3
最小，平均，最大胸径（Min, Mean, Max DBH）＝23.1 cm，31.2 cm，43.0 cm
分布林层（Layer）＝乔木层（Tree layer）
重要值排序（Importance value rank）＝73/77

| 胸径区间 /cm | 个体数量 | 比例 /% |
|---|---|---|
| [1.0, 2.5) | 0 | 0.00 |
| [2.5, 5.0) | 0 | 0.00 |
| [5.0, 10.0) | 0 | 0.00 |
| [10.0, 20.0) | 0 | 0.00 |
| [20.0, 30.0) | 2 | 66.67 |
| [30.0, 40.0) | 0 | 0.00 |
| [40.0, 60.0) | 1 | 33.33 |

　　乔木，高 10-20 m；小枝深灰褐色，无毛或被稀疏的短柔毛，皮孔灰黄色，显著；芽显著具柄，裸出，黄褐色，密被盾状着生的腺体。奇数羽状复叶，长约 20-25 cm，叶柄无毛，长约 5-7 cm；小叶 5-11 枚，纸质，侧脉 12-14 对，叶缘具单锯齿，上面暗绿色，被细小的疣状凸起及稀疏的腺体，沿中脉具稀疏的星芒状短毛，下面浅绿色，在侧脉腋内具 1 束星芒状短毛，侧生小叶对生或近于对生，具长 1-2 mm 的小叶柄，长椭圆形至卵状椭圆形，下部渐狭，基部近圆形，歪斜，顶端短渐尖，中间以上的各对小叶较大，长 8-12 cm，宽 3.5-5 cm，下端的小叶较小，顶生 1 枚小叶长椭圆形，基部楔形，顶端急尖。雄花序长 8-10 cm，3-5 条各由去年生侧枝顶端以下的叶痕腋内的诸裸芽发出，具短而粗的花序梗。雄花无柄，花被片仅 2 或 3 枚发育，雄蕊 10-13 枚。雌花序顶生，下垂，长约 20-40 cm。雌花的苞片无毛或具疏毛，小苞片及花被片均无毛而仅被有腺体。果序长 30-45 cm，果序轴近于无毛或有稀疏短柔毛；果翅阔，椭圆状卵形，长 10-15 mm，宽 12-15 mm。花期 4-5 月，果期 8 月。

　　恩施州广布，生于山谷中；分布于湖北、四川、陕西、贵州。

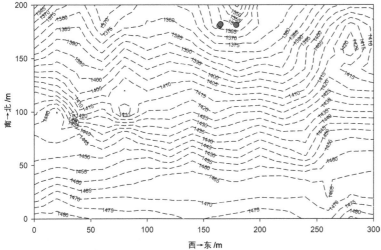

# 亮叶桦 *Betula luminifera* H. Winkl.

## 桦木属 *Betula* 桦木科 Betulaceae

个体数量（Individual number）=559
最小，平均，最大胸径（Min, Mean, Max DBH）=1.0 cm, 13.2 cm, 36.8 cm
分布林层（Layer）=乔木层（Tree layer）
重要值排序（Importance value rank）=7/77

| 胸径区间<br>/cm | 个体<br>数量 | 比例<br>/% |
|---|---|---|
| [1.0, 2.5) | 30 | 5.37 |
| [2.5, 5.0) | 56 | 10.02 |
| [5.0, 10.0) | 104 | 18.60 |
| [10.0, 20.0) | 266 | 47.58 |
| [20.0, 30.0) | 93 | 16.63 |
| [30.0, 40.0) | 10 | 1.78 |
| [40.0, 60.0) | 0 | 0.00 |

乔木，高可达 20 m；树皮红褐色或暗黄灰色，坚密，平滑；枝条红褐色，无毛，有蜡质白粉；小枝黄褐色，密被淡黄色短柔毛，疏生树脂腺体；芽鳞无毛，边缘被短纤毛。叶矩圆形、宽矩圆形、矩圆披针形、有时为椭圆形或卵形，长 4.5-10 cm，宽 2.5-6 cm，顶端骤尖或呈细尾状，基部圆形，有时近心形或宽楔形，边缘具不规则的刺毛状重锯齿，叶上面仅幼时密被短柔毛，下面密生树脂腺点，沿脉疏生长柔毛，脉腋间有时具髯毛，侧脉 12-14 对；叶柄长 1-2 cm，密被短柔毛及腺点，极少无毛。雄花序 2-5 枚簇生于小枝顶端或单生于小枝上部叶腋；序梗密生树脂腺体；苞鳞背面无毛，边缘具短纤毛。果序大部单生，间或在一个短枝上出现两枚单生于叶腋

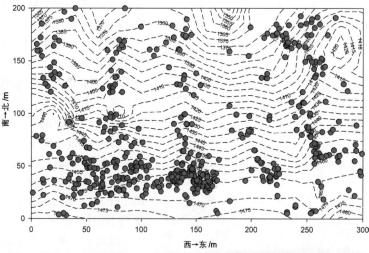

的果序，长圆柱形，长 3-9 cm，直径 6-10 mm；序梗长 1-2 cm，下垂，密被短柔毛及树脂腺体；果苞长 2-3 mm，背面疏被短柔毛，边缘具短纤毛，中裂片矩圆形、披针形或倒披针形，顶端圆或渐尖，侧裂片小，卵形，有时不甚发育而呈耳状或齿状，长仅为中裂片的 1/3-1/4。小坚果倒卵形，长约 2 mm，背面疏被短柔毛，膜质翅宽为果的 1-2 倍。花期 3-4 月，果期 5-6 月。

恩施州广布，生于山坡林中；分布于云南、贵州、四川、陕西、甘肃、湖北、江西、浙江、广东、广西。

# 糙皮桦 *Betula utilis* D. Don

## 桦木属 *Betula*　　桦木科 Betulaceae

个体数量（Individual number）＝101
最小，平均，最大胸径（Min, Mean, Max DBH）＝2.4 cm，16.9 cm，33.4 cm
分布林层（Layer）＝乔木层（Tree layer）
重要值排序（Importance value rank）＝26/77

| 胸径区间 /cm | 个体数量 | 比例 /% |
|---|---|---|
| [1.0, 2.5) | 1 | 0.99 |
| [2.5, 5.0) | 0 | 0.00 |
| [5.0, 10.0) | 11 | 10.89 |
| [10.0, 20.0) | 59 | 58.42 |
| [20.0, 30.0) | 28 | 27.72 |
| [30.0, 40.0) | 2 | 1.98 |
| [40.0, 60.0) | 0 | 0.00 |

乔木，高可达 33 m；树皮暗红褐色，呈层剥裂；枝条红褐色，无毛，有或无腺体；小枝褐色，密被树脂腺体和短柔毛，较少无腺体无毛。叶厚纸质，卵形、长卵形至椭圆形或矩圆形，长 4-9 cm，宽 2.5-6 cm，顶端渐尖或长渐尖，有时成短尾状，基部圆形或近心形，边缘具不规则的锐尖重锯齿；上面深绿色，幼时密被白色长柔毛，后渐变无毛，下面密生腺点，沿脉密被白色长柔毛，脉腋间具密髯毛，侧脉 8-14 对；叶柄长 8-20 mm，疏被毛或近无毛。果序全部单生或单生兼有 2-4 枚排成总状，直立或斜展，圆柱形或矩圆状圆柱形，长 3-5 cm，直径约 7-12 mm；序梗长 8-15 mm，多少被短柔毛和树脂腺体；果苞长 5-8 mm，背面疏被短柔毛，边缘具短纤毛，中裂片披针形，侧裂片近圆形或卵形，斜展，长及中裂片的 1/3 或 1/4。小坚果倒卵形，长 2-3 mm，宽 1.5-2 mm，上部疏被短柔毛，膜质翅与果近等宽。花期 6-7 月，果期 7-8 月。

产于利川，生于山坡林中；分布于西藏、云南、四川西部、陕西、甘肃、青海、河南、河北、山西、湖北。

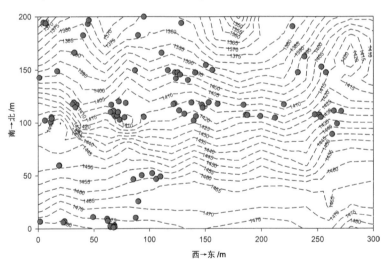

# 川陕鹅耳枥 *Carpinus fargesiana* H. Winkl.

## 鹅耳枥属 *Carpinus*　　桦木科 Betulaceae

个体数量（Individual number）＝3704
最小，平均，最大胸径（Min, Mean, Max DBH）＝1.0 cm, 7.1 cm, 37.3 cm
分布林层（Layer）＝乔木层（Tree layer）
重要值排序（Importance value rank）＝1/77

| 胸径区间 /cm | 个体数量 | 比例 /% |
|---|---|---|
| [1.0, 2.5) | 884 | 23.87 |
| [2.5, 5.0) | 971 | 26.21 |
| [5.0, 10.0) | 916 | 24.73 |
| [10.0, 20.0) | 772 | 20.84 |
| [20.0, 30.0) | 142 | 3.83 |
| [30.0, 40.0) | 19 | 0.51 |
| [40.0, 60.0) | 0 | 0.00 |

　　乔木，高可达 20 m。树皮灰色，光滑；枝条细瘦，无毛，小枝棕色，疏被长柔毛。叶厚纸质，卵状披针形、卵状椭圆、椭圆形、矩圆形，长 2.5-6.5 cm，宽 2-2.5 cm，基部近圆形或微心形，顶端渐尖，上面深绿色，幼时疏被长柔毛，后变无毛，下面淡绿色，沿脉疏被长柔毛，其余无毛，通常无疣状突起，侧脉 12-16 对，脉腋间具髯毛，边缘具重锯齿；叶柄细瘦，长 6-10 mm，疏被长柔毛。果序长约 4 cm，直径约 2.5 cm；序梗长约 1-1.5 cm，序梗、序轴均疏被长柔毛；果苞半卵形或半宽卵形，长 1.3-1.5 cm，宽 6-8 mm，背面沿脉疏被长柔毛，外侧的基部无裂片，内侧的基部具耳突或仅边缘微内折，中裂片半三角状披针形，内侧边缘直，全缘，外侧边缘具疏齿，顶端渐尖。小坚果宽卵圆形，长约 3 mm，无毛，无树脂腺体，极少于上部疏生腺体，具数肋。花期 5-6 月，果期 7-9 月。

　　恩施州广布，生于山脊山坡林中；分布于湖北、四川、陕西等省。

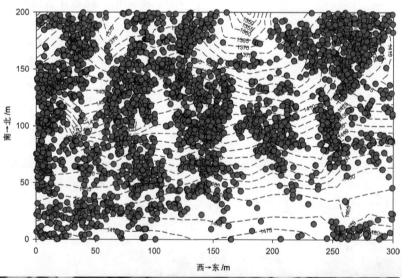

# 川榛（变种）*Corylus heterophylla* var. *sutchuenensis* Franch.

## 榛属 *Corylus*  桦木科 Betulaceae

个体数量（Individual number）=63
最小，平均，最大胸径（Min, Mean, Max DBH）=1.0 cm, 3.1 cm, 27.5 cm
分布林层（Layer）=亚乔木层（Subtree layer）
重要值排序（Importance value rank）=28/45

| 胸径区间 /cm | 个体 数量 | 比例 /% |
|---|---|---|
| [1.0, 2.5) | 38 | 60.31 |
| [2.5, 5.0) | 21 | 33.33 |
| [5.0, 8.0) | 1 | 1.59 |
| [8.0, 11.0) | 1 | 1.59 |
| [11.0, 15.0) | 0 | 0.00 |
| [15.0, 20.0) | 1 | 1.59 |
| [20.0, 30.0) | 1 | 1.59 |

　　灌木或小乔木，高 1-7 m；树皮灰色；枝条暗灰色，无毛，小枝黄褐色，密被短柔毛兼被疏生的长柔毛，无或多少具刺状腺体。叶椭圆形、宽卵形或几圆形，顶端尾状，长 4-13 cm，宽 2.5-10 cm，边缘具不规则的重锯齿，中部以上具浅裂，上面无毛，下面于幼时疏被短柔毛，以后仅沿脉疏被短柔毛，其余无毛，侧脉 3-5 对；叶柄纤细，长 1-2 cm，疏被短毛或近无毛。雄花序单生，长约 4 cm。果单生或 2-6 枚簇生成头状；果苞钟状，外面具细条棱，密被短柔毛兼有疏生的长柔毛，密生刺状腺体，很少无腺体，较果长但不超过 1 倍，很少较果短，上部浅裂，裂片三角形，边缘具疏齿，很少全缘；序梗长约 1.5 cm，密被短柔毛。坚果近球形，长 7-15 mm，无毛或仅顶端疏被长柔毛。花期 3-4 月，果期 9-10 月。

　　恩施州广布，生于山坡林中；分布于贵州、四川、陕西、甘肃、河南、山东、江苏、安徽、浙江、江西、湖北。

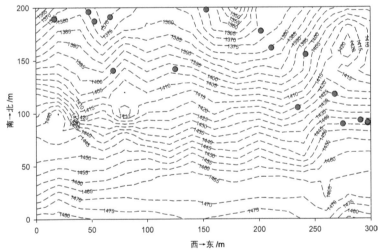

# 水青冈 *Fagus longipetiolata* Seem.

## 水青冈属 *Fagus*    壳斗科 Fagaceae

个体数量（Individual number）＝35
最小，平均，最大胸径（Min, Mean, Max DBH）＝1.0 cm, 5.2 cm, 19.0 cm
分布林层（Layer）＝乔木层（Tree layer）
重要值排序（Importance value rank）＝43/77

| 胸径区间 /cm | 个体数量 | 比例 /% |
|---|---|---|
| [1.0, 2.5) | 14 | 40.00 |
| [2.5, 5.0) | 8 | 22.86 |
| [5.0, 10.0) | 8 | 22.86 |
| [10.0, 20.0) | 5 | 14.28 |
| [20.0, 30.0) | 0 | 0.00 |
| [30.0, 40.0) | 0 | 0.00 |
| [40.0, 60.0) | 0 | 0.00 |

乔木，高达 25 m，冬芽长达 20 mm，小枝的皮孔狭长圆形或兼有近圆形。叶长 9-15 cm，宽 4-6 cm，稀较小，顶部短尖至短渐尖，基部宽楔形或近于圆，有时一侧较短且偏斜，叶缘波浪状，有短的尖齿，侧脉每边 9-15 条，直达齿端，开花期的叶沿叶背中、侧脉被长伏毛，其余被微柔毛，结果时因毛脱落变无毛或几无毛；叶柄长 1-3.5 cm。总梗长 1-10 cm；壳斗 4 瓣裂，裂瓣长 20-35 mm，稍增厚的木质；小苞片线状，向上弯钩，位于壳斗顶部的长达 7 mm，下部的较短，与壳壁相同均被灰棕色微柔毛，壳壁的毛较长且密，通常有坚果 2 个；坚果比壳斗裂瓣稍短或等长，脊棱顶部有狭而略伸延的薄翅。花期 4-5 月，果期 9-10 月。

恩施州广布，生于山坡林中；广布秦岭以南、五岭南坡以北各地。

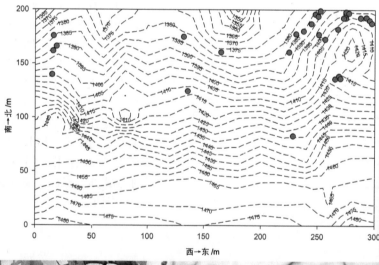

# 光叶水青冈 *Fagus lucida* Rehd. et Wils.

## 水青冈属 *Fagus*　　壳斗科 Fagaceae

个体数量（Individual number）＝7
最小，平均，最大胸径（Min, Mean, Max DBH）＝1.0 cm, 4.4 cm, 11.3 cm
分布林层（Layer）＝乔木层（Tree layer）
重要值排序（Importance value rank）＝56/77

| 胸径区间 /cm | 个体数量 | 比例 /% |
|---|---|---|
| [1.0, 2.5) | 3 | 42.85 |
| [2.5, 5.0) | 1 | 14.29 |
| [5.0, 10.0) | 2 | 28.57 |
| [10.0, 20.0) | 1 | 14.29 |
| [20.0, 30.0) | 0 | 0.00 |
| [30.0, 40.0) | 0 | 0.00 |
| [40.0, 60.0) | 0 | 0.00 |

　　乔木，高达 25 m，冬芽长达 15 mm，一二年生枝紫褐色，有长椭圆形皮孔，三年生枝苍灰色。叶卵形，长 6-11 cm，宽 3.5-6.5 cm，稀较小，顶部短至渐尖，基部宽楔形或近于圆，两侧略不对称，叶缘有锐齿，侧脉每边 9-12 条，直达齿端，新生嫩叶的叶柄、叶背中脉及侧脉被黄棕色长柔毛，壳斗成熟时，叶片的毛全或几全部脱落；叶柄长 6-20 mm。总梗长 5-15 mm，初时被毛，后期无毛。4 瓣裂，裂瓣长 10-15 mm，小苞片钻尖状，伏贴，很少其顶尖部向上斜展，长 1-2 mm，与壳壁同被褐锈色微柔毛；坚果与裂瓣约等长或稍较长，有坚果 2 或 1 个，坚果脊棱的顶部无膜质翅或几无翅。花期 4-5 月，果期 9-10 月。

　　恩施州广布，生于山坡林中；广布长江北岸山地，向南至五岭南坡。

## 锥栗 *Castanea henryi* (Skan) Rehd. et Wils.

### 栗属 *Castanea*　　壳斗科 Fagaceae

个体数量（Individual number）=54
最小，平均，最大胸径（Min, Mean, Max DBH）=1.1 cm, 12.4 cm, 33.0 cm
分布林层（Layer）=乔木层（Tree layer）
重要值排序（Importance value rank）=28/77

| 胸径区间 /cm | 个体数量 | 比例 /% |
|---|---|---|
| [1.0, 2.5) | 5 | 9.26 |
| [2.5, 5.0) | 14 | 25.93 |
| [5.0, 10.0) | 8 | 14.82 |
| [10.0, 20.0) | 12 | 22.22 |
| [20.0, 30.0) | 13 | 24.07 |
| [30.0, 40.0) | 2 | 3.70 |
| [40.0, 60.0) | 0 | 0.00 |

　　乔木，高达 30 m。小枝暗紫褐色，托叶长 8-14 mm。叶长圆形或披针形，长 10-23 cm，宽 3-7 cm，顶部长渐尖至尾状长尖，新生叶的基部狭楔尖，两侧对称，成长叶的基部圆或宽楔形，一侧偏斜，叶缘的裂齿有长 2-4 mm 的线状长尖，叶背无毛，但嫩叶有黄色鳞腺且在叶脉两侧有疏长毛；开花期的叶柄长 1-1.5 cm，结果时延长至 2.5 cm。雄花序长 5-16 cm，花簇有花 1-5 朵；每壳斗有雌花 1（偶有 2 或 3）朵，常 1 花发育结实，花柱无毛，稀在下部有疏毛。成熟壳斗近圆球形，连刺径 2.5-4.5 cm，刺或密或稍疏生，长 4-10 mm；坚果长 15-12 mm，宽 10-15 mm，顶部有伏毛。花期 5-7 月，果期 9-10 月。

　　恩施州广布，生于山坡林中；广布于秦岭南坡以南、五岭以北各地。

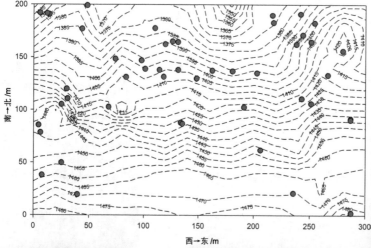

# 栗 *Castanea mollissima* Blume

## 栗属 *Castanea* 　　壳斗科 Fagaceae

个体数量（Individual number）＝4
最小，平均，最大胸径（Min, Mean, Max DBH）＝1.1 cm，13.2 cm，28.1 cm
分布林层（Layer）＝乔木层（Tree layer）
重要值排序（Importance value rank）＝64/77

| 胸径区间 /cm | 个体 数量 | 比例 /% |
|---|---|---|
| [1.0, 2.5) | 2 | 50.00 |
| [2.5, 5.0) | 0 | 0.00 |
| [5.0, 10.0) | 0 | 0.00 |
| [10.0, 20.0) | 0 | 0.00 |
| [20.0, 30.0) | 2 | 50.00 |
| [30.0, 40.0) | 0 | 0.00 |
| [40.0, 60.0) | 0 | 0.00 |

　　俗名"板栗"，乔木，高达20 m。小枝灰褐色，托叶长圆形，长10-15 mm，被疏长毛及鳞腺。叶椭圆至长圆形，长11-17 cm，宽达7 cm，顶部短至渐尖，基部近截平或圆，或两侧稍向内弯而呈耳垂状，常一侧偏斜而不对称，新生叶的基部常狭楔尖且两侧对称，叶背被星芒状伏贴绒毛或因毛脱落变为几无毛；叶柄长1-2 cm。雄花序长10-20 cm，花序轴被毛；花3-5朵聚生成簇，雌花1-5朵发育结实，花柱下部被毛。成熟壳斗的锐刺有长有短，有疏有密，密时全遮蔽壳斗外壁，疏时则外壁可见，壳斗连刺径4.5-6.5 cm；坚果高1.5-3 cm，宽1.8-3.5 cm。花期4-6月，果期8-10月。

　　恩施州广布，生于山坡林中；除青海、宁夏、新疆、海南等少数省区外，广布南北各地。

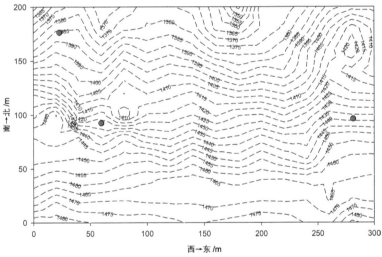

## 茅栗 *Castanea seguinii* Dode

### 栗属 *Castanea*　　壳斗科 Fagaceae

个体数量（Individual number）＝1
最小，平均，最大胸径（Min，Mean，Max DBH）＝13.2 cm，13.2 cm，13.2 cm
分布林层（Layer）＝亚乔木层（Subtree layer）
重要值排序（Importance value rank）＝45/45

| 胸径区间 /cm | 个体数量 | 比例 /% |
|---|---|---|
| [1.0, 2.5) | 0 | 0.00 |
| [2.5, 5.0) | 0 | 0.00 |
| [5.0, 8.0) | 0 | 0.00 |
| [8.0, 11.0) | 0 | 0.00 |
| [11.0, 15.0) | 1 | 100.00 |
| [15.0, 20.0) | 0 | 0.00 |
| [20.0, 30.0) | 0 | 0.00 |

　　小乔木或灌木状，通常高 2-5 m，冬芽长 2-3 mm，小枝暗褐色，托叶细长，长 7-15 mm，开花仍未脱落。叶倒卵状椭圆形或兼有长圆形的叶，长 6-14 cm，宽 4-5 cm，顶部渐尖，基部楔尖至圆或耳垂状，基部对称至一侧偏斜，叶背有黄或灰白色鳞腺，幼嫩时沿叶背脉两侧有疏单毛；叶柄长 5-15 mm。雄花序长 5-12 cm，雄花簇有花 3-5 朵；雌花单生或生于混合花序的花序轴下部，每壳斗有雌花 3-5 朵，通常 1-3 朵发育结实，花柱 9 或 6 枚，无毛；壳斗外壁密生锐刺，成熟壳斗连刺径 3-5 cm，宽略过于高，刺长 6-10 mm；坚果长 15-20 mm，宽 20-25 mm，无毛或顶部有疏伏毛。花期 5-7 月，果期 9-11 月。

　　恩施州广布，生于山坡灌丛中；广布于大别山以南、五岭南坡以北各地。

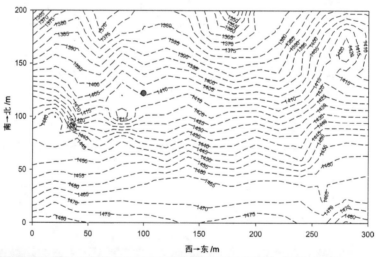

# 包果柯 *Lithocarpus cleistocarpus* (Seem.) Rehd. et Wils.

## 柯属 *Lithocarpus*　　壳斗科 Fagaceae

个体数量（Individual number）＝55
最小，平均，最大胸径（Min, Mean, Max DBH）＝1.0 cm, 4.3 cm, 31.3 cm
分布林层（Layer）＝乔木层（Tree layer）
重要值排序（Importance value rank）＝33/77

| 胸径区间 /cm | 个体数量 | 比例 /% |
|---|---|---|
| [1.0, 2.5) | 23 | 41.82 |
| [2.5, 5.0) | 20 | 36.36 |
| [5.0, 10.0) | 9 | 16.36 |
| [10.0, 20.0) | 1 | 1.82 |
| [20.0, 30.0) | 1 | 1.82 |
| [30.0, 40.0) | 1 | 1.82 |
| [40.0, 60.0) | 0 | 0.00 |

　　乔木，高 5-10 m，树皮褐黑色，厚 7-8 mm，浅纵裂，芽小，芽鳞无毛，干后常有油润的树脂，当年生枝有明显纵沟棱，枝、叶均无毛。叶革质，卵状椭圆形或长椭圆形，长 9-16 cm，宽 3-5 cm，萌生枝的较大，顶部渐尖，基部渐狭尖，沿叶柄下延，中脉在叶面近于平坦或稍凸起，但有裂槽状细沟下延至叶柄，全缘，侧脉每边 8-12 条，至叶缘附近急弯向上而隐没，或有时位于上半部的则与其上邻的支脉连结，支脉疏离，纤细，叶背有紧实的蜡鳞层，二年生叶干后叶背带灰白色，当年生新出嫩叶干后褐黑色，有油润光泽；叶柄长 1.5-2.5 cm。雄穗状花序单穗或数穗集中成圆锥花序，花序轴被细片状蜡鳞；雌花 3 或 5 朵一簇散生于花序轴上，花序轴的顶部有时有少数雄花，花柱 3 枚，长约 1 mm。壳斗近圆球形，顶部平坦，宽 20-25 mm，包着坚果绝大部分，小苞片近顶部的为三角形，紧贴壳壁，稍下以至基部的则与壳壁融合而仅有痕迹，被淡黄灰色细片状蜡鳞，壳壁上薄下厚，中部厚约 1.5 mm；坚果顶部微凹陷、近于平坦或稍呈圆弧状隆起，被稀疏微伏毛，果脐占坚果面积的 1/2-3/4。花期 6-10 月，果翌年秋冬成熟。

恩施州广布，生于山坡林中；分布于陕西、四川、湖北、安徽、浙江、江西、福建、湖南、贵州。

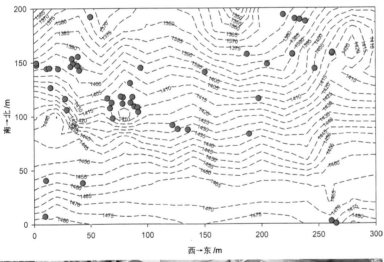

# 灰柯 *Lithocarpus henryi* (Seem.) Rehd. et Wils.

## 柯属 *Lithocarpus* 壳斗科 Fagaceae

个体数量（Individual number）=26
最小，平均，最大胸径（Min, Mean, Max DBH）=1.0 cm, 8.3 cm, 23.3 cm
分布林层（Layer）=乔木层（Tree layer）
重要值排序（Importance value rank）=45/77

| 胸径区间 /cm | 个体数量 | 比例 /% |
|---|---|---|
| [1.0, 2.5) | 5 | 19.23 |
| [2.5, 5.0) | 6 | 23.08 |
| [5.0, 10.0) | 7 | 26.92 |
| [10.0, 20.0) | 6 | 23.08 |
| [20.0, 30.0) | 2 | 7.69 |
| [30.0, 40.0) | 0 | 0.00 |
| [40.0, 60.0) | 0 | 0.00 |

　　乔木，高达 20 m，芽鳞无毛，当年生嫩枝紫褐色，二年生枝有灰白色薄蜡层，枝、叶无毛。叶革质或硬纸质，狭长椭圆形，长 12-22 cm，宽 3-6 cm，顶部短渐尖，基部有时宽楔形，常一侧稍短且偏斜，全缘，侧脉每边 11-15 条，在叶面微凹陷，支脉不明显，叶背干后带灰色，有较厚的蜡鳞层；叶柄长 1.5-3.5 cm。雄穗状花序单穗腋生；雌花序长达 20 cm，花序轴被灰黄色毡、毛状微柔毛，其顶部常着生少数雄花；雌花每 3 朵一簇，花柱长约 1 mm，壳斗浅碗斗，高 6-14 mm，宽 15-24 mm，包着坚果很少到一半，壳壁顶端边缘甚薄，向下逐渐增厚，基部近木质，小苞片三角形，伏贴，位于壳斗顶端边缘的常彼此分离，覆瓦状排列；坚果高 12-20 mm，宽 15-24 mm，顶端圆，有时略凹陷，有时顶端尖，常有淡薄的白粉，果脐深 0.5-1 mm，口径 10-15 mm。花期 8-10 月，果翌年同期成熟。

　　恩施州广布，生于山坡林中；分布于陕西、湖北、湖南、贵州、四川。

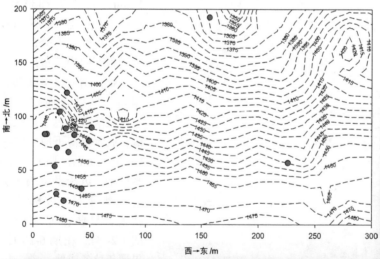

# 麻栎 *Quercus acutissima* Carr.

## 栎属 *Quercus*　壳斗科 Fagaceae

个体数量（Individual number）＝1
最小，平均，最大胸径（Min，Mean，Max DBH）＝12.8 cm，12.8 cm，12.8 cm
分布林层（Layer）＝乔木层（Tree layer）
重要值排序（Importance value rank）＝75/77

| 胸径区间 /cm | 个体数量 | 比例 /% |
|---|---|---|
| [1.0, 2.5) | 0 | 0.00 |
| [2.5, 5.0) | 0 | 0.00 |
| [5.0, 10.0) | 0 | 0.00 |
| [10.0, 20.0) | 1 | 100.00 |
| [20.0, 30.0) | 0 | 0.00 |
| [30.0, 40.0) | 0 | 0.00 |
| [40.0, 60.0) | 0 | 0.00 |

　　落叶乔木，高达 30 m，树皮深灰褐色，深纵裂。幼枝被灰黄色柔毛，后渐脱落，老时灰黄色，具淡黄色皮孔。冬芽圆锥形，被柔毛。叶片通常为长椭圆状披针形，长 8-19 cm，宽 2-6 cm，顶端长渐尖，基部圆形或宽楔形，叶缘有刺芒状锯齿，叶片两面同色，幼时被柔毛，老时无毛或叶背面脉上有柔毛，侧脉每边 13-18 条；叶柄长 1-5 cm，幼时被柔毛，后渐脱落。雄花序常数个集生于当年生枝下部叶腋，有花 1-3 朵，花柱 30 个；壳斗杯形，包着坚果约 1/2，连小苞片直径 2-4 cm，高约 1.5 cm；小苞片钻形或扁条形，向外反曲，被灰白色绒毛。坚果卵形或椭圆形，直径 1.5-2 cm，高 1.7-2.2 cm，顶端圆形，果脐突起。花期 3-4 月，果期翌年 9-11 月。

　　恩施州广布，生于山坡林中或灌丛中；分布于辽宁、河北、山西、山东、江苏、安徽、浙江、江西、福建、河南、湖北、湖南、广东、海南、广西、四川、贵州、云南等省区。

# 巴东栎 *Quercus engleriana* Seem.

## 栎属 *Quercus*　　壳斗科 Fagaceae

个体数量（Individual number）=21
最小，平均，最大胸径（Min, Mean, Max DBH）=1.0 cm, 4.7 cm, 19.5 cm
分布林层（Layer）=乔木层（Tree layer）
重要值排序（Importance value rank）=41/77

| 胸径区间 /cm | 个体数量 | 比例 /% |
|---|---|---|
| [1.0, 2.5) | 9 | 42.86 |
| [2.5, 5.0) | 4 | 19.05 |
| [5.0, 10.0) | 6 | 28.57 |
| [10.0, 20.0) | 2 | 9.52 |
| [20.0, 30.0) | 0 | 0.00 |
| [30.0, 40.0) | 0 | 0.00 |
| [40.0, 60.0) | 0 | 0.00 |

　　常绿或半常绿乔木，高达 25 m，树皮灰褐色，条状开裂。小枝幼时被灰黄色绒毛，后渐脱落。叶片椭圆形、卵形、卵状披针形，长 6-16 cm，宽 2.5-5.5 cm，顶端渐尖，基部圆形或宽楔形、稀为浅心形，叶缘中部以上有锯齿，有时全缘，叶片幼时两面密被棕黄色短绒毛，后渐无毛或仅叶背脉腋有簇生毛，叶面中脉、侧脉平坦，有时凹陷，侧脉每边 10-13 条；叶柄长 1-2 cm，幼时被绒毛，后渐无毛；托叶线形，长约 1 cm，背面被黄色绒毛。雄花序生于新枝基部，长约 7 cm，花序轴被绒毛，雄蕊 4-6 枚；雌花序生于新枝上端叶腋，长 1-3 cm。壳斗碗形，包着坚果 1/3-1/2，直径 0.8-1.2 cm，高 4-7 mm；小苞片卵状披针形，长约 1 mm，中下部被灰褐色柔毛，顶端紫红色，无毛。坚果长卵形，直径 0.6-1 cm，高 1-2 cm，无毛，柱座长 2-3 mm，果脐突起，直径 3-5 mm。花期 4-5 月，果期 11 月。

　　恩施州广布，生于山坡林中；分布于陕西、江西、福建、河南、湖北、湖南、广西、四川、贵州、云南、西藏等省区。

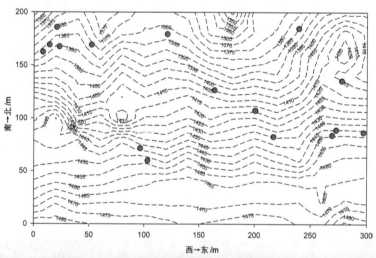

# 乌冈栎 *Quercus phillyreoides* A. Gray

## 栎属 *Quercus*　　壳斗科 Fagaceae

个体数量（Individual number）＝8
最小，平均，最大胸径（Min, Mean, Max DBH）＝1.0 cm, 6.0 cm, 12.7 cm
分布林层（Layer）＝亚乔木层（Subtree layer）
重要值排序（Importance value rank）＝42/45

| 胸径区间 /cm | 个体数量 | 比例 /% |
|---|---|---|
| [1.0, 2.5) | 3 | 37.50 |
| [2.5, 5.0) | 1 | 12.50 |
| [5.0, 8.0) | 1 | 12.50 |
| [8.0, 11.0) | 1 | 12.50 |
| [11.0, 15.0) | 2 | 25.00 |
| [15.0, 20.0) | 0 | 0.00 |
| [20.0, 30.0) | 0 | 0.00 |

常绿灌木或小乔木，高达 10 m。小枝纤细，灰褐色，幼时有短绒毛，后渐无毛。叶片革质，倒卵形或窄椭圆形，长 2-8 cm，宽 1.5-3 cm，顶端钝尖或短渐尖，基部圆形或近心形，叶缘中部以上具疏锯齿，两面同为绿色，老叶两面无毛或仅叶背中脉被疏柔毛，侧脉每边 8-13 条；叶柄长 3-5 mm，被疏柔毛。雄花序长 2.5-4 cm，纤细，花序轴被黄褐色绒毛；雌花序长 1-4 cm，花柱长 1.5 mm，柱头 2-5 裂。壳斗杯形，包着坚果 1/2-2/3，直径 1-1.2 cm，高 6-8 mm；小苞片三角形，长约 1 mm，覆瓦状排列紧密，除顶端外被灰白色柔毛，果长椭圆形，高 1.5-1.8 cm，径约 8 mm，果脐平坦或微突起，直径 3-4 mm。花期 3-4 月，果期 9-10 月。

恩施州广布，生于山坡林中；分布于陕西、浙江、江西、安徽、福建、河南、湖北、湖南、广东、广西、四川、贵州、云南等省区。

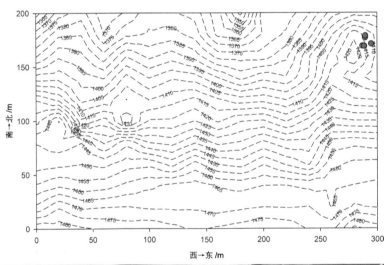

# 云山青冈 *Cyclobalanopsis sessilifolia* (Blume) Schottky

## 青冈属 *Cyclobalanopsis*　　壳斗科 Fagaceae

个体数量（Individual number）= 84
最小，平均，最大胸径（Min, Mean, Max DBH）= 1.0 cm, 3.4 cm, 21.1 cm
分布林层（Layer）= 乔木层（Tree layer）
重要值排序（Importance value rank）= 29/77

| 胸径区间/cm | 个体数量 | 比例/% |
|---|---|---|
| [1.0, 2.5) | 44 | 52.38 |
| [2.5, 5.0) | 24 | 28.57 |
| [5.0, 10.0) | 13 | 15.48 |
| [10.0, 20.0) | 2 | 2.38 |
| [20.0, 30.0) | 1 | 1.19 |
| [30.0, 40.0) | 0 | 0.00 |
| [40.0, 60.0) | 0 | 0.00 |

　　常绿乔木，高达 25 m。小枝初时被毛，后无毛，有灰白色蜡层和淡褐色圆形皮孔。冬芽圆锥形，长 1-1.5 cm，芽鳞多数，褐色，无毛。叶片革质，长椭圆形至披针状长椭圆形，长 7-14 cm，宽 1.5-4 cm，顶端急尖或短渐尖，基部楔形，全缘或顶端有 2-4 锯齿，侧脉不明显，每边 10-14 条，两面近同色，无毛；叶柄长 0.5-1 cm，无毛。雄花序长 5 cm，花序轴被苍黄色绒毛；雌花序长约 1.5 cm，花柱 3 裂。壳斗杯形，包着坚果约 1/3，直径 1-1.5 cm，高 0.5-1 cm，被灰褐色绒毛，具 5-7 条同心环带，除下面 2-3 环有裂齿外，其余近全缘。坚果倒卵形至长椭圆状倒卵形，直径 0.8-1.5 cm，高 1.7-2.4 cm，柱座凸起，基部有几条环纹；果脐微凸起，直径 5-7 mm。花期 4-5 月，果期 10-11 月。

　　产于咸丰、宣恩，生于山地林中；分布于江苏、浙江、江西、福建、台湾、湖北、湖南、广东、广西、四川、贵州等省区。

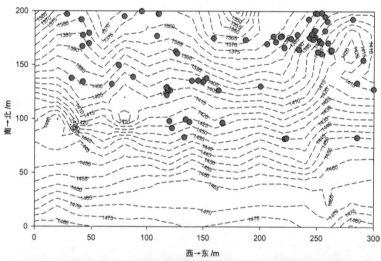

# 多脉青冈 *Cyclobalanopsis multinervis* W. C. Cheng & T. Hong

## 青冈属 *Cyclobalanopsis*　　壳斗科 Fagaceae

个体数量（Individual number）=4153
最小，平均，最大胸径（Min, Mean, Max DBH）=1.0 cm, 4.6 cm, 40.8 cm
分布林层（Layer）=乔木层（Tree layer）
重要值排序（Importance value rank）=4/77

| 胸径区间 /cm | 个体数量 | 比例 /% |
|---|---|---|
| [1.0, 2.5) | 1714 | 41.27 |
| [2.5, 5.0) | 1202 | 28.94 |
| [5.0, 10.0) | 769 | 18.52 |
| [10.0, 20.0) | 416 | 10.02 |
| [20.0, 30.0) | 41 | 0.99 |
| [30.0, 40.0) | 10 | 0.24 |
| [40.0, 60.0) | 1 | 0.02 |

　　常绿乔木，高 12 m，树皮黑褐色。芽有毛。叶片长椭圆形或椭圆状披针形，长 7.5-15.5 cm，宽 2.5-5.5 cm，顶端突尖或渐尖，基部楔形或近圆形，叶缘 1/3 以上有尖锯齿，侧脉每边 10-15 条，叶背被伏贴单毛及易脱落的蜡粉层，脱落后带灰绿色；叶柄长 1-2.7 cm。果序长 1-2 cm，着生 2-6 个果。壳斗杯形，包着坚果 1/2 以下，直径约 1-1.5 cm，高约 8 mm；小苞片合生成 6-7 条同心环带，环带近全缘。坚果长卵形，直径约 1 cm，高 1.8 cm，无毛；果脐平坦，直径 3-5 mm。花期 4-6 月，果期翌年 10-11 月。

　　恩施州广布，生于山坡林中；分布于安徽、江西、福建、湖北、湖南、广西、四川。

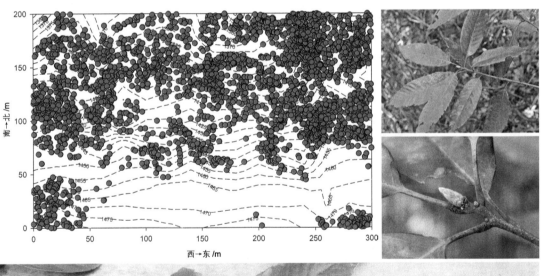

## 青冈 *Cyclobalanopsis glauca* (Thunb.) Oersted

### 青冈属 *Cyclobalanopsis*　　壳斗科 Fagaceae

个体数量（Individual number）=697
最小，平均，最大胸径（Min，Mean，Max DBH）=1.0 cm，3.9 cm，25.7 cm
分布林层（Layer）=乔木层（Tree layer）
重要值排序（Importance value rank）=20/77

| 胸径区间 /cm | 个体数量 | 比例 /% |
|---|---|---|
| [1.0, 2.5) | 329 | 47.20 |
| [2.5, 5.0) | 227 | 32.57 |
| [5.0, 10.0) | 84 | 12.05 |
| [10.0, 20.0) | 49 | 7.03 |
| [20.0, 30.0) | 8 | 1.15 |
| [30.0, 40.0) | 0 | 0.00 |
| [40.0, 60.0) | 0 | 0.00 |

常绿乔木，高达 20 m。小枝无毛。叶片革质，倒卵状椭圆形或长椭圆形，长 6-13 cm，宽 2-5.5 cm，顶端渐尖或短尾状，基部圆形或宽楔形，叶缘中部以上有疏锯齿，侧脉每边 9-13 条，叶背支脉明显，叶面无毛，叶背有整齐平伏白色单毛，老时渐脱落，常有白色鳞秕；叶柄长 1-3 cm。雄花序长 5-6 cm，花序轴被苍色绒毛。果序长 1.5-3 cm，着生果 2-3 个。壳斗碗形，包着坚果 1/3-1/2，直径 0.9-1.4 cm，高 0.6-0.8 cm，被薄毛；小苞片合生成 5-6 条同心环带，环带全缘或有细缺刻，排列紧密。坚果卵形、长卵形或椭圆形，直径 0.9-1.4 cm，高 1-1.6 cm，无毛或被薄毛，果脐平坦或微凸起。花期 4-5 月，果期 10 月。

恩施州广布，生于山坡林中；分布于陕西、甘肃、江苏、安徽、浙江、江西、福建、台湾、河南、湖北、湖南、广东、广西、四川、贵州、云南、西藏等省区。

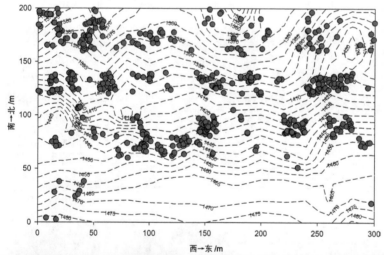

# 小叶青冈 *Cyclobalanopsis myrsinifolia* (Blume) Oersted

## 青冈属 *Cyclobalanopsis*    壳斗科 Fagaceae

个体数量（Individual number）=67
最小，平均，最大胸径（Min, Mean, Max DBH）=1.0 cm, 3.5 cm, 20.5 cm
分布林层（Layer）=乔木层（Tree layer）
重要值排序（Importance value rank）=34/77

| 胸径区间 /cm | 个体数量 | 比例 /% |
|---|---|---|
| [1.0, 2.5) | 37 | 55.23 |
| [2.5, 5.0) | 17 | 25.37 |
| [5.0, 10.0) | 9 | 13.43 |
| [10.0, 20.0) | 3 | 4.48 |
| [20.0, 30.0) | 1 | 1.49 |
| [30.0, 40.0) | 0 | 0.00 |
| [40.0, 60.0) | 0 | 0.00 |

常绿乔木，高 20 m。小枝无毛，被凸起淡褐色长圆形皮孔。叶卵状披针形或椭圆状披针形，长 6-11 cm，宽 1.8-4 cm，顶端长渐尖或短尾状，基部楔形或近圆形，叶缘中部以上有细锯齿，侧脉每边 9-14 条，常不达叶缘，叶背支脉不明显，叶面绿色，叶背粉白色，干后为暗灰色，无毛；叶柄长 1-2.5 cm，无毛。雄花序长 4-6 cm；雌花序长 1.5-3 cm。壳斗杯形，包着坚果 1/3-1/2，直径 1-1.8 cm，高 5-8 mm，壁薄而脆，内壁无毛，外壁被灰白色细柔毛；小苞片合生成 6-9 条同心环带，环带全缘。坚果卵形或椭圆形，直径 1-1.5 cm，高 1.4-2.5 cm，无毛，顶端圆，柱座明显，有 5-6 条环纹；果脐平坦，直径约 6 mm。花期 6 月，果期 10 月。

恩施州广布，生于山坡林中；广布我国各省区。

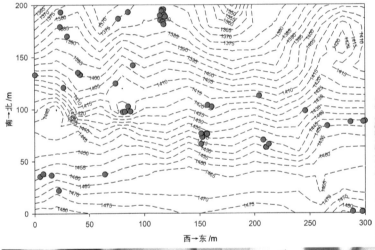

# 榉树 *Zelkova serrata* (Thunb.) Makino

## 榉属 *Zelkova*　　榆科 Ulmaceae

个体数量（Individual number）＝220
最小，平均，最大胸径（Min，Mean，Max DBH）＝1.0 cm，4.6 cm，26.7 cm
分布林层（Layer）＝乔木层（Tree layer）
重要值排序（Importance value rank）＝46/77

| 胸径区间 /cm | 个体数量 | 比例 /% |
|---|---|---|
| [1.0, 2.5) | 55 | 25.00 |
| [2.5, 5.0) | 89 | 40.45 |
| [5.0, 10.0) | 65 | 29.55 |
| [10.0, 20.0) | 9 | 4.09 |
| [20.0, 30.0) | 2 | 0.91 |
| [30.0, 40.0) | 0 | 0.00 |
| [40.0, 60.0) | 0 | 0.00 |

　　乔木，高达 30 m；树皮灰白色或褐灰色，呈不规则的片状剥落；当年生枝紫褐色或棕褐色，疏被短柔毛，后渐脱落；冬芽圆锥状卵形或椭圆状球形。叶薄纸质至厚纸质，卵形、椭圆形或卵状披针形，长 3-10 cm，宽 1.5-5 cm，先端渐尖或尾状渐尖，基部有的稍偏斜，圆形或浅心形，稀宽楔形，叶面绿，干后绿或深绿，稀暗褐色，稀带光泽，幼时疏生糙毛，后脱落变平滑，叶背浅绿，幼时被短柔毛，后脱落或仅沿主脉两侧残留有稀疏的柔毛，边缘有圆齿状锯齿，具短尖头，侧脉 5-14 对；叶柄粗短，长 2-6 mm，被短柔毛；托叶膜质，紫褐色，披针形，长 7-9 mm。雄花具极短的梗，径约 3 mm，花被裂至中部，花被裂片 5-8 片，不等大，外面被细毛；雌花近无梗，径约 1.5 mm，花被片 4-6 片，外面被细毛，子房被细毛。核果几乎无梗，淡绿色，斜卵状圆锥形，上面偏斜，凹陷，直径 2.5-3.5 mm，具背腹脊，网肋明显，表面被柔毛，具宿存的花被。花期 4 月，果期 9-11 月。

　　产于咸丰、宣恩，生于山坡林中；分布于辽宁、陕西、甘肃、山东、江苏、安徽、浙江、江西、福建、台湾、河南、湖北、湖南和广东。

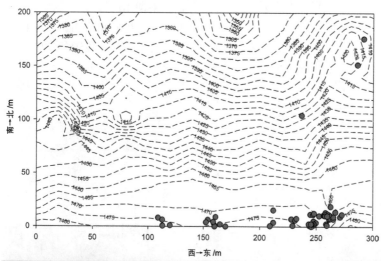

# 紫弹树 *Celtis biondii* Pamp.

## 朴属 *Celtis*　　榆科 Ulmaceae

个体数量（Individual number）＝7
最小，平均，最大胸径（Min, Mean, Max DBH）＝1.1 cm, 3.2 cm, 12.5 cm
分布林层（Layer）＝亚乔木层（Subtree layer）
重要值排序（Importance value rank）＝35/45

| 胸径区间 /cm | 个体数量 | 比例 /% |
|---|---|---|
| [1.0, 2.5) | 5 | 71.42 |
| [2.5, 5.0) | 1 | 14.29 |
| [5.0, 8.0) | 0 | 0.00 |
| [8.0, 11.0) | 0 | 0.00 |
| [11.0, 15.0) | 1 | 14.29 |
| [15.0, 20.0) | 0 | 0.00 |
| [20.0, 30.0) | 0 | 0.00 |

　　落叶小乔木至乔木，高达 18 m，树皮暗灰色；当年生小枝幼时黄褐色，密被短柔毛，后渐脱落，至结果时为褐色，有散生皮孔，毛几可脱净；冬芽黑褐色，芽鳞被柔毛，内部鳞片的毛长而密。叶宽卵形、卵形至卵状椭圆形，长 2.5-7 cm，宽 2-3.5 cm，基部钝至近圆形，稍偏斜，先端渐尖至尾状渐尖，在中部以上疏具浅齿，薄革质，边稍反卷，上面脉纹多下陷，被毛的情况变异较大，两面被微糙毛，或叶面无毛，仅叶背脉上有毛，或下面除糙毛外还密被柔毛；叶柄长 3-6 mm，幼时有毛，老后几脱净。托叶条状披针形，被毛，比较迟落，往往到叶完全长成后才脱落。果序单生叶腋，通常具 2 果，由于总梗极短，很像果梗双生于叶腋，总梗连同果梗长 1-2 cm，被糙毛；

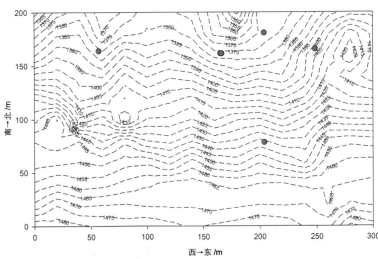

果幼时被疏或密的柔毛，后毛逐渐脱净，黄色至橘红色，近球形，直径约 5 mm，核两侧稍压扁，侧面近圆形，直径约 4 mm，具 4 肋，表面具明显的网孔状。花期 4-5 月，果期 9-10 月。

　　恩施州广布，生于山坡林中；分布于广东、广西、贵州、云南、四川、甘肃、陕西、河南、湖北、福建、浙江、台湾、江西、浙江、江苏、安徽。

# 西川朴 *Celtis vandervoetiana* Schneid.

## 朴属 *Celtis* 榆科 Ulmaceae

个体数量（Individual number）=8
最小，平均，最大胸径（Min, Mean, Max DBH）=3.5 cm, 19.1 cm, 29.8 cm
分布林层（Layer）=乔木层（Tree layer）
重要值排序（Importance value rank）=54/77

| 胸径区间/cm | 个体数量 | 比例/% |
|---|---|---|
| [1.0, 2.5) | 0 | 0.00 |
| [2.5, 5.0) | 1 | 12.50 |
| [5.0, 10.0) | 0 | 0.00 |
| [10.0, 20.0) | 3 | 37.50 |
| [20.0, 30.0) | 4 | 50.00 |
| [30.0, 40.0) | 0 | 0.00 |
| [40.0, 60.0) | 0 | 0.00 |

　　落叶乔木，高达 20 m，树皮灰色至褐灰色；当年生小枝、叶柄和果梗老后褐棕色，无毛，有散生狭椭圆形至椭圆形皮孔；冬芽的内部鳞片具棕色柔毛。叶厚纸质，卵状椭圆形至卵状长圆形，长 8-13 cm，宽 3.5-7.5 cm，基部稍不对称，近圆形，一边稍高，一边稍低，先端渐尖至短尾尖，自下部 2/3 以上具锯齿或钝齿，无毛或仅叶背中脉和侧脉间有簇毛；叶柄较粗壮，长 10-20 mm。果单生叶腋，果梗粗壮，长 17-35 mm，果球形或球状椭圆形，成熟时黄色，长 15-17 mm；果核乳白色至淡黄色，近球形至宽倒卵形，直径 8-9 mm，具 4 条纵肋，表面有网孔状凹陷。花期 4 月，果期 9-10 月。

　　产于宣恩、咸丰，生于山谷林中；分布于云南、广西、广东、福建、浙江、江西、湖南、湖北、贵州、四川等省区。

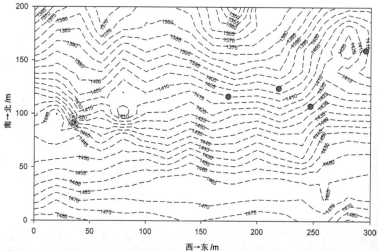

# 鸡桑 *Morus australis* Poir.

## 桑属 *Moru*　　桑科 **Moraceae**

个体数量（Individual number）＝5
最小，平均，最大胸径（Min，Mean，Max DBH）＝1.4 cm，3.2 cm，6.3 cm
分布林层（Layer）＝灌木层（Shrub layer）
重要值排序（Importance value rank）＝76/123

| 胸径区间 /cm | 个体数量 | 比例 /% |
|---|---|---|
| [1.0, 2.0) | 2 | 40.00 |
| [2.0, 3.0) | 1 | 20.00 |
| [3.0, 4.0) | 0 | 0.00 |
| [4.0, 5.0) | 1 | 20.00 |
| [5.0, 7.0) | 1 | 20.00 |
| [7.0, 10.0) | 0 | 0.00 |
| [10.0, 15.0) | 0 | 0.00 |

　　灌木或小乔木，树皮灰褐色，冬芽大，圆锥状卵圆形。叶卵形，长5-14 cm，宽3.5-12 cm，先端急尖或尾状，基部楔形或心形，边缘具粗锯齿，不分裂或3-5裂，表面粗糙，密生短刺毛，背面疏被粗毛；叶柄长1-1.5 cm，被毛；托叶线状披针形，早落。雄花序长1-1.5 cm，被柔毛，雄花绿色，具短梗，花被片卵形，花药黄色；雌花序球形，长约1 cm，密被白色柔毛，雌花花被片长圆形，暗绿色，花柱很长，柱头2裂，内面被柔毛。聚花果短椭圆形，直径约1 cm，成熟时红色或暗紫色。花期3-4月，果期4-5月。

　　恩施州广布，生于山谷林中；分布于辽宁、河北、陕西、甘肃、山东、安徽、浙江、江西、福建、台湾、河南、湖北、湖南、广东、广西、四川、贵州、云南、西藏等省区。

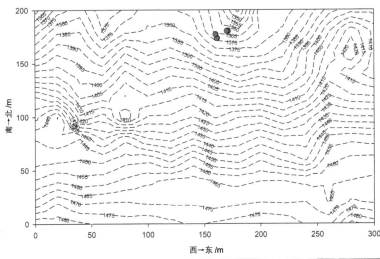

# 楮 *Broussonetia kazinoki* Sieb.

## 构属 *Broussonetia*　桑科 Moraceae

个体数量（Individual number）＝39
最小，平均，最大胸径（Min, Mean, Max DBH）＝1.0 cm, 2.1 cm, 5.4 cm
分布林层（Layer）＝灌木层（Shrub layer）
重要值排序（Importance value rank）＝37/123

| 胸径区间 /cm | 个体数量 | 比例 /% |
|---|---|---|
| [1.0, 2.0) | 18 | 46.15 |
| [2.0, 3.0) | 17 | 43.59 |
| [3.0, 4.0) | 2 | 5.12 |
| [4.0, 5.0) | 1 | 2.56 |
| [5.0, 7.0) | 1 | 2.56 |
| [7.0, 10.0) | 0 | 0.00 |
| [10.0, 15.0) | 0 | 0.00 |

　　灌木，高 2-4 m；小枝斜上，幼时被毛，成长脱落。叶卵形至斜卵形，长 3-7 cm，宽 3-4.5 cm，先端渐尖至尾尖，基部近圆形或斜圆形，边缘具三角形锯齿，不裂或 3 裂，表面粗糙，背面近无毛；叶柄长约 1 cm；托叶小，线状披针形，渐尖，长 3-5 mm，宽 0.5-1 mm。花雌雄同株；雄花序球形头状，直径 8-10 mm，雄花花被 3-4 裂，裂片三角形，外面被毛，雄蕊 3-4 枚，花药椭圆形；雌花序球形，被柔毛，花被管状，顶端齿裂，或近全缘，花柱单生，仅在近中部有小突起。聚花果球形，直径 8-10 mm；瘦果扁球形，外果皮壳质，表面具瘤体。花期 4-5 月，果期 5-6 月。

　　恩施州广布，生于山坡林缘或山沟边；广泛分布于华中、华南、西南各省区。

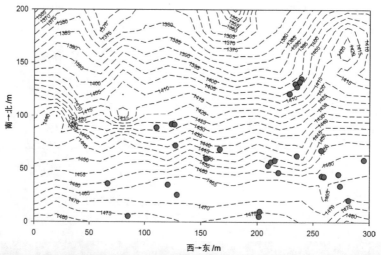

# 构树 *Broussonetia papyrifera* (Linnaeus) L'Heritier ex Ventenat

## 构属 *Broussonetia* 桑科 Moraceae

个体数量（Individual number）＝3
最小，平均，最大胸径（Min, Mean, Max DBH）＝1.0 cm, 14.0 cm, 20.8 cm
分布林层（Layer）＝乔木层（Tree layer）
重要值排序（Importance value rank）＝65/77

| 胸径区间 /cm | 个体数量 | 比例 /% |
|---|---|---|
| [1.0, 2.5) | 1 | 33.33 |
| [2.5, 5.0) | 0 | 0.00 |
| [5.0, 10.0) | 0 | 0.00 |
| [10.0, 20.0) | 0 | 0.00 |
| [20.0, 30.0) | 2 | 66.67 |
| [30.0, 40.0) | 0 | 0.00 |
| [40.0, 60.0) | 0 | 0.00 |

　　乔木，高 10-20 m；树皮暗灰色；小枝密生柔毛。叶螺旋状排列，广卵形至长椭圆状卵形，长 6-18 cm，宽 5-9 cm，先端渐尖，基部心形，两侧常不相等，边缘具粗锯齿，不分裂或 3-5 裂，小树之叶常有明显分裂，表面粗糙，疏生糙毛，背面密被绒毛，基生叶脉三出，侧脉 6-7 对；叶柄长 2.5-8 cm，密被糙毛；托叶大，卵形，狭渐尖，长 1.5-2 cm，宽 0.8-1 cm。花雌雄异株；雄花序为柔荑花序，粗壮，长 3-8 cm，苞片披针形，被毛，花被 4 裂，裂片三角状卵形，被毛，雄蕊 4 枚，花药近球形，退化雌蕊小；雌花序球形头状，苞片棍棒状，顶端被毛，花被管状，顶端与花柱紧贴，子房卵圆形，柱头线形，被毛。聚花果直径 1.5-3 cm，成熟时橙红色，肉质；瘦果具与等长的柄，表面有小瘤，龙骨双层，外果皮壳质。花期 4-5 月，果期 6-7 月。

　　恩施州广布，生于山坡路边、村庄边；我国南北各地均有分布。

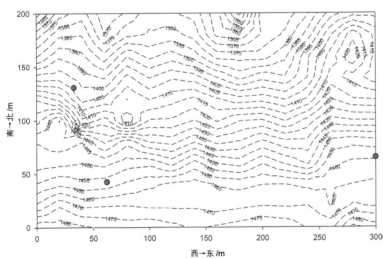

# 异叶榕 *Ficus heteromorpha* Hemsl.

## 榕属 *Ficus*　　桑科 Moraceae

个体数量（Individual number）＝316
最小，平均，最大胸径（Min, Mean, Max DBH）＝1.0 cm, 2.9 cm, 20.4 cm
分布林层（Layer）＝亚乔木层（Subtree layer）
重要值排序（Importance value rank）＝4/45

| 胸径区间<br>/cm | 个体<br>数量 | 比例<br>/% |
|---|---|---|
| [1.0, 2.5) | 176 | 55.70 |
| [2.5, 5.0) | 100 | 31.65 |
| [5.0, 8.0) | 30 | 9.49 |
| [8.0, 11.0) | 7 | 2.21 |
| [11.0, 15.0) | 2 | 0.63 |
| [15.0, 20.0) | 0 | 0.00 |
| [20.0, 30.0) | 1 | 0.32 |

　　落叶灌木或小乔木，高 2-5 m；树皮灰褐色；小枝红褐色，节短。叶多形，琴形、椭圆形、椭圆状披针形，长 10-18 cm，宽 2-7 cm，先端渐尖或为尾状，基部圆形或浅心形，表面略粗糙，背面有细小钟乳体，全缘或微波状，基生侧脉较短，侧脉 6-15 对，红色；叶柄长 1.5-6 cm，红色；托叶披针形，长约 1 cm。榕果成对生短枝叶腋，稀单生，无总梗，球形或圆锥状球形，光滑，直径 6-10 mm，成熟时紫黑色，顶生苞片脐状，基生苞片 3 枚，卵圆形，雄花和瘿花同生于一榕果中；雄花散生内壁，花被片 4-5 片，匙形，雄蕊 2-3 枚；瘿花花被片 5-6 片，子房光滑，花柱短；雌花花被片 4-5 片，包围子房，花柱侧生，柱头画笔状，被柔毛。瘦果光滑。花期 4-5 月，果期 5-7 月。

　　恩施州广布，生于山谷林中；分布于长江流域中下游及华南地区。

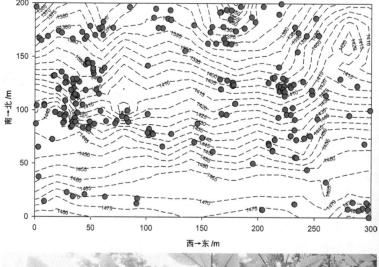

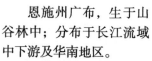

# 青皮木 *Schoepfia jasminodora* Sieb. et Zucc.

## 青皮木属 *Schoepfia*　　铁青树科 Olacaceae

个体数量（Individual number）＝29
最小，平均，最大胸径（Min, Mean, Max DBH）＝1.4 cm, 7.4 cm, 15.0 cm
分布林层（Layer）＝亚乔木层（Subtree layer）
重要值排序（Importance value rank）＝32/45

| 胸径区间<br>/cm | 个体<br>数量 | 比例<br>/% |
|---|---|---|
| [1.0, 2.5) | 4 | 13.79 |
| [2.5, 5.0) | 6 | 20.69 |
| [5.0, 8.0) | 6 | 20.69 |
| [8.0, 11.0) | 5 | 17.24 |
| [11.0, 15.0) | 6 | 20.69 |
| [15.0, 20.0) | 2 | 6.90 |
| [20.0, 30.0) | 0 | 0.00 |

　　落叶小乔木或灌木，高 3-14 m；树皮灰褐色；具短枝，新枝自去年生短枝上抽出，嫩时红色，老枝灰褐色，小枝干后栗褐色。叶纸质，卵形或长卵形，长 3.5-10 cm，宽 2-5 cm，顶端近尾状或长尖，基部圆形，稀微凹或宽楔形，叶上面绿色，背面淡绿色，干后上面黑色，背面淡黄褐色；侧脉每边 4-5 条，略呈红色；叶柄长 2-3 mm，红色。花无梗，2-9 朵排成穗状花序状的螺旋状聚伞花序，花序长 2-6 cm，总花梗长 1-2.5 cm，红色；花萼筒杯状，上端有 4-5 枚小萼齿；无副萼，花冠钟形或宽钟形，白色或浅黄色，长 5-7 mm，宽 3-4 mm，先端具 4-5 枚小裂齿，裂齿长三角形，长 1-2 mm，外卷，雄蕊着生在花冠管上，花冠内面着生雄蕊处的下部各有一束短毛；子房半埋在花盘中，下部 3 室、上部 1 室，每室具一枚胚珠；柱头通常伸出花冠管外。果椭圆状或长圆形，长约 1-1.2 cm，直径 5-8 mm，成熟时几为增大成壶状的花萼筒所包围。花期 3-5 月，果期 4-6 月。

　　产于利川、宣恩，生于山谷林中；分布于甘肃、陕西、河南、四川、云南、贵州、湖北、湖南、广西、广东、江苏、安徽、江西、浙江、福建、台湾等省区。

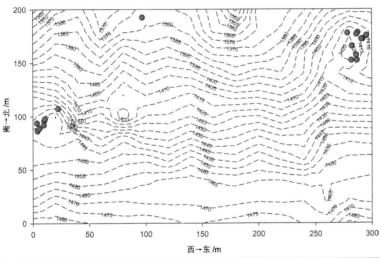

## 猫儿屎 *Decaisnea insignis* (Griffith) J. D. Hooker et Thomson

### 猫儿屎属 *Decaisnea*　　　木通科 Lardizabalaceae

个体数量（Individual number）＝544

最小，平均，最大胸径（Min, Mean, Max DBH）＝1.0 cm, 2.8 cm, 13.5 cm

分布林层（Layer）＝灌木层（Shrub layer）

重要值排序（Importance value rank）＝10/123

| 胸径区间 /cm | 个体数量 | 比例 /% |
|---|---|---|
| [1.0, 2.0) | 199 | 36.58 |
| [2.0, 3.0) | 169 | 31.07 |
| [3.0, 4.0) | 82 | 15.07 |
| [4.0, 5.0) | 48 | 8.82 |
| [5.0, 7.0) | 31 | 5.70 |
| [7.0, 10.0) | 10 | 1.84 |
| [10.0, 15.0) | 5 | 0.92 |

　　直立灌木，高 5 m。茎有圆形或椭圆形的皮孔；枝粗而脆，易断，渐变黄色，有粗大的髓部；冬芽卵形，顶端尖，鳞片外面密布小疣凸。羽状复叶长 50-80 cm，有小叶 13-25 片；叶柄长 10-20 cm；小叶膜质，卵形至卵状长圆形，长 6-14 cm，宽 3-7 cm，先端渐尖或尾状渐尖，基部圆或阔楔形，上面无毛，下面青白色，初时被粉末状短柔毛，渐变无毛。总状花序腋生，或数个再复合为疏松、下垂顶生的圆锥花序，长 2.5-4 cm；花梗长 1-2 cm；小苞片狭线形，长约 6 mm；萼片卵状披针形至狭披针形，先端长渐尖，具脉纹，中脉部分略被皱波状尘状毛或无毛。雄花外轮萼片长约 3 cm，内轮的长约 2.5 cm；雄蕊长 8-10 mm，花丝合生呈细长管状，长 3-4.5 mm，花药离生，长约 3.5 mm，药隔伸出于花药之上成阔而扁平、长 2-2.5 mm 的角状附属体，退化心皮小，通常长约为花丝管之半或稍超过，极少与花丝管等长。雌花退化雄蕊花丝短，合生呈盘状，长约

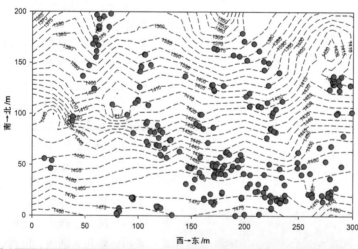

1.5 mm，花药离生，药室长 1.8-2 mm，顶具长 1-1.8 mm 的角状附属状；心皮 3 个，圆锥形，长 5-7 mm，柱头稍大，马蹄形，偏斜。果下垂，圆柱形，蓝色，长 5-10 cm，直径约 2 cm，顶端截平但腹缝先端延伸为圆锥形凸头，具小疣凸，果皮表面有环状缢纹或无。种子倒卵形，黑色，扁平，长约 1 cm。花期 4-6 月，果期 7-8 月。

　　恩施州广布，生于沟谷杂木林下；分布于我国西南部至中部地区，喜马拉雅山脉地区均有分布。

# 大血藤 *Sargentodoxa cuneata* (Oliv.) Rehd. et Wils.

## 大血藤属 *Sargentodoxa*　　木通科 Lardizabalaceae

个体数量（Individual number）＝59
最小，平均，最大胸径（Min, Mean, Max DBH）＝1.0 cm, 1.7 cm, 7.1 cm
分布林层（Layer）＝灌木层（Shrub layer）
重要值排序（Importance value rank）＝29/123

| 胸径区间<br>/cm | 个体<br>数量 | 比例<br>/% |
|---|---|---|
| [1.0, 2.0) | 45 | 76.27 |
| [2.0, 3.0) | 11 | 18.64 |
| [3.0, 4.0) | 2 | 3.39 |
| [4.0, 5.0) | 0 | 0.00 |
| [5.0, 7.0) | 0 | 0.00 |
| [7.0, 10.0) | 1 | 1.70 |
| [10.0, 15.0) | 0 | 0.00 |

落叶木质藤本，长达到 10 余米。藤径粗达 9 cm，全株无毛；当年枝条暗红色，老树皮有时纵裂。三出复叶，或兼具单叶，稀全部为单叶；叶柄长 3-12 cm；小叶革质，顶生小叶近棱状倒卵圆形，长 4-12.5 cm，宽 3-9 cm，先端急尖，基部渐狭成 6-15 mm 的短柄，全缘，侧生小叶斜卵形，先端急尖，基部内面楔形，外面截形或圆形，上面绿色，下面淡绿色，干时常变为红褐色，比顶生小叶略大，无小叶柄。总状花序长 6-12 cm，雄花与雌花同序或异序，同序时，雄花生于基部；花梗细，长 2-5 cm；苞片 1 枚，长卵形，膜质，长约 3 mm，先端渐尖；萼片 6 片，花瓣状，长圆形，长 0.5-1 cm，宽 0.2-0.4 cm，顶端钝；花瓣 6 片，小，圆形，长约 1 mm，蜜腺性；雄蕊长 3-4 mm，花丝长仅为花药一半或更短，药隔先端略突出；退化雄蕊长约 2 mm，先端较突出，不开裂；雌蕊多数，螺旋状生于卵状突起的花托上，子房瓶形，长约 2 mm，花柱线形，柱头斜；退化雌蕊线形，长 1 mm。浆果近球形，直径约 1 cm，成熟时黑蓝色，小果柄长 0.6-1.2 cm。种子卵球形，长约 5 mm，基部截形；种皮，黑色，光亮，平滑；种脐显著。花期 4-5 月，果期 6-9 月。

恩施州广布，生于山坡灌丛中；分布于陕西、四川、贵州、湖北、湖南、云南、广西、广东、海南、江西、浙江、安徽。

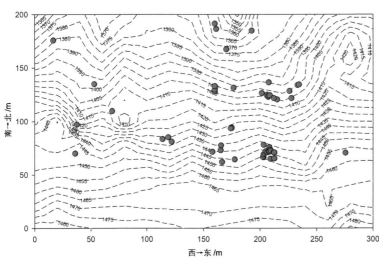

# 串果藤 *Sinofranchetia chinensis* (Franch.) Hemsl.

## 串果藤属 *Sinofranchetia*    木通科 **Lardizabalaceae**

个体数量（Individual number）=43
最小，平均，最大胸径（Min, Mean, Max DBH）=1.2 cm, 1.8 cm, 4.0 cm
分布林层（Layer）=灌木层（Shrub layer）
重要值排序（Importance value rank）=36/123

| 胸径区间 /cm | 个体数量 | 比例 /% |
|---|---|---|
| [1.0, 2.0) | 34 | 79.07 |
| [2.0, 3.0) | 5 | 11.63 |
| [3.0, 4.0) | 3 | 6.98 |
| [4.0, 5.0) | 1 | 2.32 |
| [5.0, 7.0) | 0 | 0.00 |
| [7.0, 10.0) | 0 | 0.00 |
| [10.0, 15.0) | 0 | 0.00 |

　　落叶木质藤本，全株无毛。幼枝被白粉；冬芽大，有覆瓦状排列的鳞片数至多枚。叶具羽状 3 小叶，通常密集与花序同自芽鳞片中抽出；叶柄长 10-20 cm；托叶小，早落；小叶纸质，顶生小叶菱状倒卵形，长 9-15 cm，宽 7-12 cm，先端渐尖，基部楔形，侧生小叶较小，基部略偏斜，上面暗绿色，下面苍白灰绿色；侧脉每边 6-7 条；小叶柄顶生的长 1-3 cm，侧生的极短。总状花序长而纤细，下垂，长 15-30 cm，基部被芽鳞片所包托；花稍密集着生于花序总轴上；花梗长 2-3 mm。雄花萼片 6 片，绿白色，有紫色条纹，倒卵形，长约 2 mm；蜜腺状花瓣 6 片，肉质，近倒心形，长不及 1 mm；雄蕊 6 枚，花丝肉质，离生，花药略短于花丝，药隔不突出；退化心皮小。雌花萼片与雄花的相似，长约 2.5 mm；花瓣很小；退化雄蕊与雄蕊形状相似但较小；心皮 3，椭圆形或倒卵状长圆形，比花瓣长，长 1.5-2 mm，无花柱，柱头不明显，胚珠多数，2 列。成熟心皮浆果状，椭圆形，淡紫蓝色，长约 2 cm，直径 1.5 cm。种子多数，卵圆形，压扁，长 4-6 mm，种皮灰黑色。花期 5-6 月，果期 9-10 月。

　　恩施州广布，生于山坡林下；分布于甘肃、陕西、四川、湖北、湖南、云南、江西、广东。

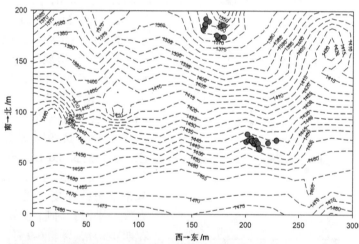

# 牛姆瓜 *Holboellia grandiflora* Reaub.

## 八月瓜属 *Holboellia*　　木通科 Lardizabalaceae

个体数量（Individual number）＝444
最小，平均，最大胸径（Min, Mean, Max DBH）＝1.0 cm, 1.7 cm, 14.1 cm
分布林层（Layer）＝灌木层（Shrub layer）
重要值排序（Importance value rank）＝14/123

| 胸径区间 /cm | 个体数量 | 比例 /% |
|---|---|---|
| [1.0, 2.0) | 336 | 75.68 |
| [2.0, 3.0) | 86 | 19.37 |
| [3.0, 4.0) | 16 | 3.60 |
| [4.0, 5.0) | 4 | 0.90 |
| [5.0, 7.0) | 0 | 0.00 |
| [7.0, 10.0) | 0 | 0.00 |
| [10.0, 15.0) | 2 | 0.45 |

　　常绿木质藤本。枝圆柱形，具线纹和皮孔；茎皮褐色。掌状复叶具长柄，有小叶 3-7 片；叶柄稍粗，长 7-20 cm；叶革质或薄革质，倒卵状长圆形或长圆形，有时椭圆形或披针形，长 6-14 cm，宽 4-6 cm，通常中部以上最阔，先端渐尖或急尖，基部通常长楔形，边缘略背卷，上面深绿色，有光泽，干后暗淡，下面苍白色；中脉于上面凹入，侧脉每边 7-9 条，与网脉均在上面不明显，在下面略凸起；小叶柄长 2-5 cm。花淡绿白色或淡紫色，雌雄同株，数朵组成伞房式的总状花序；
总花梗长 2.5-5 cm，2-4 个簇生于叶腋。雄花外轮萼片长倒卵形，先端钝，基部圆或截平，长 20-22 mm，宽 8-10 mm，内轮的线状长圆形，与外轮的近等长但较狭；花瓣极小，卵形或近圆形，直径约 1 mm；雄蕊直，长约 15 mm，花丝圆柱形，长约 1 cm，药隔伸出花药顶端而成小凸头，退化心皮锥尖，长约 3 mm。雌花外轮萼片阔卵形，厚，长 20-25 mm，宽 12-16 mm，先端急尖，基部圆，内轮萼片卵状披针形，远较狭；花瓣与雄花的相似；退化雄蕊小，近无柄，药室内弯；心皮披针状柱形，长约 12 mm，柱头圆锥形，偏斜。果长圆形，常孪生，长 6-9 cm；种子多数，黑色。花期 4-5 月，果期 7-9 月。

　　产于宣恩、利川，生于山地杂木林或沟边灌丛内；分布于湖北、四川、贵州和云南。

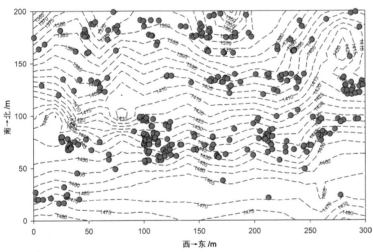

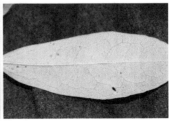

## 五月瓜藤 *Holboellia angustifolia* Wallich
### 八月瓜属 *Holboellia* 木通科 Lardizabalaceae

个体数量（Individual number）=30
最小，平均，最大胸径（Min, Mean, Max DBH）=1.0 cm, 1.7 cm, 3.7 cm
分布林层（Layer）=灌木层（Shrub layer）
重要值排序（Importance value rank）=40/123

| 胸径区间 /cm | 个体数量 | 比例 /% |
|---|---|---|
| [1.0, 2.0) | 22 | 73.33 |
| [2.0, 3.0) | 6 | 20.00 |
| [3.0, 4.0) | 2 | 6.67 |
| [4.0, 5.0) | 0 | 0.00 |
| [5.0, 7.0) | 0 | 0.00 |
| [7.0, 10.0) | 0 | 0.00 |
| [10.0, 15.0) | 0 | 0.00 |

常绿木质藤本。茎与枝圆柱形，灰褐色，具线纹。掌状复叶有小叶 3-9 片；叶柄长 2-5 cm；小叶近革质或革质，线状长圆形、长圆状披针形至倒披针形，长 5-11 cm，宽 1.2-3 cm，先端渐尖、急尖、钝或圆，有时凹入，基部钝、阔楔形或近圆形，边缘略背卷，上面绿色，有光泽，下面苍白色密布极微小的乳凸；中脉在上面凹陷，在下面凸起，侧脉每边 6-10 条，与基出 2 脉均至近叶缘处弯拱网结；网脉和侧脉在两面均明显凸起，或在上面不显著在下面微凸起；小叶柄长 5-25 mm。花雌雄同株，红色紫红色暗紫色绿白色或淡黄色，数朵组成伞房式的短总状花序；总花梗短，长 8-20 mm，多个簇生于叶腋，基部为阔卵形的芽鳞片所包。雄花花梗长 10-15 mm，外轮萼片线状长圆形，长 10-15 mm，宽 3-4 mm，顶端钝，内轮的较小；花瓣极小，近圆形，直径不及 1 mm；雄蕊直，长约 10 mm，花丝圆柱状，药隔延伸为长约 0.7 mm 的凸头，药室线形，退化心皮小，锥尖。雌花紫红色；花梗长 3.5-5 cm，外轮萼片倒卵状圆形或广卵形，长 14-16 mm，宽 7-9 mm，内轮的较小；花瓣小，卵状三角形，宽 0.4 mm；退化雄蕊无花丝，长约 0.7 mm；心皮棍棒状，柱头头状，具皱隙。果紫色，长圆形，长 5-9 cm，顶端圆而具凸头；种子椭圆形，长 5-8 mm，厚 4-5 mm，种皮褐黑色，有光泽。花期 4-5 月，果期 7-8 月。

恩施州广布，生于山坡杂木林中；分布于云南、贵州、四川、湖北、湖南、陕西、安徽、广西、广东和福建。

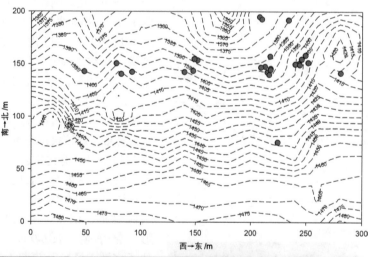

# 豪猪刺 *Berberis julianae* Schneid.

## 小檗属 *Berberis*　　小檗科 Berberidaceae

个体数量（Individual number）＝1
最小，平均，最大胸径（Min, Mean, Max DBH）＝1.2 cm，1.2 cm，1.2 cm
分布林层（Layer）＝灌木层（Shrub layer）
重要值排序（Importance value rank）＝118/123

| 胸径区间<br>/cm | 个体<br>数量 | 比例<br>/% |
|---|---|---|
| [1.0, 2.0) | 1 | 100.00 |
| [2.0, 3.0) | 0 | 0.00 |
| [3.0, 4.0) | 0 | 0.00 |
| [4.0, 5.0) | 0 | 0.00 |
| [5.0, 7.0) | 0 | 0.00 |
| [7.0, 10.0) | 0 | 0.00 |
| [10.0, 15.0) | 0 | 0.00 |

常绿灌木，高 1-3 m。老枝黄褐色或灰褐色，幼枝淡黄色，具条棱和稀疏黑色疣点；茎刺粗壮，三分叉，腹面具槽，与枝同色，长 1-4 cm。叶革质，椭圆形，披针形或倒披针形，长 3-10 cm，宽 1-3 cm，先端渐尖，基部楔形，上面深绿色，中脉凹陷，侧脉微显，背面淡绿色，中脉隆起，侧脉微隆起或不显，两面网脉不显，不被白粉，叶缘平展，每边具 10-20 刺齿；叶柄长 1-4 mm。花 10-25 朵簇生；花梗长 8-15 mm；花黄色；小苞片卵形，长约 2.5 mm，宽约 1.5 mm，先端急尖；萼片 2 轮，外萼片卵形，长约 5 mm，宽约 3 mm，先端急尖，内萼片长圆状椭圆形，长约 7 mm，宽约 4 mm，先端圆钝；花瓣长圆状椭圆形，长约 6 mm，宽约 3 mm，先端缺裂，基部缢缩呈爪，具 2 枚长圆形腺体；胚珠单生。浆果长圆形，蓝黑色，长 7-8 mm，直径 3.5-4 mm，顶端具明显宿存花柱，被白粉。花期 3 月，果期 5-11 月。

恩施州广布，生于林下或灌丛中；分布于湖北、四川、贵州、湖南、广西。

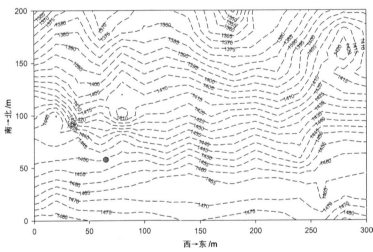

# 十大功劳 *Mahonia fortunei* (Lindl.) Fedde

## 十大功劳属 *Mahonia*  小檗科 Berberidaceae

个体数量（Individual number）＝2
最小，平均，最大胸径（Min, Mean, Max DBH）＝1.0 cm, 1.2 cm, 1.4 cm
分布林层（Layer）＝灌木层（Shrub layer）
重要值排序（Importance value rank）＝102/123

| 胸径区间 /cm | 个体数量 | 比例 /% |
|---|---|---|
| [1.0, 2.0) | 2 | 100.00 |
| [2.0, 3.0) | 0 | 0.00 |
| [3.0, 4.0) | 0 | 0.00 |
| [4.0, 5.0) | 0 | 0.00 |
| [5.0, 7.0) | 0 | 0.00 |
| [7.0, 10.0) | 0 | 0.00 |
| [10.0, 15.0) | 0 | 0.00 |

灌木，高 0.5-2 m。叶倒卵形至倒卵状披针形，长 10-28 cm，宽 8-18 cm，具 2-5 对小叶，最下一对小叶外形与往上小叶相似，距叶柄基部 2-9 cm，上面暗绿至深绿色，叶脉不显，背面淡黄色，偶稍苍白色，叶脉隆起，叶轴粗 1-2 mm，节间 1.5-4 cm，往上渐短；小叶无柄或近无柄，狭披针形至狭椭圆形，长 4.5-14 cm，宽 0.9-2.5 cm，基部楔形，边缘每边具 5-10 刺齿，先端急尖或渐尖。总状花序 4-10 个簇生，长 3-7 cm；芽鳞披针形至三角状卵形，长 5-10 mm，宽 3-5 mm；花梗长 2-2.5 mm；苞片卵形，急尖，长 1.5-2.5 mm，宽 1-1.2 mm；花黄色；外萼片卵形或三角状卵形，长 1.5-3 mm，宽约 1.5 mm，中萼片长圆状椭圆形，长 3.8-5 mm，宽 2-3 mm，内萼片长圆状椭圆形，长 4-5.5 mm，宽 2.1-2.5 mm；花瓣长圆形，长 3.5-4 mm，宽 1.5-2 mm，基部腺体明显，先端微缺裂，裂片急尖；雄蕊长 2-2.5 mm，药隔不延伸，顶端平截；子房长 1.1-2 mm，无花柱，胚珠 2 枚。浆果球形，直径 4-6 mm，紫黑色，被白粉。花期 7-9 月，果期 9-11 月。

恩施州广布，生于灌丛或沟边；分布于广西、四川、贵州、湖北、江西、浙江。

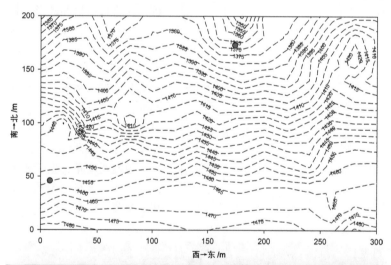

# 阔叶十大功劳 *Mahonia bealei* (Fort.) Carr.

## 十大功劳属 *Mahonia* 小檗科 **Berberidaceae**

个体数量（Individual number）＝4
最小，平均，最大胸径（Min, Mean, Max DBH）＝1.2 cm, 1.3 cm, 1.4 cm
分布林层（Layer）＝灌木层（Shrub layer）
重要值排序（Importance value rank）＝84/123

| 胸径区间<br/>/cm | 个体<br/>数量 | 比例<br/>/% |
|---|---|---|
| [1.0, 2.0) | 4 | 100.00 |
| [2.0, 3.0) | 0 | 0.00 |
| [3.0, 4.0) | 0 | 0.00 |
| [4.0, 5.0) | 0 | 0.00 |
| [5.0, 7.0) | 0 | 0.00 |
| [7.0, 10.0) | 0 | 0.00 |
| [10.0, 15.0) | 0 | 0.00 |

　　灌木或小乔木，高 0.5-8 m。叶狭倒卵形至长圆形，长 27-51 cm，宽 10-20 cm，具 4-10 对小叶，最下一对小叶距叶柄基部 0.5-2.5 cm，上面暗灰绿色，背面被白霜，有时淡黄绿色或苍白色，两面叶脉不显，叶轴粗 2-4 mm，节间长 3-10 cm；小叶厚革质，硬直，自叶下部往上小叶渐次变长而狭，最下一对小叶卵形，长 1.2-3.5 cm，宽 1-2 cm，具 1-2 粗锯齿，往上小叶近圆形至卵形或长圆形，长 2-10.5 cm，宽 2-6 cm，基部阔楔形或圆形，偏斜，有时心形，边缘每边具 2-6 粗锯齿，先端具硬尖，顶生小叶较大，长 7-13 cm，宽 3.5-10 cm，具柄，长 1-6 cm。总状花序直立，通常 3-9 个簇生；芽鳞卵形至卵状披针形，长 1.5-4 cm，宽 0.7-1.2 cm；花梗长 4-6 cm；苞片阔卵形或卵状披针形，先端钝，长 3-5 mm，宽 2-3 mm；花黄色；外萼片卵形，长 2.3-2.5 mm，宽 1.5-2.5 mm，中萼片椭圆形，长 5-6 mm，宽 3.5-4 mm，内萼片长圆状椭圆形，长 6.5-7 mm，宽 4-4.5 mm；花瓣倒卵状椭圆形，长 6-7 mm，宽 3-4 mm，基部腺体明显，先端微缺；雄蕊长 3.2-4.5 mm，药隔不延伸，顶端圆形至截形；子房长圆状卵形，长约 3.2 mm，花柱短，胚珠 3-4 枚。浆果卵形，长约 1.5 cm，直径约 1-1.2 cm，深蓝色，被白粉。花期 9 月至次年 1 月，果期 3-5 月。

　　恩施州广布，生于山谷林中；分布于浙江、安徽、江西、福建、湖南、湖北、陕西、河南、广东、广西、四川。

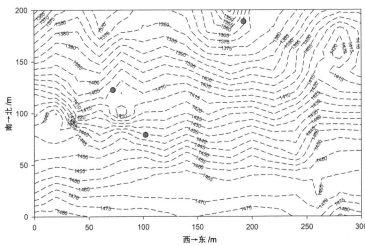

## 南五味子 *Kadsura longipedunculata* Finet et Gagnep.

### 五味子属 *Schisandra*　　五味子科 Schisandraceae

个体数量（Individual number）＝21
最小，平均，最大胸径（Min, Mean, Max DBH）＝1.0 cm，1.9 cm，8.3 cm
分布林层（Layer）＝灌木层（Shrub layer）
重要值排序（Importance value rank）＝49/123

| 胸径区间<br>/cm | 个体<br>数量 | 比例<br>/% |
|---|---|---|
| [1.0, 2.0) | 15 | 71.43 |
| [2.0, 3.0) | 4 | 19.05 |
| [3.0, 4.0) | 0 | 0.00 |
| [4.0, 5.0) | 1 | 4.76 |
| [5.0, 7.0) | 0 | 0.00 |
| [7.0, 10.0) | 1 | 4.76 |
| [10.0, 15.0) | 0 | 0.00 |

　　藤本，各部无毛。叶长圆状披针形、倒卵状披针形或卵状长圆形，长 5-13 cm，宽 2-6 cm，先端渐尖或尖，基部狭楔形或宽楔形，边有疏齿，侧脉每边 5-7 条；上面具淡褐色透明腺点，叶柄长 0.6-2.5 cm。花单生于叶腋，雌雄异株；雄花花被片白色或淡黄色，8-17 片，中轮最大 1 片，椭圆形，长 8-13 mm，宽 4-10 mm；花托椭圆体形，顶端伸长圆柱状，不凸出雄蕊群外；雄蕊群球形，直径 8-9 mm，具雄蕊 30-70 枚；雄蕊长 1-2 mm，药隔与花丝连成扁四方形，药隔顶端横长圆形，药室几与雄蕊等长，花丝极短。花梗长 0.7-4.5 cm；雌花花被片与雄花相似，雌蕊群椭圆体形或球形，直径约 l0 mm，具雌蕊 40-60 枚；子房宽卵圆形，花柱具盾状心形的柱头冠，胚珠 3-5 叠生于腹缝线上。花梗长 3-13 cm。聚合果球形，径 1.5-3.5 cm；小浆果倒卵圆形，长 8-14 mm，外果皮薄革质，干时显出种子。种子 2-3，稀 4-5，肾形或肾状椭圆体形，长 4-6 mm，宽 3-5 mm。花期 6-9 月，果期 9-12 月。

　　恩施州广布，生于山坡林中；分布于江苏、安徽、浙江、江西、福建、湖北、湖南、广东、广西、四川、云南。

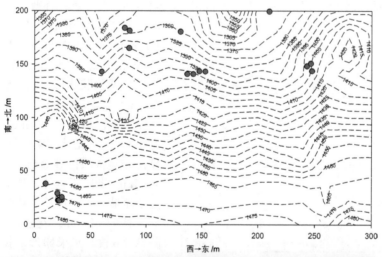

# 翼梗五味子 *Schisandra henryi* Clarke

## 五味子属 *Schisandra*　　　五味子科 Schisandraceae

个体数量（Individual number）＝2
最小，平均，最大胸径（Min, Mean, Max DBH）＝1.4 cm, 1.6 cm, 1.7 cm
分布林层（Layer）＝灌木层（Shrub layer）
重要值排序（Importance value rank）＝94/123

| 胸径区间<br>/cm | 个体<br>数量 | 比例<br>/% |
|---|---|---|
| [1.0, 2.0) | 2 | 100.00 |
| [2.0, 3.0) | 0 | 0.00 |
| [3.0, 4.0) | 0 | 0.00 |
| [4.0, 5.0) | 0 | 0.00 |
| [5.0, 7.0) | 0 | 0.00 |
| [7.0, 10.0) | 0 | 0.00 |
| [10.0, 15.0) | 0 | 0.00 |

　　落叶木质藤本，当年生枝淡绿色，小枝紫褐色，具宽近 1-2.5 mm 的翅棱，被白粉；内芽鳞紫红色，长圆形或椭圆形，长 8-15 mm，宿存于新枝基部。叶宽卵形、长圆状卵形，或近圆形，长 6-11 cm，宽 3-8 cm，先端短渐尖或短急尖，基部阔楔形或近圆形，上部边缘具胼胝齿尖的浅锯齿或全缘，上面绿色，下面淡绿色，侧脉每边 4-6 条，侧脉和网脉在两面稍凸起；叶柄红色，长 2.5-5 cm，具叶基下延的薄翅。雄花：花柄长 4-6 cm，花被片黄色，8-10 片，近圆形，最大一片直径 9-12 mm，最外与最内的 1-2 片稍较小，雄蕊群倒卵圆形，直径约 5 mm；花托圆柱形，顶端具近圆形的盾状附属物；雄蕊 30-40 枚，花药长 1-2.5 mm，内侧向开裂，药隔倒卵形或椭圆形，具凹入的腺点，顶端平或圆，稍长于花药，近基部雄蕊的花丝长 1-2 mm，贴生于盾状附属的雄蕊无花丝。雌花：花梗长 7-8 cm，花被片与雄花的相似；雌蕊群长圆状卵圆形，长约 7 mm，具雌蕊约 50 枚，子房狭椭圆形，花柱长 0.3-0.5 mm。小浆果红色，球形，直径 4-5 mm，具长约 1 mm 的果柄，顶端的花柱附属物白色。种子褐黄色，扁球形，或扁长圆形，长 3-5 mm，宽 2-4 mm，高 2-2.5 mm，种皮淡褐色，具乳头状凸起或皱凸起，以背面极明显，种脐斜 V 形，长为宽的 1/4-1/3。花期 5-7 月，果期 8-9 月。

　　恩施州广布，生于山坡林下；分布于浙江、江西、福建、河南、湖北、湖南、广东、广西、四川、贵州、云南。

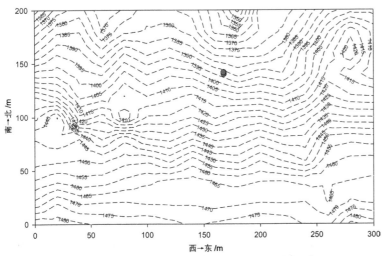

# 兴山五味子 *Schisandra incarnata* Stapf

## 五味子属 *Schisandra*　　五味子科 Schisandraceae

个体数量（Individual number）＝102
最小，平均，最大胸径（Min, Mean, Max DBH）＝1.0 cm, 1.7 cm, 3.8 cm
分布林层（Layer）＝灌木层（Shrub layer）
重要值排序（Importance value rank）＝27/123

| 胸径区间<br>/cm | 个体<br>数量 | 比例<br>/% |
|---|---|---|
| [1.0, 2.0) | 74 | 72.55 |
| [2.0, 3.0) | 22 | 21.57 |
| [3.0, 4.0) | 6 | 5.88 |
| [4.0, 5.0) | 0 | 0.00 |
| [5.0, 7.0) | 0 | 0.00 |
| [7.0, 10.0) | 0 | 0.00 |
| [10.0, 15.0) | 0 | 0.00 |

　　落叶木质藤本，全株无毛，幼枝紫色或褐色，老枝灰褐色；芽鳞纸质，长圆形，最大的长 6-10 mm。叶纸质，倒卵形或椭圆形，长 6-12 cm，宽 3-6 cm，先端渐尖或短急尖，基部楔形，2/3 以上边缘具胼胝质齿尖的稀疏锯齿；叶两面近同色，中脉在上面凹或平，侧脉每边 4-6 条；雄花花梗长 1.6-3.5 cm，花被片粉红色，膜质或薄肉质，7-8 片，椭圆形至倒卵形，较大的片长 1-1.7 cm，里面 2-3 片较小；雄蕊群椭圆体形或倒卵圆形，雄蕊 24-32 枚，分离，花药长 1.2-2 mm，外侧向纵裂，药隔钝，约与花药等长，下部雄蕊的花丝舌状，长 6-8 mm，上部雄蕊的花丝短于花药；雌花梗似雄花的而较粗，花被片似雄花的而较小；雌蕊群长圆状椭圆体形，长 7-8 mm，雌蕊约 70 枚，子房椭圆形稍弯，长约 2 mm，花柱长 0.2-0.3 mm。聚合果长 5-9 cm；小浆果深红色，椭圆形，长约 1 cm。种子深褐色，扁椭圆形，平滑，长 4-4.5 mm，宽 3-3.5 mm，种脐斜 V 形，约与边平。种皮光滑。花期 5-6 月，果期 9 月。

　　产于建始，生于山坡林中；分布于湖北。

# 华中五味子 *Schisandra sphenanthera* Rehd. et Wils.

## 五味子属 *Schisandra*　　五味子科 Schisandraceae

个体数量（Individual number）=350
最小，平均，最大胸径（Min，Mean，Max DBH）=1.0 cm，1.7 cm，5.9 cm
分布林层（Layer）=灌木层（Shrub layer）
重要值排序（Importance value rank）=17/123

| 胸径区间 /cm | 个体数量 | 比例 /% |
|---|---|---|
| [1.0, 2.0) | 251 | 71.71 |
| [2.0, 3.0) | 74 | 21.14 |
| [3.0, 4.0) | 13 | 3.71 |
| [4.0, 5.0) | 6 | 1.71 |
| [5.0, 7.0) | 5 | 1.43 |
| [7.0, 10.0) | 0 | 0.00 |
| [10.0, 15.0) | 0 | 0.00 |

　　落叶木质藤本，全株无毛，叶背脉上很少有稀疏细柔毛。冬芽、芽鳞具长缘毛，先端无硬尖，小枝红褐色，距状短枝或伸长，具颇密而凸起的皮孔。叶纸质，倒卵形、宽倒卵形，或倒卵状长椭圆形，有时圆形，很少椭圆形，长 3-11 cm，宽 1.5-7 cm，先端短急尖或渐尖，基部楔形或阔楔形，干膜质边缘至叶柄成狭翅，上面深绿色，下面淡灰绿色，有白色点，1/2-2/3 以上边缘具疏离、胼胝质齿尖的波状齿，上面中脉稍凹入，侧脉每边 4-5 条，网脉密致，干时两面不明显凸起；叶柄红色，长 1-3 cm。花生于近基部叶腋，花梗纤细，长 2-4.5 cm，基部具长 3-4 mm 的膜质苞片，花被片 5-9 片，橙黄色，近相似，椭圆形或长圆状倒卵形，中轮的长 6-12 mm，宽 4-8 mm，具缘毛，背面有腺点。雄花雄蕊群倒卵圆形，径 4-6 mm；花托圆柱形，顶端伸长，无盾状附属物；雄蕊 11-23 枚，基部的长 1.6-2.5 mm，药室内侧向开裂，药隔倒卵形，两药室向外倾斜，顶端分开，基部近邻接，花丝长约 1 mm，上部 1-4 枚雄蕊与花托顶贴生，无花丝；雌花雌蕊群卵球形，直径 5-5.5 mm，雌蕊 30-60 枚，子房近镰刀状椭圆形，长 2-2.5 mm，柱头冠狭窄，仅花柱长 0.1-0.2 mm，下延成不规则的附属体。聚合果果托长 6-17 cm，径约 4 mm，聚合果梗长 3-10 cm，成熟小浆果红色，长 8-12 mm，宽 6-9 mm，具短柄；种子长圆体形或肾形，长约 4 mm，宽 3-3.8 mm，高 2.5-3 mm，种脐斜 V 字形，长约为种子宽约 1/3；种皮褐色光滑，或仅背面微皱。花期 4-7 月，果期 7-9 月。

　　恩施州广布，生于山坡林中；分布于山西、陕西、甘肃、山东、江苏、安徽、浙江、江西、福建、河南、湖北、湖南、四川、贵州、云南。

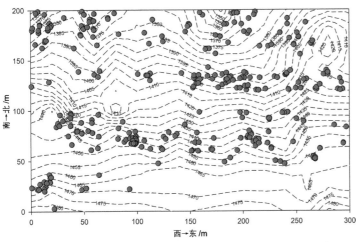

# 望春玉兰 *Yulania biondii* (Pamp.) D. L. Fu

## 玉兰属 *Yulania* 木兰科 Magnoliaceae

个体数量（Individual number）＝6
最小，平均，最大胸径（Min, Mean, Max DBH）＝1.5 cm, 9.1 cm, 15.6 cm
分布林层（Layer）＝乔木层（Tree layer）
重要值排序（Importance value rank）＝62/77

| 胸径区间/cm | 个体数量 | 比例/% |
|---|---|---|
| [1.0, 2.5) | 1 | 16.67 |
| [2.5, 5.0) | 0 | 0.00 |
| [5.0, 10.0) | 2 | 33.33 |
| [10.0, 20.0) | 3 | 50.00 |
| [20.0, 30.0) | 0 | 0.00 |
| [30.0, 40.0) | 0 | 0.00 |
| [40.0, 60.0) | 0 | 0.00 |

落叶乔木，高可达 12 m；树皮淡灰色，光滑；小枝细长，灰绿色，直径 3-4 mm，无毛；顶芽卵圆形或宽卵圆形，长 1.7-3 cm，密被淡黄色展开长柔毛。叶椭圆状披针形、卵状披针形，狭倒卵或卵形长 10-18 cm，宽 3.5-6.5 cm，先端急尖，或短渐尖，基部阔楔形，或圆钝，边缘干膜质，下延至叶柄，上面暗绿色，下面浅绿色，初被平伏绵毛，后无毛；侧脉每边 10-15 条；叶柄长 1-2 cm，托叶痕为叶柄长的 1/5-1/3。花先叶开放，直径 6-8 cm，芳香；花梗顶端膨大，长约 1 cm，具 3 苞片脱落痕；花被 9 片，外轮 3 片，紫红色，近狭倒卵状条形，长约 1 cm，中内两轮近匙形，白色，外面基部常紫红色，长 4-5 cm，宽 1.3-2.5 cm，内轮的较狭小；雄蕊长 8-10 mm，花药长 4-5 mm，花丝长 3-4 mm，紫色；雌蕊群长 1.5-2 cm。聚合果圆柱形，长 8-14 cm，常因部分不育而扭曲；果梗长约 1 cm，径约 7 mm，残留长绢毛；蓇葖浅褐色，近圆形，侧扁，具凸起瘤点；种子心形，外种皮鲜红色，内种皮深黑色，顶端凹陷，具 V 形槽，中部凸起，腹部具深沟，末端短尖不明显。花期 3 月，果期 9 月。

产于利川，生于缓坡林中；分布于陕西、甘肃、河南、湖北、四川等省。

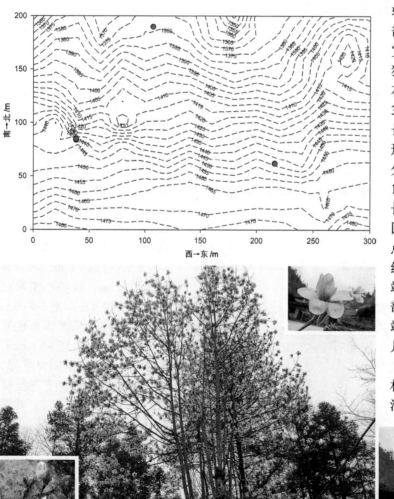

# 山鸡椒 *Litsea cubeba* (Lour.) Pers.

## 木姜子属 *Litsea*　　樟科 Lauraceae

个体数量（Individual number）＝379
最小，平均，最大胸径（Min, Mean, Max DBH）＝1.0 cm, 3.8 cm, 14.9 cm
分布林层（Layer）＝亚乔木层（Subtree layer）
重要值排序（Importance value rank）＝6/45

| 胸径区间/cm | 个体数量 | 比例/% |
|---|---|---|
| [1.0, 2.5) | 134 | 35.36 |
| [2.5, 5.0) | 134 | 35.36 |
| [5.0, 8.0) | 94 | 24.80 |
| [8.0, 11.0) | 16 | 4.22 |
| [11.0, 15.0) | 1 | 0.26 |
| [15.0, 20.0) | 0 | 0.00 |
| [20.0, 30.0) | 0 | 0.00 |

　　落叶灌木或小乔木，高达8-10 m；幼树树皮黄绿色，光滑，老树树皮灰褐色。小枝细长，绿色，无毛，枝、叶具芳香味。顶芽圆锥形，外面具柔毛。叶互生，披针形或长圆形，长4-11 cm，宽1.1-2.4 cm，先端渐尖，基部楔形，纸质，上面深绿色，下面粉绿色，两面均无毛，羽状脉，侧脉每边6-10条，纤细，中脉、侧脉在两面均突起；叶柄长6-20 mm，纤细，无毛。伞形花序单生或簇生，总梗细长，长6-10 mm；苞片边缘有睫毛；每一花序有花4-6朵，先叶开放或与叶同时开放，花被裂片6片，宽卵形；能育雄蕊9枚，花丝中下部有毛，第三轮基部的腺体具短柄；退化雌蕊无毛；雌花中退化雄蕊中下部具柔毛；子房卵形，花柱短，柱头头状。果近球形，直径约5 mm，无毛，幼时绿色，成熟时黑色，果梗长2-4 mm，先端稍增粗。花期2-3月，果期7-8月。

　　恩施州广布，生于林中路边；分布于广东、广西、福建、台湾、浙江、江苏、安徽、湖南、湖北、江西、贵州、四川、云南、西藏。

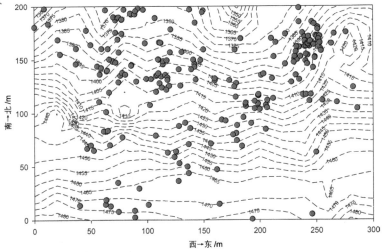

# 宜昌木姜子 *Litsea ichangensis* Gamble

## 木姜子属 *Litsea*　　樟科 Lauraceae

个体数量（Individual number）＝807
最小，平均，最大胸径（Min, Mean, Max DBH）＝1.0 cm，2.2 cm，7.8 cm
分布林层（Layer）＝灌木层（Shrub layer）
重要值排序（Importance value rank）＝7/123

| 胸径区间<br>/cm | 个体<br>数量 | 比例<br>/% |
|---|---|---|
| [1.0, 2.0) | 418 | 51.80 |
| [2.0, 3.0) | 213 | 26.39 |
| [3.0, 4.0) | 100 | 12.39 |
| [4.0, 5.0) | 45 | 5.58 |
| [5.0, 7.0) | 27 | 3.35 |
| [7.0, 10.0) | 4 | 0.49 |
| [10.0, 15.0) | 0 | 0.00 |

　　落叶灌木或小乔木，高达 8 m；树皮黄绿色。幼枝黄绿色，较纤细，无毛，老枝红褐或黑褐色。顶芽单生或 3 个集生，卵圆形，鳞片无毛。叶互生，倒卵形或近圆形，长 2-5 cm，宽 2-3 cm，先端急尖或圆钝，基部楔形，纸质，上面深绿色，无毛，下面粉绿色，幼时脉腋处有簇毛，老时变无毛，有时脉腋具腺窝穴，羽状脉，侧脉每边 4-6 条，纤细，通常离基部第一对侧脉与第二对侧脉之间的距离较大，中脉、侧脉在叶两面微突起；叶柄长 5-15 mm，纤细，无毛。伞形花序单生或 2 个簇生；总梗稍粗，长约 5 mm，无毛；每一花序常有花 9 朵，花梗长约 5 mm，被丝状柔毛；花被裂片 6 片，黄色，倒卵形或近圆形，先端圆钝，外面有 4 条脉，无毛或近于无毛；能育雄蕊 9 枚，花丝无毛，第三轮基部腺体小，黄色，近于无柄；退化雌蕊细小，无毛；雌花中退化雄蕊无毛；子房卵圆形，花柱短，柱头头状。果近球形，直径约 5 mm，成熟时黑色；果梗长 1-1.5 cm，无毛，先端稍增粗。花期 4-5 月，果期 7-8 月。

　　恩施州广布，生于山坡林中；分布于湖北、四川、湖南。

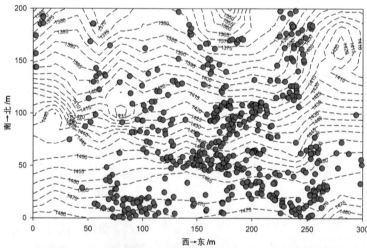

# 毛叶木姜子 *Litsea mollis* Hemsl.

## 木姜子属 *Litsea*    樟科 Lauraceae

个体数量（Individual number）=29
最小，平均，最大胸径（Min, Mean, Max DBH）=1.2 cm，3.5 cm，7.5 cm
分布林层（Layer）=灌木层（Shrub layer）
重要值排序（Importance value rank）=44/123

| 胸径区间 /cm | 个体数量 | 比例 /% |
|---|---|---|
| [1.0, 2.0) | 7 | 24.14 |
| [2.0, 3.0) | 9 | 31.03 |
| [3.0, 4.0) | 4 | 13.79 |
| [4.0, 5.0) | 3 | 10.34 |
| [5.0, 7.0) | 3 | 10.35 |
| [7.0, 10.0) | 3 | 10.35 |
| [10.0, 15.0) | 0 | 0.00 |

落叶灌木或小乔木，高达 4 m；树皮绿色，光滑，有黑斑，撕破有松节油气味。顶芽圆锥形，鳞片外面有柔毛。小枝灰褐色，有柔毛。叶互生或聚生枝顶，长圆形或椭圆形，长 4-12 cm，宽 2-4.8 cm，先端突尖，基部楔形，纸质，上面暗绿色，无毛，下面带绿苍白色，密被白色柔毛，羽状脉，侧脉每边 6-9 条，纤细，中脉在叶两面突起，侧脉在上面微突，在下面突起，叶柄长 1-1.5 cm，被白色柔毛。伞形花序腋生，常 2-3 个簇生于短枝上，短枝长 1-2 mm，花序梗长 6 mm，有白色短柔毛，每一花序有花 4-6 朵，先叶开放或与叶同时开放；花被裂片 6 片，黄色，宽倒卵形，雄蕊 9 枚，花丝有柔毛，第三轮基部腺体盾状心形，黄色；退化雌蕊无。果球形，直径约 5 mm，成熟时蓝黑色；果梗长 5-6 mm，有稀疏短柔毛。花期 3-4 月，果期 5-6 月。

恩施州广布，生于山坡林中；分布于广东、广西、湖南、湖北、四川、贵州、云南、西藏。

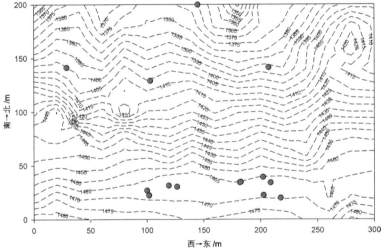

# 木姜子 *Litsea pungens* Hemsl.

## 木姜子属 *Litsea*　　樟科 Lauraceae

个体数量（Individual number）＝523
最小，平均，最大胸径（Min, Mean, Max DBH）＝1.0 cm，4.3 cm，14.7 cm
分布林层（Layer）＝亚乔木层（Subtree layer）
重要值排序（Importance value rank）＝2/45

| 胸径区间<br>/cm | 个体<br>数量 | 比例<br>/% |
|---|---|---|
| [1.0, 2.5) | 212 | 40.54 |
| [2.5, 5.0) | 139 | 26.57 |
| [5.0, 8.0) | 96 | 18.36 |
| [8.0, 11.0) | 52 | 9.94 |
| [11.0, 15.0) | 24 | 4.59 |
| [15.0, 20.0) | 0 | 0.00 |
| [20.0, 30.0) | 0 | 0.00 |

　　落叶小乔木，高 3-10 m；树皮灰白色。幼枝黄绿色，被柔毛，老枝黑褐色，无毛。顶芽圆锥形，鳞片无毛。叶互生，常聚生于枝顶，披针形或倒卵状披针形，长 4-15 cm，宽 2-5.5 cm，先端短尖，基部楔形，膜质，幼叶下面具绢状柔毛，后脱落渐变无毛或沿中脉有稀疏毛，羽状脉，侧脉每边 5-7 条，叶脉在两面均突起；叶柄纤细，长 1-2 cm，初时有柔毛，后脱落渐变无毛。伞形花序腋生；总花梗长 5-8 mm，无毛；每一花序有雄花 8-12 朵，先叶开放；花梗长 5-6 mm，被丝状柔毛；花被裂片 6 片，黄色，倒卵形，长 2.5 mm，外面有稀疏柔毛；雄蕊 9 枚，花丝仅基部有柔毛，第三轮基部有黄色腺体，圆形；退化雌蕊细小，无毛。果球形，直径 7-10 mm，成熟时蓝黑色；果梗长 1-2.5 cm，先端略增粗。花期 3-4 月，果期 5-6 月。

　　恩施州广布，生于山坡林中；分布于湖北、湖南、广东北部、广西、四川、贵州、云南、西藏、甘肃、陕西、河南、山西、浙江。

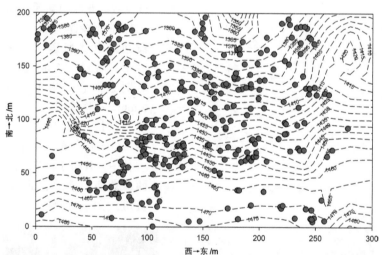

# 湖北木姜子 *Litsea hupehana* Hemsl.

## 木姜子属 *Litsea*　　樟科 Lauraceae

个体数量（Individual number）=1
最小，平均，最大胸径（Min, Mean, Max DBH）=6.8 cm，6.8 cm，6.8 cm
分布林层（Layer）=灌木层（Shrub layer）
重要值排序（Importance value rank）=109/123

| 胸径区间/cm | 个体数量 | 比例/% |
|---|---|---|
| [1.0, 2.0) | 0 | 0.00 |
| [2.0, 3.0) | 0 | 0.00 |
| [3.0, 4.0) | 0 | 0.00 |
| [4.0, 5.0) | 0 | 0.00 |
| [5.0, 7.0) | 1 | 100.00 |
| [7.0, 10.0) | 0 | 0.00 |
| [10.0, 15.0) | 0 | 0.00 |

常绿乔木或小乔木，高达 10 m，树皮灰色，呈小鳞片状剥落，脱落后呈鹿皮斑痕。幼枝红褐色，被灰色短柔毛，后毛脱落变无毛，老枝黑褐色，无毛。顶芽卵圆形，鳞片外面被丝状短柔毛。叶互生，狭披针形、披针形至椭圆状披针形，长 10-13 cm，宽 2-3.5 cm，先端渐尖或尖锐，基部近圆或楔形，薄革质，上面绿色，有光泽，中脉近基部有柔毛，下面淡绿色，具白粉，沿中脉两侧有灰白色长柔毛，羽状脉，侧脉每边 10-19 条，斜展，先端弧状弯曲，纤细，在叶两面略突起，中脉在上面微突，在下面突起；叶柄长 1-1.8 cm，上面散生柔毛，下面无毛。

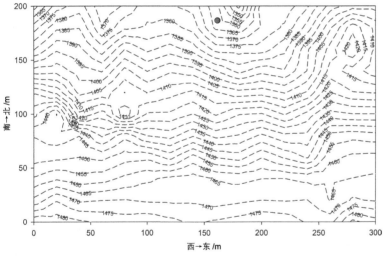

伞形花序单生或 2 个簇生于叶腋，总梗长约 2 mm，被丝状短柔毛；每一花序有雄花 4-5 朵；花梗长 3-4 mm，被灰色丝状柔毛；花被裂片 6 片，卵形，长 2 mm，先端渐尖，外面被丝状短柔毛；雄蕊 9 枚，长约 4 mm，花丝被灰色长柔毛，腺体盾状，无柄。果近球形，直径 7-8 mm；果托扁平，宿存有花被裂片 6 片，直立，整齐；果梗长 3-4 mm，颇粗壮。花期 8-9 月，果期次年 5-6 月。

产于宣恩、利川，生于山坡林中；分布于湖北、四川。

# 黄丹木姜子 *Litsea elongata* (Wall. ex Nees) Benth. et Hook. f.

## 木姜子属 *Litsea*　　樟科 Lauraceae

个体数量（Individual number）＝1578
最小，平均，最大胸径（Min, Mean, Max DBH）＝1.0 cm, 2.9 cm, 13.5 cm
分布林层（Layer）＝亚乔木层（Subtree layer）
重要值排序（Importance value rank）＝1/45

| 胸径区间 /cm | 个体数量 | 比例 /% |
|---|---|---|
| [1.0, 2.5) | 792 | 50.19 |
| [2.5, 5.0) | 582 | 36.88 |
| [5.0, 8.0) | 170 | 10.77 |
| [8.0, 11.0) | 28 | 1.78 |
| [11.0, 15.0) | 6 | 0.38 |
| [15.0, 20.0) | 0 | 0.00 |
| [20.0, 30.0) | 0 | 0.00 |

常绿小乔木或中乔木，高达 12 m；树皮灰黄色或褐色。小枝黄褐至灰褐色，密被褐色绒毛。顶芽卵圆形，鳞片外面被丝状短柔毛。叶互生，长圆形、长圆状披针形至倒披针形，长 6-22 cm，宽 2-6 cm，先端钝或短渐尖，基部楔形或近圆，革质，上面无毛，下面被短柔毛，沿中脉及侧脉有长柔毛，羽状脉，侧脉每边 10-20 条，中脉及侧脉在叶上面平或稍下陷，在下面突起，横行小脉在下面明显突起，网脉稍突起；叶柄长 1-2.5 cm，密被褐色绒毛。伞形花序单生，少簇生；总梗通常较粗短，长 2-5 mm，密被褐色绒毛；每一花序有花 4-5 朵；花梗被丝状长柔毛；花被裂片 6 片，卵形，外面中肋有丝状长柔毛，雄蕊 9-12 枚，花丝有长柔毛；腺体圆形，无柄，退化雌蕊细小，无毛；雌花序较雄花序略小，子房卵圆形，无毛，花柱粗壮，柱头盘状；退化雄蕊细小，基部有柔毛。果长圆形，长 11-13 mm，直径 7-8 mm，成熟时黑紫色；果托杯状，深约 2 mm，直径约 5 mm；果梗长 2-3 mm。花期 5-11 月，果期次年 2-6 月。

恩施州广布，生于山坡路旁；分布于广东、广西、湖南、湖北、四川、贵州、云南、西藏、安徽、浙江、江苏、江西、福建。

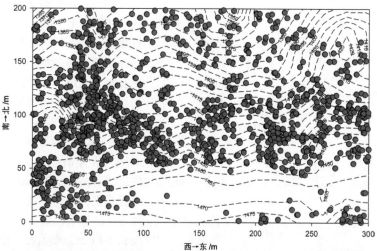

# 香叶树 *Lindera communis* Hemsl.
## 山胡椒属 *Lindera*    樟科 Lauraceae

个体数量（Individual number）＝93
最小，平均，最大胸径（Min, Mean, Max DBH）＝1.0 cm, 2.3 cm, 7.4 cm
分布林层（Layer）＝灌木层（Shrub layer）
重要值排序（Importance value rank）＝30/123

| 胸径区间 /cm | 个体数量 | 比例 /% |
|---|---|---|
| [1.0, 2.0) | 48 | 51.61 |
| [2.0, 3.0) | 25 | 26.88 |
| [3.0, 4.0) | 8 | 8.60 |
| [4.0, 5.0) | 4 | 4.30 |
| [5.0, 7.0) | 7 | 7.53 |
| [7.0, 10.0) | 1 | 1.08 |
| [10.0, 15.0) | 0 | 0.00 |

常绿灌木或小乔木，高1-4 m；树皮淡褐色。当年生枝条纤细，平滑，具纵条纹，绿色，干时棕褐色，或疏或密被黄白色短柔毛，基部有密集芽鳞痕，一年生枝条粗壮，无毛，皮层不规则纵裂。顶芽卵形，长约5 mm。叶互生，通常披针形、卵形或椭圆形，长3-12.5 cm，宽1-4.5 cm，先端渐尖、急尖、骤尖或有时近尾尖，基部宽楔形或近圆形；薄革质至厚革质；上面绿色，无毛，下面灰绿或浅黄色，被黄褐色柔毛，后渐脱落成疏柔毛或无毛，边缘内卷；羽状脉，侧脉每边5-7条，弧曲，与中脉上面凹陷，下面突起，被黄褐色微柔毛或近无毛；叶柄长5-8 mm，被黄褐色微柔毛或近无毛。伞形花序具5-8朵花，单生或双生于叶腋，总梗极短；总苞片4片，早落。雄花黄色，直径达4 mm，花梗长2-2.5 mm，略被金黄色微柔毛；花被片6片，卵形，近等大，长约3 mm，宽1.5 mm，先端圆形，外面略被金黄色微柔毛或近无毛；雄蕊9枚，长2.5-3 mm，花丝略被微柔毛或无毛，与花药等长，第三轮基部有2个具角突宽肾形腺体；退化雌蕊的子房卵形，长约1 mm，无毛，花柱、柱头不分，成一短凸尖。雌花黄色或黄白色，花梗长2-2.5 mm；花被片6片，卵形，长2 mm，外面被微柔毛；退化雄蕊9枚，条形，长1.5 mm，第三轮有2个腺体；子房椭圆形，长1.5 mm，无毛，花柱长2 mm，柱头盾形，具乳突。果卵形，长约1 cm，宽7-8 mm，也有时略小而近球形，无毛，成熟时红色；果梗长4-7 mm，被黄褐色微柔毛。花期3-4月，果期9-10月。

恩施州广布，生于林中；分布于陕西、甘肃、湖南、湖北、江西、浙江、福建、台湾、广东、广西、云南、贵州、四川等省区。

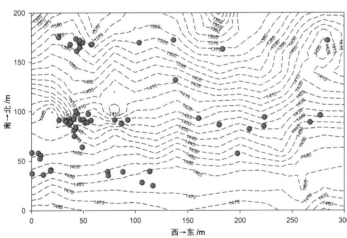

## 四川山胡椒 *Lindera setchuenensis* Gamble

### 山胡椒属 *Lindera*　　樟科 Lauraceae

个体数量（Individual number）＝8
最小，平均，最大胸径（Min, Mean, Max DBH）＝1.2 cm, 4.2 cm, 6.8 cm
分布林层（Layer）＝灌木层（Shrub layer）
重要值排序（Importance value rank）＝62/123

| 胸径区间 /cm | 个体数量 | 比例 /% |
|---|---|---|
| [1.0, 2.0) | 1 | 12.50 |
| [2.0, 3.0) | 0 | 0.00 |
| [3.0, 4.0) | 3 | 37.50 |
| [4.0, 5.0) | 2 | 25.00 |
| [5.0, 7.0) | 2 | 25.00 |
| [7.0, 10.0) | 0 | 0.00 |
| [10.0, 15.0) | 0 | 0.00 |

常绿灌木，高 2.5 m；树皮灰褐色；小枝条灰绿色，多皮孔，干后棕褐色或黑褐色。芽锥形，长 0.5 cm，鳞片无毛。叶互生，常集生于枝端，条形，长 9-17 cm，宽 1.4-2.8 cm，先端渐尖，基部楔形，上面绿色，无毛，下面蓝绿色，被黄色柔毛，脉上较密，干后上面黑褐色，下面棕黄色，羽状脉，每边 10-21 条。伞形花序生于叶芽两侧各一；总苞片 4 片，无毛，开花时宿存，内有花 5 朵；总梗长 4-5 mm，被微柔毛。雄花花被片倒披针形，无毛，长 1.7 mm，内轮长 1.5 mm；雄蕊第一、二轮较长，长 2 mm，第三轮长 1.5 mm，花丝纤细，无毛，第三轮的基部稍上方着生 2 个具长柄漏斗形腺体；退化雄蕊细小；子房椭圆形长不及 0.5 mm，花柱、柱头不分，成一小凸尖；花梗长 3-4 mm，连同花被管被长柔毛。雌花花被片条形，两面无毛，外轮长 1.5 mm，宽 0.3 mm，内轮长 1.2 mm，宽 0.2 mm，有时花被片呈退化雄蕊状，并在其基部着生一棒状腺体；第一、二轮雄蕊长约 1.5 mm，第三轮长 1.2 mm；基部以上着生 2 个漏斗形具长柄腺体；退化雄蕊条形，上部略宽，无毛，雌蕊无毛，子房椭圆形，长 0.7 mm，花柱长约 1.5 mm，柱头盘状；花梗长约 3 mm，连同花被管被长柔毛。果椭圆形，长 1.2 cm，宽 8 mm；果托仅包被果实基部略上，直径约 6 mm；果梗长 5 mm，无毛。花期 2 月，果期 9 月。

恩施州广布，生于山坡林中；分布于四川、湖北、贵州。

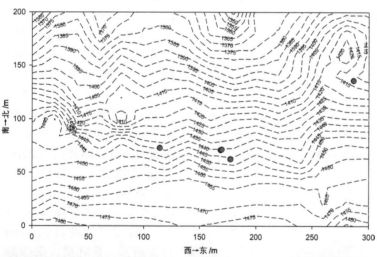

# 绿叶甘橿 *Lindera neesiana* (Wallich ex Nees) Kurz

## 山胡椒属 *Lindera*　　樟科 Lauraceae

个体数量（Individual number）=1360
最小，平均，最大胸径（Min, Mean, Max DBH）=1.0 cm, 1.6 cm, 12.0 cm
分布林层（Layer）=灌木层（Shrub layer）
重要值排序（Importance value rank）=3/123

| 胸径区间/cm | 个体数量 | 比例/% |
|---|---|---|
| [1.0, 2.0) | 1084 | 79.71 |
| [2.0, 3.0) | 233 | 17.13 |
| [3.0, 4.0) | 36 | 2.65 |
| [4.0, 5.0) | 6 | 0.44 |
| [5.0, 7.0) | 0 | 0.00 |
| [7.0, 10.0) | 0 | 0.00 |
| [10.0, 15.0) | 1 | 0.07 |

　　落叶灌木或小乔木，高达 6 m；树皮绿或绿褐色。幼枝青绿色，干后棕黄或棕褐色，光滑。冬芽卵形，具约 1 mm 长的短柄，基部着生 2 个花序。叶互生，卵形至宽卵形，长 5-14 cm，宽 2.5-8 cm，先端渐尖，基部圆形，有时宽楔形，纸质，上面深绿色，无毛，下面绿苍白色，初时密被柔毛，后毛被渐脱落，三出脉或离基三出脉，第一对侧脉如果为三出脉时较直，为离基三出脉时弧曲；叶柄长 10-12 mm。伞形花序具总梗，总梗通常长约 4 mm，无毛总苞片 4 片，具缘毛，内面基部被柔毛，内有花 7-9 朵。未开放时雄花花被片绿色，宽椭圆形或近圆形，先端圆，无毛，外轮长约 1 mm，花丝无毛，第三轮基部着生 2 个具柄阔三角状肾形腺体，有时第一、二轮花丝也有 1 个腺体；雌蕊凸字形，长不及 1 mm。雌花花被片黄色，宽倒卵形，先端圆，无毛，外轮长约 1.5 mm，内轮长约 1.2 mm；退化雄蕊条形，第一、二轮长约 0.8 mm，第三轮基部具 2 个不规则长柄腺体，腺体三角形或长圆形，大小不等；子房椭圆形，无毛；花梗长 2 mm，被微柔毛。果近球形，直径 6-8 mm；果梗长 4-7 mm。花期 4 月，果期 9 月。

　　恩施州广布，生于山坡林下；分布于河南、陕西、安徽、浙江、江西、湖北、湖南、贵州、四川、云南、西藏等省区。

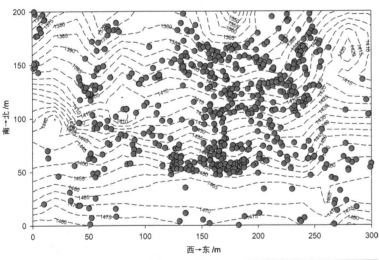

# 三桠乌药 *Lindera obtusiloba* Blume

## 山胡椒属 *Lindera*　　樟科 **Lauraceae**

个体数量（Individual number）＝36
最小，平均，最大胸径（Min, Mean, Max DBH）＝1.0 cm, 3.9 cm, 15.8 cm
分布林层（Layer）＝乔木层（Tree layer）
重要值排序（Importance value rank）＝38/77

| 胸径区间/cm | 个体数量 | 比例/% |
|---|---|---|
| [1.0, 2.5) | 22 | 61.11 |
| [2.5, 5.0) | 4 | 11.11 |
| [5.0, 10.0) | 6 | 16.67 |
| [10.0, 20.0) | 4 | 11.11 |
| [20.0, 30.0) | 0 | 0.00 |
| [30.0, 40.0) | 0 | 0.00 |
| [40.0, 60.0) | 0 | 0.00 |

落叶乔木或灌木，高 3-10 m；树皮黑棕色。小枝黄绿色，当年枝条较平滑，有纵纹，老枝渐多木栓质皮孔、褐斑及纵裂；芽卵形，先端渐尖；外鳞片 3 片，革质，黄褐色，无毛，椭圆形，先端尖，长 0.6-0.9 cm，宽 0.6-0.7 cm；内鳞片 3 片，有淡棕黄色厚绢毛；有时为混合芽，内有叶芽及花芽。叶互生，近圆形至扁圆形，长 5.5-10 cm，宽 4.8-10.8 cm，先端急尖，全缘或 3 裂，常明显 3 裂，基部近圆形或心形，有时宽楔形，上面深绿，下面绿苍白色，有时带红色，被棕黄色柔毛或近无毛；三出脉，偶有五出脉，网脉明显；叶柄长 1.5-2.8 cm，被黄白色柔毛。花序在腋生混合芽，混合芽椭圆形，先端亦急尖；外面的 2 片芽鳞革质，棕黄色，有皱纹，无毛，内面鳞片近革质，被贴服微柔毛；花芽内有无总梗花序 5-6 个，混合芽内有花芽 1-2 个；总苞片 4 片，长椭圆形，膜质，外面被长柔毛，内面无毛，内有花 5 朵。雄花花被片 6 片，长椭圆形，外被长柔毛，内面无毛；雄蕊 9 枚，花丝无毛，第三轮的基部着生 2 个具长柄、角突宽肾形的腺体，第二轮的基部有时也有 1 个腺体；退化雌蕊长椭圆形，无毛，花柱、柱头不分，成一小凸尖。雌花花被片 6 片，长椭圆形，长 2.5 mm，宽 1 mm，内轮略短，外面背脊部被长柔毛，内面无毛，退化雄蕊条片形，第一、二轮长 1.7 mm，第三轮长 1.5 mm，基部有 2 个具长柄腺体，其柄基部与退化雄蕊基部合生；子房椭圆形，长 2.2 mm，直径 1 mm，无毛，花柱短，长不及 1 mm，花未开放时沿子房向下弯曲。果广椭圆形，长 0.8 cm，直径 0.5-0.6 cm，成熟时红色，后变紫黑色，干时黑褐色。花期 3-4 月，果期 8-9 月。

恩施州广布，生于山谷林中；分布于我国大部分区域。

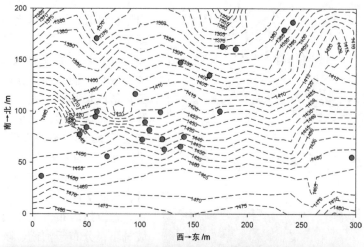

# 长尾钓樟（变种）*Lindera thomsonii* var. *velutina* (Forrest) L. C. Wang

## 山胡椒属 *Lindera*　　樟科 Lauraceae

个体数量（Individual number）=652
最小，平均，最大胸径（Min, Mean, Max DBH）=1.0 cm, 2.4 cm, 12.0 cm
分布林层（Layer）=乔木层（Tree layer）
重要值排序（Importance value rank）=13/77

| 胸径区间 /cm | 个体 数量 | 比例 /% |
|---|---|---|
| [1.0, 2.5) | 419 | 64.26 |
| [2.5, 5.0) | 185 | 28.37 |
| [5.0, 10.0) | 46 | 7.06 |
| [10.0, 20.0) | 2 | 0.31 |
| [20.0, 30.0) | 0 | 0.00 |
| [30.0, 40.0) | 0 | 0.00 |
| [40.0, 60.0) | 0 | 0.00 |

常绿乔木，高 3-10 m；树皮褐色。枝条圆柱形，具细纵条纹，淡绿色或带红色，皮孔明显，嫩枝密被绢毛，后脱落成无毛。顶芽卵形，芽鳞褐色，外面密被绢状微柔毛、叶互生，狭卵形至披针形，先端具长尾尖，尖头长可 2-3 cm，基部急尖或近圆形，坚纸质，上面有时被稀绢质柔毛，下面被密厚贴服白色绢质毛，至老时毛被渐脱落成较稀疏灰色或黑色残存毛片，三出脉或离基三出脉，第一对侧脉斜伸至叶中部以上，叶脉两面凸出，明显，叶柄长 7-15 mm。雄伞形花序腋生，有 3-10 朵花，总梗长 2-3 mm，总苞早落；雄花黄色，花梗长 3-4 mm，被灰色微柔毛；花被片 6 片，卵状披针形，长 3.5-4 mm，花丝被疏柔毛，第三轮雄蕊近基部有 2 个圆肾形具短柄腺体；退化雌蕊长约 4 mm，花柱被灰色微柔毛。雌伞形花序腋生，有 4-12 朵花；总梗长约 2 mm；总苞片早落；雌花白色、黄色或黄绿色，花梗长 4-5 mm，被灰色微柔毛；退化雄蕊 9 枚，长约 2.5 mm，第三轮有时花瓣状，基部具 2 个圆肾形近无柄腺体；子房椭圆形，长约 2 mm，与花柱近等长，均被灰色微柔毛。果椭圆形，长 1-1.4 cm，直径 7-10 mm，成熟时由红色变黑色；果托直径 2 mm；果梗长 1-1.5 cm，被微柔毛。花期 2-3 月，果期 6-9 月。

恩施州广布，属湖北省新记录，生于山坡林中；分布于云南、湖北。

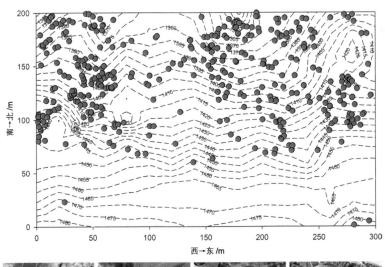

# 乌药 *Lindera aggregata* (Sims) Kosterm.

## 山胡椒属 *Lindera*　　樟科 Lauraceae

个体数量（Individual number）＝71
最小，平均，最大胸径（Min, Mean, Max DBH）＝1.0 cm, 2.5 cm, 8.7 cm
分布林层（Layer）＝灌木层（Shrub layer）
重要值排序（Importance value rank）＝33/123

| 胸径区间 /cm | 个体数量 | 比例 /% |
|---|---|---|
| [1.0, 2.0) | 29 | 40.84 |
| [2.0, 3.0) | 25 | 35.21 |
| [3.0, 4.0) | 7 | 9.86 |
| [4.0, 5.0) | 8 | 11.27 |
| [5.0, 7.0) | 1 | 1.41 |
| [7.0, 10.0) | 1 | 1.41 |
| [10.0, 15.0) | 0 | 0.00 |

　　常绿灌木或小乔木，高可达 5 m；树皮灰褐色；根有纺锤状或结节状膨胀，外面棕黄色至棕黑色，表面有细皱纹，有香味，微苦，有刺激性清凉感。幼枝青绿色，具纵向细条纹，密被金黄色绢毛，后渐脱落，老时无毛，干时褐色。顶芽长椭圆形。叶互生，卵形，椭圆形至近圆形，通常长 2.7-5 cm，宽 1.5-4 cm，先端长渐尖或尾尖，基部圆形，革质或有时近革质，上面绿色，有光泽，下面苍白色，幼时密被棕褐色柔毛，后渐脱落，偶见残存斑块状黑褐色毛片，两面有小凹窝，三出脉，中脉及第一对侧脉上面通常凹下，少有凸出，下面明显凸出；叶柄长 0.5-1 cm，有褐色柔毛，后毛被渐脱落。伞形花序腋生，无总梗，常 6-8 个花序集生于短枝上，每花序有一苞片；花被片 6 片，近等长，外面被白色柔毛，内面无毛，黄色或黄绿色，偶有外乳白内紫红色；花梗长

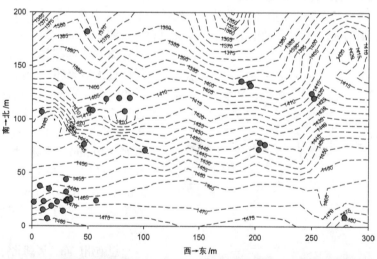

约 0.4 mm，被柔毛。雄花花被片长约 4 mm，宽约 2 mm；雄蕊长 3-4 mm，花丝被疏柔毛，第三轮有 2 个宽肾形具柄腺体，着生花丝基部，有时第二轮也有腺体 1-2 个；退化雌蕊坛状。雌花花被片长约 2.5 mm，宽约 2 mm，退化雄蕊长条片状，被疏柔毛，长约 1.5 mm，第三轮基部着生 2 个具柄腺体；子房椭圆形，长约 1.5 mm，被褐色短柔毛，柱头头状。果卵形或有时近圆形，长 0.6-1 cm，直径 4-7 mm。花期 3-4 月，果期 6-11 月。

　　恩施州广布，生于山坡林中；分布于浙江、江西、福建、安徽、湖南、湖北、广东、广西、台湾等省区。

# 檫木 *Sassafras tzumu* (Hemsl.) Hemsl.

## 檫木属 *Sassafras*　　樟科 Lauraceae

个体数量（Individual number）＝2
最小，平均，最大胸径（Min, Mean, Max DBH）＝19.4 cm, 20.0 cm, 20.6 cm
分布林层（Layer）＝乔木层（Tree layer）
重要值排序（Importance value rank）＝72/77

| 胸径区间<br>/cm | 个体<br>数量 | 比例<br>/% |
|---|---|---|
| [1.0, 2.5) | 0 | 0.00 |
| [2.5, 5.0) | 0 | 0.00 |
| [5.0, 10.0) | 0 | 0.00 |
| [10.0, 20.0) | 1 | 50.00 |
| [20.0, 30.0) | 1 | 50.00 |
| [30.0, 40.0) | 0 | 0.00 |
| [40.0, 60.0) | 0 | 0.00 |

　　落叶乔木，高可达 35 m；树皮幼时黄绿色，平滑，老时变灰褐色，呈不规则纵裂。顶芽大，椭圆形，长达 1.3 cm，芽鳞近圆形，外面密被黄色绢毛。枝条粗壮，近圆柱形，多少具棱角，无毛，初时带红色，干后变黑色。叶互生，聚集于枝顶，卵形或倒卵形，长 9-18 cm，宽 6-10 cm，先端渐尖，基部楔形，全缘或 2-3 浅裂，裂片先端略钝，坚纸质，上面绿色，晦暗或略光亮，下面灰绿色，两面无毛或下面尤其是沿脉网疏被短硬毛，羽状脉或离基三出脉，中脉、侧脉及支脉两面稍明显，最下方一对侧脉对生，十分发达，向叶缘一方生出多数支脉，支脉向叶缘弧状网结；叶柄纤细，长 2-7 cm，鲜时常带红色，腹平背凸，无毛或略被短硬毛。花序顶生，先叶开放，长 4-5 cm，多花，具梗，梗长不及 1 cm，与序轴密被棕褐色柔毛，基部承有迟落互生的总苞片；苞片线形至丝状，长 1-8 mm，位于花序最下部者最长。花黄色，长约 4 mm，雌雄异株；花梗纤细，长 4.5-6 mm，密被棕褐色柔毛。雄花花被筒极短，花被裂片 6 片，披针形，近相等，长约 3.5 mm，先端稍钝，外面疏被柔毛，内面近于无毛；雄蕊 9 枚，成 3 轮排列，近相等，长约 3 mm，花丝扁平，被柔毛，第一、二轮雄蕊花丝无腺体，第三轮雄蕊花丝近基部有一对具短柄

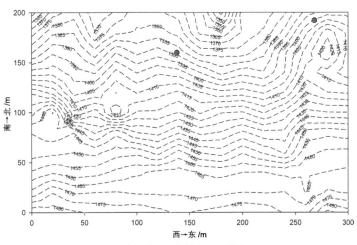

的腺体，花药均为卵圆状长圆形，4 室，上方 2 室较小，药室均内向，退化雄蕊 3 枚，长 1.5 mm，三角状钻形，具柄；退化雌蕊明显。雌花退化雄蕊 12 枚，排成 4 轮；子房卵珠形，长约 1 mm，无毛，花柱长约 1.2 mm，等粗，柱头盘状。果近球形，直径达 8 mm，成熟时蓝黑色而带有白蜡粉，着生于浅杯状的果托上，果梗长 1.5-2 cm，上端渐增粗，无毛，与果托呈红色。花期 3-4 月，果期 5-9 月。

　　恩施州广布，生于山坡林中；分布于浙江、江苏、安徽、江西、福建、广东、广西、湖南、湖北、四川、贵州及云南等省区。

# 红果黄肉楠 *Actinodaphne cupularis* (Hemsl.) Gamble

## 黄肉楠属 *Actinodaphne*　　樟科 Lauraceae

个体数量（Individual number）=1
最小，平均，最大胸径（Min, Mean, Max DBH）=1.4 cm, 1.4 cm, 1.4 cm
分布林层（Layer）=灌木层（Shrub layer）
重要值排序（Importance value rank）=115/123

| 胸径区间<br>/cm | 个体<br>数量 | 比例<br>/% |
|---|---|---|
| [1.0, 2.0) | 1 | 100.00 |
| [2.0, 3.0) | 0 | 0.00 |
| [3.0, 4.0) | 0 | 0.00 |
| [4.0, 5.0) | 0 | 0.00 |
| [5.0, 7.0) | 0 | 0.00 |
| [7.0, 10.0) | 0 | 0.00 |
| [10.0, 15.0) | 0 | 0.00 |

　　灌木或小乔木，高 2-10 m。小枝细，灰褐色，幼时有灰色或灰褐色微柔毛。顶芽卵圆形或圆锥形，鳞片外面被锈色丝状短柔毛，边缘有睫毛。叶通常 5-6 片簇生于枝端成轮生状，长圆形至长圆状披针形，长 5.5-13.5 cm，宽 1.5-2.7 cm，两端渐尖或急尖，革质，上面绿色，有光泽，无毛，下面粉绿色，有灰色或灰褐色短柔毛，后毛被渐脱落，羽状脉，中脉在叶上面下陷，在下面突起，侧脉每边 8-13 条，斜展，纤细，在叶上面不甚明显，稍下陷，在下面明显，且突起，横脉不甚明显；叶柄长 3-8 mm，有沟槽，被灰色或灰褐色短柔毛。伞形花序单生或数个簇生于枝侧，无总梗；苞片 5-6 片，外被锈色丝状短柔毛；每一雄花序有雄花 6-7 朵；花梗及花被筒密被黄褐色长柔毛；

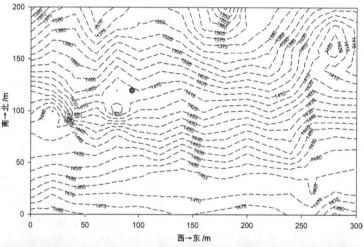

花被裂片 6-8 片，卵形，长约 2 mm，宽约 1.5 mm，外面中肋有柔毛，内面无毛；雄蕊 9 枚，花丝长约 4 mm，无毛，第三轮花丝基部腺体有柄；退化雌蕊细小，无毛；雌花序常有雌花 5 朵；子房椭圆形，无毛，花柱长 1.5 mm，外露，柱头 2 裂。果卵形或卵圆形，长 12-14 mm，直径约 10 mm，先端有短尖，无毛，成熟时红色，着生于杯状果托上；果托深约 4-5 mm，外面有皱褶，边缘全缘或为粗波状缘。花期 10-11 月，果期次年 8-9 月。

　　产于恩施市，生于山坡密林中；分布于湖北、湖南、四川、广西、云南、贵州。

# 猴樟 *Cinnamomum bodinieri* Lévl.

## 樟属 *Cinnamomum*　　樟科 **Lauraceae**

个体数量（Individual number）＝4
最小，平均，最大胸径（Min, Mean, Max DBH）＝4.3 cm, 8.6 cm, 15.5 cm
分布林层（Layer）＝亚乔木层（Subtree layer）
重要值排序（Importance value rank）＝39/45

| 胸径区间 /cm | 个体数量 | 比例 /% |
|---|---|---|
| [1.0, 2.5) | 0 | 0.00 |
| [2.5, 5.0) | 1 | 25.00 |
| [5.0, 8.0) | 1 | 25.00 |
| [8.0, 11.0) | 1 | 25.00 |
| [11.0, 15.0) | 0 | 0.00 |
| [15.0, 20.0) | 1 | 25.00 |
| [20.0, 30.0) | 0 | 0.00 |

　　乔木，高达 16 m；树皮灰褐色。枝条圆柱形，紫褐色，无毛，嫩时多少具棱角。芽小，卵圆形，芽鳞疏被绢毛。叶互生，卵圆形或椭圆状卵圆形，长 8-17 cm，宽 3-10 cm，先端短渐尖，基部锐尖、宽楔形至圆形，坚纸质，上面光亮，幼时被极细的微柔毛老时变无毛，下面苍白，极密被绢状微柔毛，中脉在上面平坦下面凸起，侧脉每边 4-6 条，最基部的一对近对生，其余的均为互生，斜升，两面近明显，侧脉脉腋在下面有明显的腺窝，上面相应处明显呈泡状隆起，横脉及细脉网状，两面不明显，叶柄长 2-3 cm，腹凹背凸，略被微柔毛。圆锥花序在幼枝上腋生或侧生，同时亦有近侧生，有时基部具苞叶，长 10-15 cm，多分枝，分枝两歧状，具棱角，总梗圆柱形，长 4-6 cm，与各级序轴均无毛。花绿白色，长约 2.5 mm，花梗丝状，长 2-4 mm，被绢状微柔毛。花被筒倒锥形，外面近无毛，花被裂片 6 片，卵圆形，长约 1.2 mm，外面近无毛，内面被白色绢毛，反折，很快脱落。雄蕊 9 枚，第一二轮雄蕊长约 1 mm，花药近圆形，花丝无腺体，第三轮雄蕊稍长，花丝近基部有一对肾形大腺体。退化雄蕊 3 枚，位于最内轮，心形，近无柄，长约 0.5 mm。子房卵珠形，长约 1.2 mm，无毛，花柱长 1 mm，柱头头状。果球形，直径 7-8 mm，绿色，无毛；果托浅杯状，顶端宽 6 mm。花期 5-6 月，果期 7-8 月。

　　恩施州广布，生于山谷林中；分布于贵州、四川、湖北、湖南。

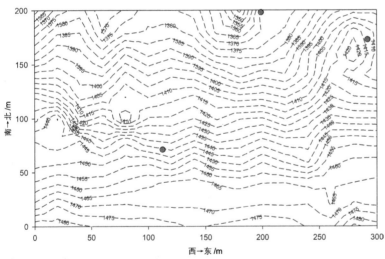

## 川桂 *Cinnamomum wilsonii* Gamble

### 樟属 *Cinnamomum*　　樟科 Lauraceae

个体数量（Individual number）=401
最小，平均，最大胸径（Min, Mean, Max DBH）=1.0 cm, 2.5 cm, 14.4 cm
分布林层（Layer）=乔木层（Tree layer）
重要值排序（Importance value rank）=11/77

| 胸径区间 /cm | 个体数量 | 比例 /% |
|---|---|---|
| [1.0, 2.5) | 244 | 60.85 |
| [2.5, 5.0) | 130 | 32.42 |
| [5.0, 10.0) | 25 | 6.23 |
| [10.0, 20.0) | 2 | 0.50 |
| [20.0, 30.0) | 0 | 0.00 |
| [30.0, 40.0) | 0 | 0.00 |
| [40.0, 60.0) | 0 | 0.00 |

乔木，高 25 m。枝条圆柱形，干时深褐色或紫褐色。叶互生或近对生，卵圆形或卵圆状长圆形，长 8.5-18 cm，宽 3.2-5.3 cm，先端渐尖，尖头钝，基部渐狭下延至叶柄，但有时为近圆形，革质，边缘软骨质而内卷，上面绿色，光亮，无毛，下面灰绿色，晦暗，幼时明显被白色丝毛但最后变无毛，离基三出脉，中脉与侧脉两面凸起，干时均呈淡黄色，侧脉自离叶基 5-15 mm 处生出，向上弧曲，至叶端渐消失，外侧有时具 3-10 条支脉但常无明显的支脉，支脉弧曲且与叶缘的肋连接，横脉弧曲状，多数，纤细；叶柄长 10-15 mm，腹面略具槽，无毛。圆锥花序腋生，长 3-9 cm，单一或多数密集，少花，近总状或为 2-5 朵花的聚伞状，具梗，总梗纤细，长 1.5-6 cm，与序轴均无毛或疏被短柔毛。花白色，长约 6.5 mm；花梗丝状，长 6-20 mm，被细微柔毛。花被内外两面被丝状微柔毛，花被筒倒锥形，长约 1.5 mm，花被裂片卵圆形，先端锐尖，近等大，长 4-5 mm，宽约 1 mm。雄蕊 9 枚，花丝被柔毛，第一、第二轮雄蕊长 3 mm，花丝稍长于花药，花药卵圆状长圆形，先端钝，药室 4 个，内向，第三轮雄蕊长约 3.5 mm，花丝长约为花药的 1.5 倍，中部有一对肾形无柄的腺体，花药长圆形，药室 4 个，外向。退化雄蕊 3 枚，位于最内轮，卵圆状心形，先端锐尖，长 2.8 mm，具柄。子房卵球形，长近 1 mm，花柱增粗，长 3 mm，柱头宽大，头状。花期 4-5 月，果期 6 月以后。

恩施州广布，生于山坡林中；分布于陕西、四川、湖北、湖南、广西、广东、江西。

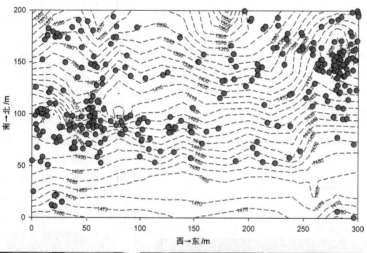

# 白楠 *Phoebe neurantha* (Hemsl.) Gamble

## 楠属 *Phoebe*　　樟科 Lauraceae

个体数量（Individual number）=3
最小，平均，最大胸径（Min, Mean, Max DBH）=1.9 cm，4.1 cm，7.5 cm
分布林层（Layer）=灌木层（Shrub layer）
重要值排序（Importance value rank）=83/123

| 胸径区间 /cm | 个体数量 | 比例 /% |
|---|---|---|
| [1.0, 2.0) | 1 | 33.33 |
| [2.0, 3.0) | 1 | 33.33 |
| [3.0, 4.0) | 0 | 0.00 |
| [4.0, 5.0) | 0 | 0.00 |
| [5.0, 7.0) | 0 | 0.00 |
| [7.0, 10.0) | 1 | 33.34 |
| [10.0, 15.0) | 0 | 0.00 |

　　大灌木至乔木，通常高 3-14 m；树皮灰黑色。小枝初时疏被短柔毛或密被长柔毛，后变近无毛。叶革质，狭披针形、披针形或倒披针形，长 8-16 cm，宽 1.5-4 cm，先端尾状渐尖或渐尖，基部渐狭下延，极少为楔形，上面无毛或嫩时有毛，下面绿色或有时苍白色，初时疏或密被灰白色柔毛，后渐变为仅被散生短柔毛或近于无毛，中脉上面下陷，侧脉通常每边 8-12 条，下面明显突起，横脉及小脉略明显；叶柄长 7-15 mm，被柔毛或近于无毛。圆锥花序长 4-10 cm，在近顶部分枝，被柔毛，结果时近无毛或无毛；花长 4-5 mm，花梗被毛，长 3-5 mm；花被片卵状长圆形，外轮较短而狭，内轮较长而宽，先端钝，两面被毛，内面毛被特别密；各轮花丝被长柔毛，腺体无柄，着生在第三轮花丝基部，退化雄蕊具柄，被长柔毛；子房球形，花柱伸长，柱头盘状。果卵形，长约 1 cm；果梗不增粗或略增粗；宿存花被片革质，松散，有时先端外倾，具明显纵脉。花期 5 月，果期 8-10 月。

　　恩施州广布，生于山地密林中；分布于江西、湖北、湖南、广西、贵州、陕西、甘肃、四川、云南。

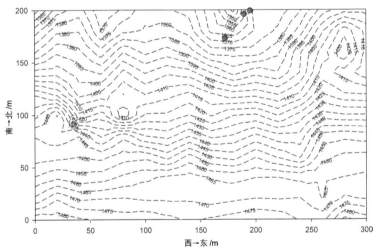

# 宜昌润楠 *Machilus ichangensis* Rehd. et Wils.

## 润楠属 *Machilus*     樟科 Lauraceae

个体数量（Individual number）＝199
最小，平均，最大胸径（Min, Mean, Max DBH）＝1.0 cm, 5.1 cm, 18.9 cm
分布林层（Layer）＝乔木层（Tree layer）
重要值排序（Importance value rank）＝18/77

| 胸径区间 /cm | 个体数量 | 比例 /% |
|---|---|---|
| [1.0, 2.5) | 68 | 34.17 |
| [2.5, 5.0) | 48 | 24.12 |
| [5.0, 10.0) | 54 | 27.14 |
| [10.0, 20.0) | 29 | 14.57 |
| [20.0, 30.0) | 0 | 0.00 |
| [30.0, 40.0) | 0 | 0.00 |
| [40.0, 60.0) | 0 | 0.00 |

　　乔木，高 7-15 m，很少较高，树冠卵形。小枝纤细而短，无毛，褐红色，极少褐灰色。顶芽近球形，芽鳞近圆形，先端有小尖，外面有灰白色很快脱落小柔毛，边缘常有浓密的缘毛。叶常集生当年生枝上，长圆状披针形至长圆状倒披针形，长 10-24 cm，宽 2-6 cm，通常长约 16 cm，宽约 4 cm，先端短渐尖，有时尖头稍呈镰形，基部楔形，坚纸质，上面无毛，稍光亮，下面带粉白色，有贴伏小绢毛或变无毛，中脉上面凹下，下面明显突起，侧脉纤细，每边 12-17 条，上面稍凸起，下面较上面为明显，侧脉间有不规则的横行脉连结，小脉很纤细，结成细密网状，两面均稍突起，有时在上面构成蜂巢状浅窝穴；叶柄纤细，长 0.8-2 cm。圆锥花序生自当年生枝基部脱落苞片的腋内，长 5-9 cm，有灰黄色贴伏小绢毛或变无毛，总梗纤细，长 2.2-5 cm，带紫红色，约在中部分枝，下部分枝有花 2-3 朵，较上部的有花 1 朵；花梗长 5-7 mm，有贴伏小绢毛；花白色，花被裂片长 5-6 mm，外面和内面上端有贴伏小绢毛，先端钝圆，外轮的稍狭；雄蕊较花被稍短，近等长，花丝长约 2.5 mm，无毛；花药长圆形，长约 1.5 mm，第三轮雄蕊腺体近球形，有柄；退化雄蕊三角形，稍尖，基部平截，连柄长约 1.8 mm；子房近球形，无毛；花柱长 3 mm，柱头小，头状。果序长 6-9 cm；果近球形，直径约 1 cm，黑色，有小尖头；果梗不增大。花期 4 月，果期 8 月。

　　恩施州广布，生于山坡林中；分布于湖北、四川、陕西、甘肃。

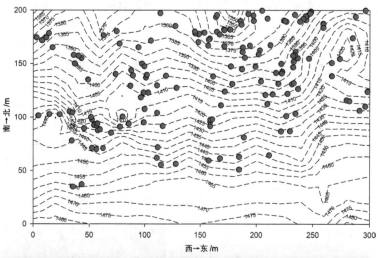

# 利川润楠 *Machilus lichuanensis* Cheng ex S. Lee

## 润楠属 *Machilus*　　樟科 Lauraceae

个体数量（Individual number）＝10
最小，平均，最大胸径（Min, Mean, Max DBH）＝1.8 cm, 6.1 cm, 15.4 cm
分布林层（Layer）＝乔木层（Tree layer）
重要值排序（Importance value rank）＝52/77

| 胸径区间 /cm | 个体数量 | 比例 /% |
|---|---|---|
| [1.0, 2.5) | 2 | 20.00 |
| [2.5, 5.0) | 4 | 40.00 |
| [5.0, 10.0) | 2 | 20.00 |
| [10.0, 20.0) | 2 | 20.00 |
| [20.0, 30.0) | 0 | 0.00 |
| [30.0, 40.0) | 0 | 0.00 |
| [40.0, 60.0) | 0 | 0.00 |

高大乔木，高达 32 m。枝紫褐色或紫黑色，有少数纵裂唇形小皮孔，当年生、一年生枝的基部有顶芽芽鳞的疤痕，嫩枝、叶柄、叶下面、花序密被淡棕色柔毛，当年生枝的基部和其下肿胀的节有锈色绒毛。芽卵形或卵状球形，有锈色绒毛，下部的鳞片近圆形。叶椭圆形或狭倒卵形，长 7.5-11 cm，宽 2-4 cm，先端短渐尖至急尖，基部楔形，革质，上面绿色，稍光亮，仅幼时下端或下端中脉上密被淡棕色柔毛，下面幼时密被棕色柔毛，老叶下面的毛被渐薄，但中脉和侧脉的两侧仍密被柔毛，侧脉每边 8-12 条，上面不明显或仅稍微浮突，下面稍明显；叶柄纤细，长 1-1.3 cm，变无毛。聚伞状圆锥花序生当年生枝下端，长 4-10 cm，自中部或上端分枝，有

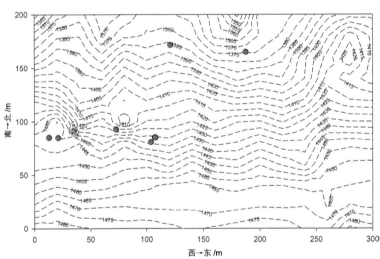

灰黄色小柔毛；花被裂片等长，长约 4 mm，两面都密被小柔毛；花丝无毛，花梗纤细，长 5-7 mm，有小柔毛。果序长 5-10 cm，被微小柔毛；果扁球形，直径约 7 mm。花期 5 月，果期 9 月。

产于利川、来凤，生于山坡、山谷林中；分布于湖北、贵州。

# 小果润楠 *Machilus microcarpa* Hemsl.

## 润楠属 *Machilus*　　樟科 Lauraceae

个体数量（Individual number）＝4
最小，平均，最大胸径（Min, Mean, Max DBH）＝3.5 cm, 3.9 cm, 4.2 cm
分布林层（Layer）＝灌木层（Shrub layer）
重要值排序（Importance value rank）＝92/123

| 胸径区间 /cm | 个体数量 | 比例 /% |
|---|---|---|
| [1.0, 2.0) | 0 | 0.00 |
| [2.0, 3.0) | 0 | 0.00 |
| [3.0, 4.0) | 2 | 50.00 |
| [4.0, 5.0) | 2 | 50.00 |
| [5.0, 7.0) | 0 | 0.00 |
| [7.0, 10.0) | 0 | 0.00 |
| [10.0, 15.0) | 0 | 0.00 |

　　乔木，高达 8 m 或更高。小枝纤细，无毛。顶芽卵形，芽鳞宽，早落，密被绢毛。叶倒卵形、倒披针形至椭圆形或长椭圆形，长 5-9 cm，宽 3-5 cm，先端尾状渐尖，基部楔形，革质，上面光亮，下面带粉绿色，中脉上面凹下，下面明显凸起，侧脉每边 8-10 条，纤弱，但在两面上可见，小脉在两面结成密网状；叶柄细弱，长 8-15 mm，无毛。圆锥花序集生小枝枝端，较叶为短，长 3.5-9 cm；花梗与花等长或较长；花被裂片近等长，卵状长圆形，长约 4-5 mm，先端很钝，外面无毛，内面基部有柔毛，有纵脉；花丝无毛，第三轮雄蕊腺体近肾形，有柄，基部有柔毛；子房近球形；花柱略蜿蜒弯曲，柱头盘状。果球形，直径 5-7 mm。花期 3-4 月，果期 7 月。

　　产于宣恩、利川，生于山坡林中；分布于四川、湖北、贵州。

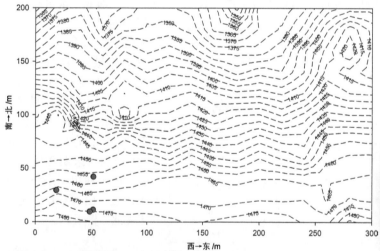

# 四川溲疏 *Deutzia setchuenensis* Franch.

## 溲疏属 *Deutzia*　　　虎耳草科 Saxifragaceae

个体数量（Individual number）=1
最小，平均，最大胸径（Min, Mean, Max DBH）=5.6 cm, 5.6 cm, 5.6 cm
分布林层（Layer）=灌木层（Shrub layer）
重要值排序（Importance value rank）=113/123

| 胸径区间/cm | 个体数量 | 比例/% |
|---|---|---|
| [1.0, 2.0) | 0 | 0.00 |
| [2.0, 3.0) | 0 | 0.00 |
| [3.0, 4.0) | 0 | 0.00 |
| [4.0, 5.0) | 0 | 0.00 |
| [5.0, 7.0) | 1 | 100.00 |
| [7.0, 10.0) | 0 | 0.00 |
| [10.0, 15.0) | 0 | 0.00 |

　　灌木，高约 2 m；老枝灰色或灰褐色，表皮常片状脱落，无毛；花枝长 8-12 cm，具 4-6 片叶，褐色或黄褐色，疏被紧贴星状毛。叶纸质或膜质，卵形、卵状长圆形或卵状披针形，长 2-8 cm，宽 1-5 cm，先端渐尖或尾状，基部圆形或阔楔形，边缘具细锯齿，上面深绿色，被 3-5 辐线星状毛，沿叶脉稀具中央长辐线，下面干后黄绿色，被 4-7 辐线星状毛，侧脉每边 3-4 条，下面明显隆起，网脉不明显隆起；叶柄长 3-5 mm，被星状毛。伞房状聚伞花序长 1.5-4 cm，直径 2-5 cm，有花 6-20 朵；花序梗柔弱，被星状毛；花蕾长圆形或卵状长圆形；花冠直径 1.5-1.8 cm；花梗长 3-10 mm；花瓣白色，卵状长圆形，长 5-8 cm，宽 2-3 cm；萼筒杯状，长宽均约 3 mm，密被 10-12 辐线星状毛，裂片阔三角形，长约 1.5 mm，宽 2-3 mm，先端急尖，外面密被星状毛；花蕾时内向镊合状排列；外轮雄蕊长 5-6 mm，花丝先端 2 齿，齿长圆形，扩展，约与花药等长或较长，花药具短柄，从花丝裂齿间伸出，内轮雄蕊较短，花丝先端 2 浅裂，花药从花丝内侧近中部伸出；花柱 3 根，长约 3 mm。蒴果球形，直径 4-5 mm，宿存萼裂片内弯。花期 4-7 月，果期 6-9 月。

　　恩施州广布，生于山地灌丛中；分布于江西、福建、湖北、湖南、广东、广西、贵州、四川和云南。

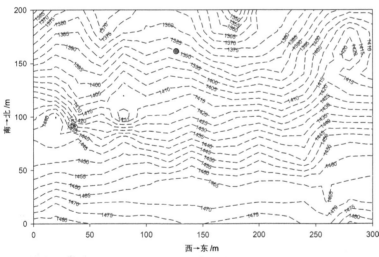

# 山梅花 *Philadelphus incanus* Koehne

## 山梅花属 *Philadelphus*　　虎耳草科 Saxifragaceae

个体数量（Individual number）＝5
最小，平均，最大胸径（Min, Mean, Max DBH）＝1.0 cm, 1.4 cm, 2.0 cm
分布林层（Layer）＝灌木层（Shrub layer）
重要值排序（Importance value rank）＝78/123

| 胸径区间/cm | 个体数量 | 比例/% |
|---|---|---|
| [1.0, 2.0) | 4 | 80.00 |
| [2.0, 3.0) | 1 | 20.00 |
| [3.0, 4.0) | 0 | 0.00 |
| [4.0, 5.0) | 0 | 0.00 |
| [5.0, 7.0) | 0 | 0.00 |
| [7.0, 10.0) | 0 | 0.00 |
| [10.0, 15.0) | 0 | 0.00 |

灌木，高 1.5-3.5 m；2 年生小枝灰褐色，表皮呈片状脱落，当年生小枝浅褐色或紫红色，被微柔毛或有时无毛。叶卵形或阔卵形，长 6-12.5 cm，宽 8-10 cm，先端急尖，基部圆形，花枝上叶较小，卵形、椭圆形至卵状披针形，长 4-8.5 cm，宽 3.5-6 cm，先端渐尖，基部阔楔形或近圆形，边缘具疏锯齿，上面被刚毛，下面密被白色长粗毛，叶脉离基出 3-5 条；叶柄长 5-10 mm。总状花序有花 5-7 朵，下部的分枝有时具叶；花序轴长 5-7 cm，疏被长柔毛或无毛；花梗长 5-10 mm，上部密被白色长柔毛；花萼外面密被紧贴糙伏毛；萼筒钟形，裂片卵形，长约 5 mm，宽约 3.5 mm，

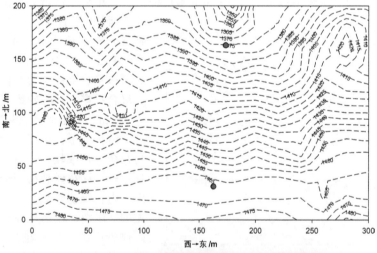

先端骤渐尖；花冠盘状，直径 2.5-3 cm，花瓣白色，卵形或近圆形，基部急收狭，长 13-15 mm，宽 8-13 mm；雄蕊 30-35 枚，最长的长达 10 mm；花盘无毛；花柱长约 5 mm，无毛，近先端稍分裂，柱头棒形，长约 1.5 mm，较花药小。蒴果倒卵形，长 7-9 mm，直径 4-7 mm；种子长 1.5-2.5 mm，具短尾。花期 5-6 月，果期 7-8 月。

产于巴东、宣恩，生于灌丛中；分布于山西、陕西、甘肃、河南、湖北、安徽和四川。

# 绢毛山梅花 *Philadelphus sericanthus* Koehne

## 山梅花属 *Philadelphus*　　虎耳草科 Saxifragaceae

个体数量（Individual number）＝2
最小，平均，最大胸径（Min, Mean, Max DBH）＝1.4 cm, 2.4 cm, 3.3 cm
分布林层（Layer）＝灌木层（Shrub layer）
重要值排序（Importance value rank）＝90/123

| 胸径区间 /cm | 个体数量 | 比例 /% |
|---|---|---|
| [1.0, 2.0) | 1 | 50.00 |
| [2.0, 3.0) | 0 | 0.00 |
| [3.0, 4.0) | 1 | 50.00 |
| [4.0, 5.0) | 0 | 0.00 |
| [5.0, 7.0) | 0 | 0.00 |
| [7.0, 10.0) | 0 | 0.00 |
| [10.0, 15.0) | 0 | 0.00 |

　　灌木，高1-3 m；2年生小枝黄褐色，表皮纵裂，片状脱落，当年生小枝褐色，无毛或疏被毛。叶纸质，椭圆形或椭圆状披针形，长3-11 cm，宽1.5-5 cm，先端渐尖，基部楔形或阔楔形，边缘具锯齿，齿端具角质小圆点，上面疏被糙伏毛，下面仅沿主脉和脉腋被长硬毛；叶脉稍离基3-5条；叶柄长8-12 mm，疏被毛。总状花序有花7-15朵，下面1-3对分枝顶端具3-5花成聚伞状排列；花序轴长5-15 cm，疏被毛；花梗长6-14 mm，被糙伏毛；花萼褐色，外面疏被糙伏毛，裂片卵形，长6-7 mm，宽约3 mm，先端渐尖，尖头长约1.5 mm；花冠盘状，直径2.5-3 cm；花瓣白色，倒卵形或长圆形，长1.2-1.5 cm，宽8-10 mm，外面基部常疏被毛，顶端圆形，有时不规则齿缺；雄蕊30-35枚，最长的长达7 mm，花药长圆形，长约1.5 mm；花盘和花柱均无毛或稀疏被白色刚毛；花柱长约6 mm，上部稍分裂，柱头桨形或匙形，长1.5-2 mm。蒴果倒卵形，长约7 mm，直径约5 mm；种子长3-3.5 mm，具短尾。花期5-6月，果期8-9月。

　　恩施州广布，生于林下或灌丛中；分布于陕西、甘肃、江苏、安徽、浙江、江西、河南、湖北、湖南、广西、四川、贵州、云南。

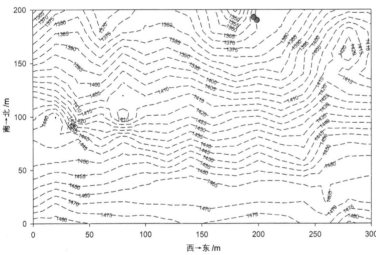

# 马桑绣球 *Hydrangea aspera* D. Don

## 绣球属 *Hydrangea*　　虎耳草科 Saxifragaceae

个体数量（Individual number）＝688
最小，平均，最大胸径（Min, Mean, Max DBH）＝1.0 cm, 1.5 cm, 12.0 cm
分布林层（Layer）＝灌木层（Shrub layer）
重要值排序（Importance value rank）＝8/123

| 胸径区间<br>/cm | 个体<br>数量 | 比例<br>/% |
|---|---|---|
| [1.0, 2.0) | 585 | 85.03 |
| [2.0, 3.0) | 87 | 12.64 |
| [3.0, 4.0) | 11 | 1.60 |
| [4.0, 5.0) | 0 | 0.00 |
| [5.0, 7.0) | 2 | 0.29 |
| [7.0, 10.0) | 1 | 0.15 |
| [10.0, 15.0) | 2 | 0.29 |

　　灌木，高约 1 m；小枝圆柱形，较细，无毛或近无毛，树皮不剥落。叶披针形，长 6-12 cm，宽 2-3 cm，先端渐尖，基部阔楔形或圆形，边缘有具硬尖头的锯形小齿，上面暗黄绿色，密被小糙伏毛，下面苍白色，密被长柔毛，但中脉上几无毛；叶柄细小，长 1.5-4 cm，无毛，仅上面凹槽边被稀疏短柔毛。伞房状聚伞花序直径 8-10 cm，顶端平或稍弯拱，分枝短，密集，紧靠，彼此间间隔小，被糙伏毛；不育花萼片 4 片，红色，阔倒卵形，先端微凹，全缘；孕性花玫瑰红色，萼筒半球状，基部被疏柔毛，萼齿三角形，短小；花瓣长卵形，长约 1.5 mm；雄蕊不等长，较长的长约 4 mm；子房下位，花柱 2 根。花期 8-9 月，果期 10-11 月。

　　产于恩施市、巴东，生于山坡林中；分布于湖北。

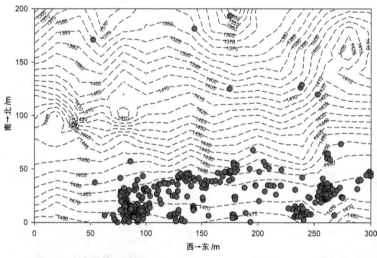

# 狭叶海桐（变种）*Pittosporum glabratum* var. *neriifolium* Rehd.et Wils.

## 海桐花属 *Pittosporum*　　海桐科 Pittosporaceae

个体数量（Individual number）＝44
最小，平均，最大胸径（Min, Mean, Max DBH）＝1.0 cm, 2.3 cm, 6.4 cm
分布林层（Layer）＝灌木层（Shrub layer）
重要值排序（Importance value rank）＝38/123

| 胸径区间 /cm | 个体数量 | 比例 /% |
|---|---|---|
| [1.0, 2.0) | 34 | 77.27 |
| [2.0, 3.0) | 4 | 9.09 |
| [3.0, 4.0) | 2 | 4.55 |
| [4.0, 5.0) | 3 | 6.82 |
| [5.0, 7.0) | 1 | 2.27 |
| [7.0, 10.0) | 0 | 0.00 |
| [10.0, 15.0) | 0 | 0.00 |

　　常绿灌木，高 1.5 m，嫩枝无毛，叶带状或狭窄披针形，长 6-18 cm，或更长，宽 1-2 cm，无毛，叶柄长 5-12 mm。伞形花序顶生，有花多朵，花梗长约 1 cm，有微毛，萼片长 2 mm，有睫毛；花瓣长 8-12 mm；雄蕊比花瓣短；子房无毛。蒴果长 2-2.5 cm，子房柄不明显，3 片裂开，种子红色，长 6 mm。花期 3-5 月，果期 6-11 月。

　　恩施州广布，生于山坡林中；分布于广东、广西、江西、湖南、贵州、湖北等省区。

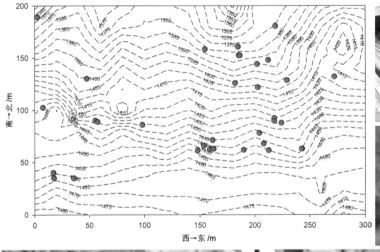

## 棱果海桐 *Pittosporum trigonocarpum* Lévl.

### 海桐花属 *Pittosporum* 海桐科 Pittosporaceae

个体数量（Individual number）＝19
最小，平均，最大胸径（Min, Mean, Max DBH）＝1.0 cm, 1.3 cm, 2.8 cm
分布林层（Layer）＝灌木层（Shrub layer）
重要值排序（Importance value rank）＝48/123

| 胸径区间 /cm | 个体数量 | 比例 /% |
|---|---|---|
| [1.0, 2.0) | 18 | 94.74 |
| [2.0, 3.0) | 1 | 5.26 |
| [3.0, 4.0) | 0 | 0.00 |
| [4.0, 5.0) | 0 | 0.00 |
| [5.0, 7.0) | 0 | 0.00 |
| [7.0, 10.0) | 0 | 0.00 |
| [10.0, 15.0) | 0 | 0.00 |

常绿灌木、嫩枝无毛，嫩芽有短柔毛，老枝灰色，有皮孔。叶簇生于枝顶，2年生革质，倒卵形或矩圆倒披针形，长 7-14 cm，宽 2.5-4 cm，先端急短尖，基部窄楔形，上面绿色、发亮，干后褐绿色，下面浅褐色，无毛；侧脉约 6 对，与网脉在上下两面均不明显，边缘平展，叶柄长约 1 cm。伞形花序 3-5 枝顶生，花多数；花梗长 1-2.5 cm，纤细，无毛；萼片卵形，长 2 mm，有睫毛；花瓣长 1.2 cm，分离，或部分联合；雄蕊长 8 mm，雌蕊与雄蕊等长，子房有柔毛，侧膜胎座 3 个，胚珠 9-15 个。蒴果常单生，椭圆形，干后三角形或圆形，长 2.7 cm，有毛，子房柄短，长不过 2 mm，宿存花柱长 3 mm，果梗长约 1 cm，有柔毛，3 片裂开，果片薄，革质，表面粗糙，每片有种子 3-5 个；种子红色，长约 5-6 cm，种柄长 2 mm，压扁，散生于纵长的胎座上。花期 3-5 月，果期 6-10 月。

恩施州广布，属湖北省新记录，生于山坡林中；分布于湖北、贵州。

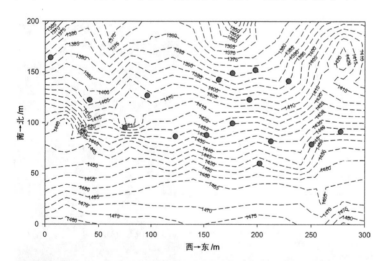

# 枫香树 *Liquidambar formosana* Hance

## 枫香树属 *Liquidambar*   金缕梅科 Hamamelidaceae

个体数量（Individual number）=3
最小，平均，最大胸径（Min, Mean, Max DBH）=1.2 cm，6.1 cm，14.8 cm
分布林层（Layer）=乔木层（Tree layer）
重要值排序（Importance value rank）=67/77

| 胸径区间 /cm | 个体数量 | 比例 /% |
|---|---|---|
| [1.0, 2.5) | 2 | 66.67 |
| [2.5, 5.0) | 0 | 0.00 |
| [5.0, 10.0) | 0 | 0.00 |
| [10.0, 20.0) | 1 | 33.33 |
| [20.0, 30.0) | 0 | 0.00 |
| [30.0, 40.0) | 0 | 0.00 |
| [40.0, 60.0) | 0 | 0.00 |

　　落叶乔木，高达 30 m，树皮灰褐色，方块状剥落；小枝干后灰色，被柔毛，略有皮孔；芽体卵形，长约 1 cm，略被微毛，鳞状苞片敷有树脂，干后棕黑色，有光泽。叶薄革质，阔卵形，掌状 3 裂，中央裂片较长，先端尾状渐尖；两侧裂片平展；基部心形；上面绿色，干后灰绿色，不发亮；下面有短柔毛，或变秃净仅在脉腋间有毛；掌状脉 3-5 条，在上下两面均显著，网脉明显可见；边缘有锯齿，齿尖有腺状突；叶柄长达 11 cm，常有短柔毛；托叶线形，游离，或略与叶柄连生，长 1-1.4 cm，红褐色，被毛，早落。雄性短穗状花序常多个排成总状，雄蕊多数，花丝不等长，花药比花丝略短。雌性头状花序有花 24-43 朵，花序柄长 3-6 cm，偶有皮孔，无腺体；萼齿 4-7 个，针形，长 4-8 mm，子房下半部藏在头状花序轴内，上半部游离，有柔毛，花柱长 6-10 mm，先端常卷曲。头状果序圆球形，木质，直径 3-4 cm；蒴果下半部藏于花序轴内，有宿存花柱及针刺状萼齿。种子多数，褐色，多角形或有窄翅。花期 5-6 月，果期 7-9 月。

　　恩施州广布，生于山坡林中；广布于我国秦岭及淮河以南各省。

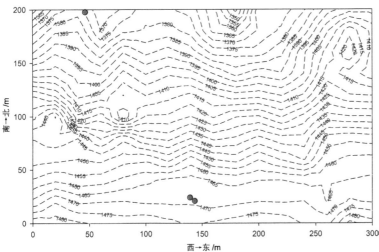

## 缺萼枫香树 *Liquidambar acalycina* Chang

### 枫香树属 *Liquidambar*　　金缕梅科 Hamamelidaceae

个体数量（Individual number）＝479
最小，平均，最大胸径（Min, Mean, Max DBH）＝1.0 cm, 16.0 cm, 50.0 cm
分布林层（Layer）＝乔木层（Tree layer）
重要值排序（Importance value rank）＝10/77

| 胸径区间<br>/cm | 个体<br>数量 | 比例<br>/% |
|---|---|---|
| [1.0, 2.5) | 55 | 11.48 |
| [2.5, 5.0) | 56 | 11.69 |
| [5.0, 10.0) | 67 | 13.99 |
| [10.0, 20.0) | 120 | 25.05 |
| [20.0, 30.0) | 113 | 23.59 |
| [30.0, 40.0) | 61 | 12.74 |
| [40.0, 60.0) | 7 | 1.46 |

　　落叶乔木，高达 25 m，树皮黑褐色；小枝无毛，有皮孔，干后黑褐色。叶阔卵形，掌状 3 裂，长 8-13 cm，宽 8-15 cm，中央裂片较长，先端尾状渐尖，两侧裂片三角卵形，稍平展；上下两面均无毛，暗晦无光泽，或幼嫩时基部有柔毛，下面有时稍带灰色；掌状脉 3-5 条，在上面很显著，在下面突起，网脉在上下两面均明显；边缘有锯齿，齿尖有腺状突；叶柄长 4-8 cm；托叶线形，长 3-10 mm，着生于叶柄基部，有褐色绒毛。雄性短穗状花序多个排成总状花序，花序柄长约 3 cm，花丝长 1.5 mm，花药卵圆形。雌性头状花序单生于短枝的叶腋内，有雌花 15-26 朵，花序柄长约 3-6 cm，略被短柔毛；萼齿不存在，或为鳞片状，有时极短，花柱长 5-7 mm，被褐色短柔毛，先端卷曲。头状果序宽 2.5 cm，干后变黑褐色，疏松易碎，宿存花柱粗而短，稍弯曲，不具萼齿；种子多数，褐色，有棱。花期 3-6 月，果期 7-9 月。

　　产于宣恩、利川，生于山地林中；分布于四川、安徽、湖北、江苏、浙江、江西、广东、广西及贵州等省区。

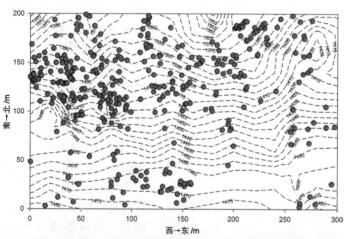

# 星毛蜡瓣花 *Corylopsis stelligera* Guill.

## 蜡瓣花属 *Corylopsis*    金缕梅科 Hamamelidaceae

个体数量（Individual number）＝7
最小，平均，最大胸径（Min, Mean, Max DBH）＝1.9 cm, 3.2 cm, 4.1 cm
分布林层（Layer）＝灌木层（Shrub layer）
重要值排序（Importance value rank）＝64/123

| 胸径区间 /cm | 个体数量 | 比例 /% |
|---|---|---|
| [1.0, 2.0) | 1 | 14.29 |
| [2.0, 3.0) | 1 | 14.29 |
| [3.0, 4.0) | 4 | 57.14 |
| [4.0, 5.0) | 1 | 14.28 |
| [5.0, 7.0) | 0 | 0.00 |
| [7.0, 10.0) | 0 | 0.00 |
| [10.0, 15.0) | 0 | 0.00 |

　　落叶灌木或小乔木；嫩枝有毛，灰褐色，具皮孔；顶芽椭圆形，长2 cm，鳞苞外侧秃净无毛。叶倒卵形或倒卵状椭圆形，长 5-12 cm，宽 3-7 cm，上面绿色，除中肋及侧脉被毛外秃净无毛，下面有星状柔毛，或至少在脉上有星毛；先端尖锐，基部心形，不等侧，第一对侧脉第二次分支侧脉较强烈；侧脉 7-8 对；边缘上半部有齿突；叶柄长约 1 cm，有星毛，托叶早落。总状花序长 3-4 cm，花序轴长 2-3 cm，有绒毛；总苞状鳞片 5-6 片，卵形，长 1-1.3 cm，外侧无毛，内侧有长丝毛；苞片 1 个，卵形，长 4 mm，内外两面均有绒毛；小苞片 2 个，矩状披针形，长 2 mm，有毛；花序柄长 1 cm，基部有叶子 2-3 片，花黄色，萼筒有星毛，萼齿卵形，先端圆，秃净无毛；花瓣匙形，长 5 mm；雄蕊长 6 mm，突出花冠外；退化雄蕊 2 裂，先端尖，约与萼齿等长；子房上位，与萼齿分离，有星毛，花柱约与雄蕊同长。果序长 5-6 cm，蒴果近圆球形，长 6-7 mm，有星毛，具宿存花柱。种子卵状椭圆形，长约 4 mm，黑色，有光泽，种脐白色。花期 4-6 月，果期 6-8 月。

　　产于利川，生于山谷林下；分布于我国西南各省区。

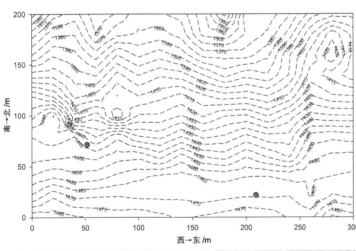

## 瑞木 *Corylopsis multiflora* Hance

### 蜡瓣花属 *Corylopsis*　　金缕梅科 Hamamelidaceae

个体数量（Individual number）=7
最小，平均，最大胸径（Min, Mean, Max DBH）=1.9 cm, 3.3 cm, 4.3 cm
分布林层（Layer）=灌木层（Shrub layer）
重要值排序（Importance value rank）=61/123

| 胸径区间/cm | 个体数量 | 比例/% |
|---|---|---|
| [1.0, 2.0) | 1 | 14.29 |
| [2.0, 3.0) | 1 | 14.29 |
| [3.0, 4.0) | 3 | 42.85 |
| [4.0, 5.0) | 2 | 28.57 |
| [5.0, 7.0) | 0 | 0.00 |
| [7.0, 10.0) | 0 | 0.00 |
| [10.0, 15.0) | 0 | 0.00 |

　　落叶或半常绿灌木，有时为小乔木；嫩枝有绒毛；老枝秃净，灰褐色，有细小皮孔；芽体有灰白色绒毛。叶薄革质，倒卵形，倒卵状椭圆形，或为卵圆形，长 7-15 cm，宽 4-8 cm，先端尖锐或渐尖，基部心形，近于等侧；上面干后绿色，略有光泽，脉上常有柔毛，下面带灰白色，有星毛，或仅脉上有星毛；侧脉 7-9 对，在上面下陷，在下面突起，第一对侧脉较靠近叶的基部，第二对分支侧脉不强烈，边缘有锯齿，齿尖突出；叶柄长 1-1.5 cm，有星毛；托叶矩圆形，长 2 cm，有绒毛，早落。总状花序长 2-4 cm，基部有 1-3-5 片叶；总苞状鳞片卵形，长 1.5-2 cm，外面有灰白色柔毛；苞片卵形，长 6-7 mm，有毛；小苞片 1 个，矩圆形，长 5 mm，有毛；花序轴及花序柄均被毛；花梗短，长约 1 mm，花后稍伸长；萼筒无毛，萼齿卵形，长 1-1.5 mm；花瓣倒披针形，长 4-5 mm，宽 1.5-2 mm；雄蕊长 6-7 mm，突出花冠外；退化雄蕊不分裂，先端截形；约与萼齿等长；子房半下位，厚壁，无毛，半下部与萼筒合生，花柱比雄蕊稍短。果序长 5-6 cm；蒴果硬木质，果皮厚，长 1.2-2 cm，宽 8-14 mm，无毛，有短柄，颇粗壮。种子黑色，长达 1 cm。花期 4-6 月，果期 6-9 月。

　　恩施州广布，生于山谷林下；分布于福建、台湾、广东、广西、贵州、湖南、湖北、云南等省区。

# 粉花绣线菊 *Spiraea japonica* L. f.

## 绣线菊属 *Spiraea*　　蔷薇科 Rosaceae

个体数量（Individual number）＝1
最小，平均，最大胸径（Min, Mean, Max DBH）＝2.4 cm, 2.4 cm, 2.4 cm
分布林层（Layer）＝灌木层（Shrub layer）
重要值排序（Importance value rank）＝117/123

| 胸径区间 /cm | 个体数量 | 比例 /% |
|---|---|---|
| [1.0, 2.0) | 0 | 0.00 |
| [2.0, 3.0) | 1 | 100.00 |
| [3.0, 4.0) | 0 | 0.00 |
| [4.0, 5.0) | 0 | 0.00 |
| [5.0, 7.0) | 0 | 0.00 |
| [7.0, 10.0) | 0 | 0.00 |
| [10.0, 15.0) | 0 | 0.00 |

　　直立灌木，高达 1.5 m；枝条细长，开展，小枝近圆柱形，无毛或幼时被短柔毛；冬芽卵形，先端急尖，有数枚鳞片。叶片卵形至卵状椭圆形，长 2-8 cm，宽 1-3 cm，先端急尖至短渐尖，基部楔形，边缘有缺刻状重锯齿或单锯齿，上面暗绿色，无毛或沿叶脉微具短柔毛，下面色浅或有白霜，通常沿叶脉有短柔毛；叶柄长 1-3 mm，具短柔毛。复伞房花序生于当年生的直立新枝顶端，花朵密集，密被短柔毛；花梗长 4-6 mm；苞片披针形至线状披针形，下面微被柔毛；花直径 4-7 mm；花萼外面有稀疏短柔毛，萼筒钟状，内面有短柔毛；萼片三角形，先端急尖，内面近先端有短柔毛；花瓣卵形至圆形，先端通常圆钝，长 2.5-3.5 mm，宽 2-3 mm，粉红色；雄蕊 25-30 枚，远长于花瓣；花盘圆环形，约有 10 片不整齐的裂片。蓇葖果半开张，无毛或沿腹缝有稀疏柔毛，花柱顶生，稍倾斜开展，萼片常直立。花期 6-7 月，果期 8-9 月。

　　恩施州广泛分布；我国各地均有栽培。

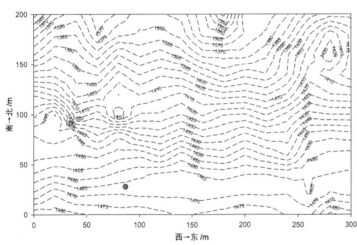

## 中华绣线梅 *Neillia sinensis* Oliv.

### 绣线梅属 *Neillia*　　蔷薇科 Rosaceae

个体数量（Individual number）=288
最小，平均，最大胸径（Min, Mean, Max DBH）=1.0 cm, 1.8 cm, 10.6 cm
分布林层（Layer）=灌木层（Shrub layer）
重要值排序（Importance value rank）=16/123

| 胸径区间 /cm | 个体数量 | 比例 /% |
|---|---|---|
| [1.0, 2.0) | 193 | 67.01 |
| [2.0, 3.0) | 82 | 28.47 |
| [3.0, 4.0) | 10 | 3.47 |
| [4.0, 5.0) | 0 | 0.00 |
| [5.0, 7.0) | 1 | 0.35 |
| [7.0, 10.0) | 1 | 0.35 |
| [10.0, 15.0) | 1 | 0.35 |

灌木，高达 2 m；小枝圆柱形，无毛，幼时紫褐色，老时暗灰褐色；冬芽卵形，先端钝，微被短柔毛或近于无毛，红褐色。叶片卵形至卵状长椭圆形，长 5-11 cm，宽 3-6 cm，先端长渐尖，基部圆形或近心形，稀宽楔形，边缘有重锯齿，常不规则分裂，稀不裂，两面无毛或在下面脉腋有柔毛；叶柄长 7-15 mm，微被毛或近于无毛；托叶线状披针形或卵状披针形，先端渐尖或急尖，全缘，长 0.8-1 cm，早落。顶生总状花序，长 4-9 cm，花梗长 3-10 mm，无毛；花直径 6-8 mm；萼筒筒状，长 1-1.2 cm，外面无毛，内面被短柔毛；萼片三角形，先端尾尖，全缘，长 3-4 mm；花瓣倒卵形，长约 3 mm，宽约 2 mm，先端圆钝，淡粉色；雄蕊 10-15 枚，花丝不等长，着生于萼筒边缘，排成不规则的 2 轮；心皮 1-2 个，子房顶端有毛，花柱直立，内含 4-5 枚胚珠。蓇葖果长椭圆形，萼筒宿存，外被疏生长腺毛。花期 5-6 月，果期 8-9 月。

恩施州广布，生于山坡林中；分布于河南、陕西、甘肃、湖北、湖南、江西、广东、广西、四川、云南、贵州。

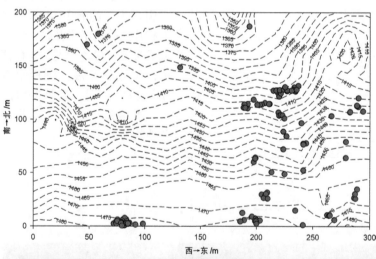

# 恩施栒子 *Cotoneaster fangianus* Yü

## 栒子属 *Cotoneaster*     蔷薇科 Rosaceae

个体数量（Individual number）＝1
最小，平均，最大胸径（Min, Mean, Max DBH）＝1.6 cm, 1.6 cm, 1.6 cm
分布林层（Layer）＝灌木层（Shrub layer）
重要值排序（Importance value rank）＝99/123

| 胸径区间<br>/cm | 个体<br>数量 | 比例<br>/% |
|---|---|---|
| [1.0, 2.0) | 1 | 100.00 |
| [2.0, 3.0) | 0 | 0.00 |
| [3.0, 4.0) | 0 | 0.00 |
| [4.0, 5.0) | 0 | 0.00 |
| [5.0, 7.0) | 0 | 0.00 |
| [7.0, 10.0) | 0 | 0.00 |
| [10.0, 15.0) | 0 | 0.00 |

    落叶灌木；小枝细瘦，圆柱形，红褐色至灰褐色，幼时密被黄色糙伏毛，成长时脱落至老时近无毛。叶片宽卵形至近圆形，长 1-2 cm，宽 1-1.5 cm，先端多数圆钝，稀急尖，基部圆形，上面无毛，中脉及侧脉 3-5 对，微陷，下面密被浅黄色绒毛；叶柄粗短，长 2-3 mm，具黄色柔毛；托叶线状披针形，部分宿存。花 10-15 朵成聚伞花序，直径 2-2.5 cm，长 1.5-2.5 cm；总花梗和花梗具柔毛；花梗长 1-2 mm；花直径 4-5 mm；萼筒外面微具柔毛或几无毛；萼片三角形，先端钝，稀急尖，外面微具短柔毛，内面仅沿边缘有柔毛；花瓣直立，近圆形或宽倒卵形，长 1-2 mm，宽几与长相等，先端微凹，基部具短爪，粉红色；雄蕊 20 枚，稍短于花瓣；花柱 3 根，稍短或几与花瓣等长，离生；子房顶部有柔毛。果实长圆形，有 3 个小核。花期 5-6 月。

    产于恩施市、利川，生于河岸边；分布于湖北。

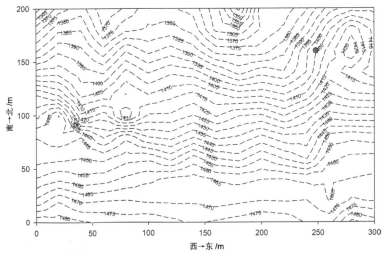

# 火棘 *Pyracantha fortuneana* (Maxim.) Li

## 火棘属 *Pyracantha*　　蔷薇科 Rosaceae

个体数量（Individual number）＝10
最小，平均，最大胸径（Min, Mean, Max DBH）＝1.6 cm, 3.0 cm, 4.2 cm
分布林层（Layer）＝灌木层（Shrub layer）
重要值排序（Importance value rank）＝59/123

| 胸径区间/cm | 个体数量 | 比例/% |
|---|---|---|
| [1.0, 2.0) | 3 | 30.00 |
| [2.0, 3.0) | 2 | 20.00 |
| [3.0, 4.0) | 3 | 30.00 |
| [4.0, 5.0) | 2 | 20.00 |
| [5.0, 7.0) | 0 | 0.00 |
| [7.0, 10.0) | 0 | 0.00 |
| [10.0, 15.0) | 0 | 0.00 |

　　常绿灌木，高达 3 m；侧枝短，先端成刺状，嫩枝外被锈色短柔毛，老枝暗褐色，无毛；芽小，外被短柔毛。叶片倒卵形或倒卵状长圆形，长 1.5-6 cm，宽 0.5-2 cm，先端圆钝或微凹，有时具短尖头，基部楔形，下延连于叶柄，边缘有钝锯齿，齿尖向内弯，近基部全缘，两面皆无毛；叶柄短，无毛或嫩时有柔毛。花集成复伞房花序，直径 3-4 cm，花梗和总花梗近于无毛，花梗长约 1 cm；花直径约 1 cm；萼筒钟状，无毛；萼片三角卵形，先端钝；花瓣白色，近圆形，长约 4 mm，宽约 3 mm；雄蕊 20 枚，花丝长 3-4 mm，药黄色；花柱 5 根，离生，与雄蕊等长，子房上部密生白色柔毛。果实近球形，直径约 5 mm，橘红色或深红色。花期 3-5 月，果期 8-11 月。

　　恩施州广布，生于山地灌丛中；分布于陕西、河南、江苏、浙江、福建、湖北、湖南、广西、贵州、云南、四川、西藏。

# 杜梨 *Pyrus betulifolia* Bge.

## 梨属 *Pyrus*　　蔷薇科 Rosaceae

个体数量（Individual number）＝1
最小，平均，最大胸径（Min, Mean, Max DBH）＝18.5 cm，18.5 cm，18.5 cm
分布林层（Layer）＝乔木层（Tree layer）
重要值排序（Importance value rank）＝74/77

| 胸径区间<br>/cm | 个体<br>数量 | 比例<br>/% |
|---|---|---|
| [1.0, 2.5) | 0 | 0.00 |
| [2.5, 5.0) | 0 | 0.00 |
| [5.0, 10.0) | 0 | 0.00 |
| [10.0, 20.0) | 1 | 100.00 |
| [20.0, 30.0) | 0 | 0.00 |
| [30.0, 40.0) | 0 | 0.00 |
| [40.0, 60.0) | 0 | 0.00 |

乔木，高达 10 m，树冠开展，枝常具刺；小枝嫩时密被灰白色绒毛，2 年生枝条具稀疏绒毛或近于无毛，紫褐色；冬芽卵形，先端渐尖，外被灰白色绒毛。叶片菱状卵形至长圆卵形，长 4-8 cm，宽 2.5-3.5 cm，先端渐尖，基部宽楔形，稀近圆形，边缘有粗锐锯齿，幼叶上下两面均密被灰白色绒毛，成长后脱落，老叶上面无毛而有光泽，下面微被绒毛或近于无毛；叶柄长 2-3 cm，被灰白色绒毛；托叶膜质，线状披针形，长约 2 mm，两面均被绒毛，早落。伞形总状花序，有花 10-15 朵，总花梗和花梗均被灰白色绒毛，花梗长 2-2.5 cm；苞片膜质，线形，长 5-8 mm，两面均微被绒毛，早落；花直径 1.5-2 cm；萼筒外密被灰白色绒毛；萼片三角卵形，长约 3 mm，先端急尖，全缘，内外两面均密被绒毛，花瓣宽卵形，长 5-8 mm，宽 3-4 mm，先端圆钝，基部有短爪。白色；

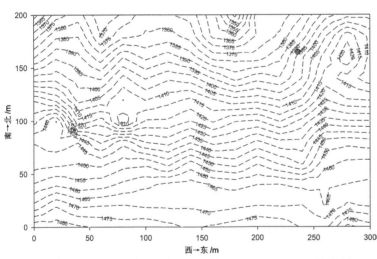

雄蕊 20 枚，花药紫色，长约花瓣之半；花柱 2-3 根，基部微具毛。果实近球形，直径 5-10 mm，2-3 室，褐色，有淡色斑点，萼片脱落，基部具带绒毛果梗。花期 4 月，果期 8-9 月。

产地利川，生于山坡林中；分布于辽宁、河北、河南、山东、山西、陕西、甘肃、湖北、江苏、安徽、江西。

# 湖北海棠 *Malus hupehensis* (Pamp.) Rehd.
## 苹果属 *Malus*　　蔷薇科 Rosaceae

个体数量（Individual number）＝18
最小，平均，最大胸径（Min, Mean, Max DBH）＝1.0 cm, 2.4 cm, 5.1 cm
分布林层（Layer）＝灌木层（Shrub layer）
重要值排序（Importance value rank）＝57/123

| 胸径区间<br>/cm | 个体<br>数量 | 比例<br>/% |
|---|---|---|
| [1.0, 2.0) | 7 | 38.89 |
| [2.0, 3.0) | 6 | 33.33 |
| [3.0, 4.0) | 4 | 22.22 |
| [4.0, 5.0) | 0 | 0.00 |
| [5.0, 7.0) | 1 | 5.56 |
| [7.0, 10.0) | 0 | 0.00 |
| [10.0, 15.0) | 0 | 0.00 |

　　乔木，高达 8 m；小枝最初有短柔毛，不久脱落，老枝紫色至紫褐色；冬芽卵形，先端急尖，鳞片边缘有疏生短柔毛，暗紫色。叶片卵形至卵状椭圆形，长 5-10 cm，宽 2.5-4 cm，先端渐尖，基部宽楔形，稀近圆形，边缘有细锐锯齿，嫩时具稀疏短柔毛，不久脱落无毛，常呈紫红色；叶柄长 1-3 cm，嫩时有稀疏短柔毛，逐渐脱落；托叶草质至膜质，线状披针形，先端渐尖，有疏生柔毛，早落。伞房花序，具花 4-6 朵，花梗长 3-6 cm，无毛或稍有长柔毛；苞片膜质，披针形，早落；花直径 3.5-4 cm；萼筒外面无毛或稍有长柔毛；萼片三角卵形，先端渐尖或急尖，长 4-5 mm，外面无毛，内面有柔毛，略带紫色，与萼筒等长或稍短；花瓣倒卵形，长约 1.5 cm，基部有短爪，粉白色或近白色；雄蕊 20 枚，花丝长短不齐，约等于花瓣之半；花柱 3 根，稀 4 根，基部有长绒毛，较雄蕊稍长。果实椭圆形或近球形，直径约 1 cm，黄绿色稍带红晕，萼片脱落；果梗长 2-4 cm。花期 4-5 月，果期 8-9 月。

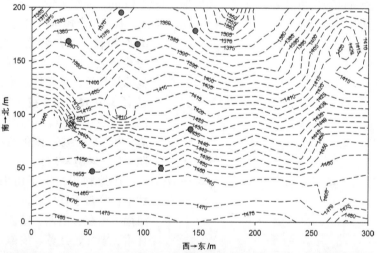

　　恩施州广布，生于山坡林中；分布于湖北、湖南、江西、江苏、浙江、安徽、福建、广东、甘肃、陕西、河南、山西、山东、四川、云南、贵州。

# 湖北花楸 *Sorbus hupehensis* Schneid.

## 花楸属 *Sorbus*　　蔷薇科 Rosaceae

个体数量（Individual number）＝12
最小，平均，最大胸径（Min, Mean, Max DBH）＝1.2 cm，6.9 cm，20.6 cm
分布林层（Layer）＝乔木层（Tree layer）
重要值排序（Importance value rank）＝50/77

| 胸径区间<br>/cm | 个体<br>数量 | 比例<br>/% |
|---|---|---|
| [1.0, 2.5) | 3 | 25.00 |
| [2.5, 5.0) | 3 | 25.00 |
| [5.0, 10.0) | 2 | 16.67 |
| [10.0, 20.0) | 3 | 25.00 |
| [20.0, 30.0) | 1 | 8.33 |
| [30.0, 40.0) | 0 | 0.00 |
| [40.0, 60.0) | 0 | 0.00 |

　　乔木，高 5-10 m；小枝圆柱形，暗灰褐色，具少数皮孔，幼时微被白色绒毛，不久脱落；冬芽长卵形，先端急尖或短渐尖，外被数枚红褐色鳞片，无毛。奇数羽状复叶，连叶柄共长 10-15 cm，叶柄长1.5-3.5 cm；小叶片 4-8 对，间隔 0.5-1.5 cm，基部和顶端的小叶片较中部的稍长，长圆披针形或卵状披针形，长 3-5 cm，宽 1-1.8 cm，先端急尖、圆钝或短渐尖，边缘有尖锐锯齿，近基部 1/3 或 1/2 几为全缘；上面无毛，下面沿中脉有白色绒毛，逐渐脱落无毛，侧脉 7-16 对，几乎直达叶边锯齿；叶轴上面有沟，初期被绒毛，以后脱落；托叶膜质，线状披针形，早落。复伞房花序具多数花朵，总花梗和花梗无毛或被稀疏白色柔毛；花梗长 3-5 mm；花直径5-7 mm；萼筒钟状，外面无毛，内面几无毛；萼片三角形，先端急尖，外面无毛，内面近先端微具柔毛；花瓣卵形，长 3-4 mm，宽约 3 mm，先端圆钝，白色；雄蕊 20 枚，长约为花瓣的 1/3；花柱4-5 根，基部有灰白色柔毛，稍短于雄蕊或几与雄蕊等长。果实球形，直径5-8 mm，白色，有时带粉红晕，先端具宿存闭合萼片。花期 5-7 月，果期8-9 月。

　　恩施州广布，生于山坡密林内；分布于湖北、江西、安徽、山东、四川、贵州、陕西、甘肃、青海。

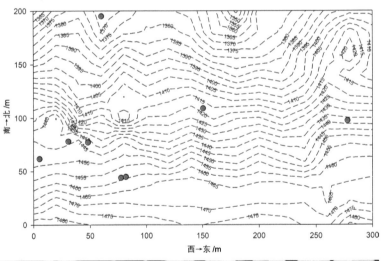

# 华西花楸 *Sorbus wilsoniana* Schneid.

## 花楸属 *Sorbus*　　蔷薇科 Rosaceae

个体数量（Individual number）＝6
最小，平均，最大胸径（Min, Mean, Max DBH）＝1.8 cm, 7.4 cm, 17.6 cm
分布林层（Layer）＝乔木层（Tree layer）
重要值排序（Importance value rank）＝61/77

| 胸径区间 /cm | 个体数量 | 比例 /% |
|---|---|---|
| [1.0, 2.5) | 1 | 16.67 |
| [2.5, 5.0) | 2 | 33.33 |
| [5.0, 10.0) | 1 | 16.67 |
| [10.0, 20.0) | 2 | 33.33 |
| [20.0, 30.0) | 0 | 0.00 |
| [30.0, 40.0) | 0 | 0.00 |
| [40.0, 60.0) | 0 | 0.00 |

　　乔木，高 5-10 m；小枝粗壮，圆柱形，暗灰色，有皮孔，无毛；冬芽长卵形，肥大，先端急尖，外被数枚红褐色鳞片，无毛或先端具柔毛。奇数羽状复叶，连叶柄长 20-25 cm，叶柄长 5-6 cm；小叶片 6-7 对，间隔 1.5-3 cm，顶端和基部的小叶片常较中部的稍小，长圆椭圆形或长圆披针形，长 5-8.5 cm，宽 1.8-2.5 cm，先端急尖或渐尖，基部宽楔形或圆形，边缘每侧有 8-20 个细锯齿，基部近于全缘，上下两面均无毛或仅在下面沿中脉附近有短柔毛，侧脉 17-20 对，在边缘稍弯曲；叶轴上面有浅沟，下面无毛或在小叶着生处有短柔毛；托叶发达，草质，半圆形，有锐锯齿，开花后有时脱落。复伞房花序具多数密集的花朵，总花梗和花梗均被短柔毛；花梗长 2-4 mm；花直径 6-7 mm；萼筒钟状，外面有短柔毛，内面无毛；萼片三角形，先端稍钝，外面微具短柔毛或无毛，内面无毛；花瓣卵形，长与宽各约 3-3.5 mm，先端圆钝，稀微凹，白色，内面无毛或微有柔毛；雄蕊 20 枚，短于花瓣；花柱 3-5 根，较雄蕊短，基部密具柔毛。果实卵形，直径 5-8 mm，橘红色，先端有宿存闭合萼片。花期 5 月，果期 9 月。

　　恩施州广布，生于山地林中；分布于湖北、湖南、四川、贵州、云南、广西。

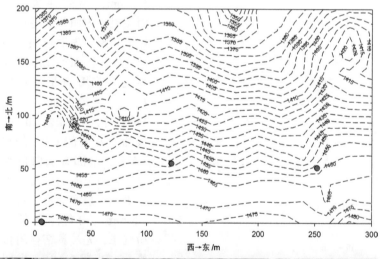

# 石灰花楸 *Sorbus folgneri* (Schneid.) Rehd.

## 花楸属 *Sorbus*　蔷薇科 Rosaceae

个体数量（Individual number）=433
最小，平均，最大胸径（Min, Mean, Max DBH）=1.0 cm, 6.9 cm, 25.0 cm
分布林层（Layer）=乔木层（Tree layer）
重要值排序（Importance value rank）=12/77

| 胸径区间 /cm | 个体数量 | 比例 /% |
|---|---|---|
| [1.0, 2.5) | 106 | 24.48 |
| [2.5, 5.0) | 100 | 23.09 |
| [5.0, 10.0) | 115 | 26.56 |
| [10.0, 20.0) | 97 | 22.41 |
| [20.0, 30.0) | 15 | 3.46 |
| [30.0, 40.0) | 0 | 0.00 |
| [40.0, 60.0) | 0 | 0.00 |

　　乔木，高达 10 m；小枝圆柱形，具少数皮孔，黑褐色，幼时被白色绒毛；冬芽卵形，先端急尖，外具数枚褐色鳞片。叶片卵形至椭圆卵形，长 5-8 cm，宽 2-3.5 cm，先端急尖或短渐尖，基部宽楔形或圆形，边缘有细锯齿或在新枝上的叶片有重锯齿和浅裂片，上面深绿色，无毛，下面密被白色绒毛，中脉和侧脉上也具绒毛，侧脉通常 8-15 对，直达叶边锯齿顶端；叶柄长 5-15 mm，密被白色绒毛。复伞房花序具多花，总花梗和花梗均被白色绒毛；花梗长 5-8 mm；花直径 7-10 mm；萼筒钟状，外被白色绒毛，内面稍具绒毛；萼片三角卵形，先端急尖，外面被绒毛，内面微有绒毛；花瓣卵形，长 3-4 mm，宽 3-3.5 mm，先端圆钝，白色；雄蕊 18-20 枚，几与花瓣等长或稍长；花柱 2-3 根，近基部合生并有绒毛，短于雄蕊。果实椭圆形，直径 6-7 mm，长 9-13 mm，红色，近平滑或有极少数不显明的细小斑点，2-3 室，先端萼片脱落后留有圆穴。花期 4-5 月，果期 7-8 月。

　　恩施州广布，生于山坡林中；分布于陕西、甘肃、河南、湖北、湖南、江西、安徽、广东、广西、贵州、四川、云南。

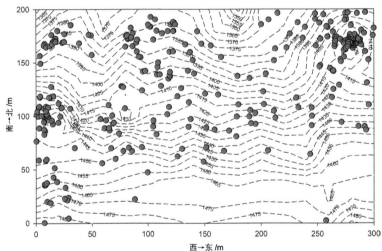

## 毛萼红果树 *Stranvaesia amphidoxa* Schneid.

### 红果树属 *Stranvaesia* 蔷薇科 Rosaceae

个体数量（Individual number）= 200
最小，平均，最大胸径（Min, Mean, Max DBH）= 1.0 cm, 2.1 cm, 8.2 cm
分布林层（Layer）= 亚乔木层（Subtree layer）
重要值排序（Importance value rank）= 8/45

| 胸径区间<br>/cm | 个体<br>数量 | 比例<br>/% |
|---|---|---|
| [1.0, 2.5) | 151 | 75.50 |
| [2.5, 5.0) | 40 | 20.00 |
| [5.0, 8.0) | 8 | 4.00 |
| [8.0, 11.0) | 1 | 0.50 |
| [11.0, 15.0) | 0 | 0.00 |
| [15.0, 20.0) | 0 | 0.00 |
| [20.0, 30.0) | 0 | 0.00 |

灌木或小乔木，高达 2-4 m，分枝较密；小枝粗壮，有棱条，幼时被黄褐色柔毛，以后脱落，当年生枝紫褐色，老枝黑褐色，疏生浅褐色皮孔；冬芽卵形，先端急尖，红褐色，鳞片边缘具柔毛。叶片椭圆形、长圆形或长圆倒卵形，长 4-10 cm，宽 2-4 cm，先端渐尖或尾状渐尖，基部楔形或宽楔形，稀近圆形，边缘有带短芒的细锐锯齿，上面深绿色，无毛或近于无毛，中脉和 6-8 对侧脉均下陷，下面褐黄色，沿中脉具柔毛，中脉和侧脉均显著突起；叶柄宽短，长 2-4 mm，有柔毛；托叶很小，早落。顶生伞房花序，直径 2.5-4 cm，具花 3-9 朵；总花梗和花梗均密被褐黄色绒毛，花梗长 4-10 mm；苞片及小苞片膜质，钻形，早落；花直径约 8 mm；萼筒钟状，萼筒和萼片外面密被黄色绒毛；萼片三角卵形，长 2-3 mm，比萼筒约短一半，先端急尖，全缘；花瓣白色，近圆形，直径 5-7 mm，基部具短爪；雄蕊 20 枚，花药黄褐色，比花瓣稍短；花柱 5 根，大部分合生，外被黄白色绒毛，柱头头状，比雄蕊稍短。果实卵形，红黄色，直径 1-1.4 cm，外面常微有柔毛，具浅色斑点；萼片宿存，直立或内弯，外被柔毛。花期 5-6 月，果期 9-10 月。

恩施州广布，生于山坡、路旁灌木丛中；分布于浙江、江西、湖北、湖南、四川、云南、贵州、广西。

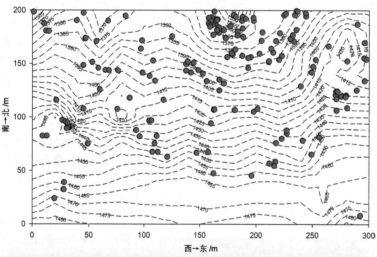

# 红果树 *Stranvaesia davidiana* Dcne.

## 红果树属 *Stranvaesia*　　蔷薇科 Rosaceae

个体数量（Individual number）=135
最小，平均，最大胸径（Min, Mean, Max DBH）=1.0 cm, 1.9 cm, 8.2 cm
分布林层（Layer）=灌木层（Shrub layer）
重要值排序（Importance value rank）=26/123

| 胸径区间 /cm | 个体数量 | 比例 /% |
|---|---|---|
| [1.0, 2.0) | 113 | 56.50 |
| [2.0, 3.0) | 54 | 27.00 |
| [3.0, 4.0) | 15 | 7.50 |
| [4.0, 5.0) | 9 | 4.50 |
| [5.0, 7.0) | 7 | 3.50 |
| [7.0, 10.0) | 2 | 1.00 |
| [10.0, 15.0) | 0 | 0.00 |

　　灌木或小乔木，高达 1-10 m，枝条密集；小枝粗壮，圆柱形，幼时密被长柔毛，逐渐脱落，当年枝条紫褐色，老枝灰褐色，有稀疏不显明皮孔；冬芽长卵形，先端短渐尖，红褐色，近于无毛或在鳞片边缘有短柔毛。叶片长圆形、长圆披针形或倒披针形，长 5-12 cm，宽 2-4.5 cm，先端急尖或突尖，基部楔形至宽楔形，全缘，上面中脉下陷，沿中脉被灰褐色柔毛，下面中脉突起，侧脉 8-16 对，不明显，沿中脉有稀疏柔毛；叶柄长 1.2-2 cm，被柔毛，逐渐脱落；托叶膜质，钻形，长 5-6 mm，早落。复伞房花序，直径 5-9 cm，密具多花；总花梗和花梗均被柔毛，花梗短，长 2-4 mm；苞片与小苞片均膜质，卵状披针形，早落；花直径 5-10 mm；萼筒外面有稀疏柔毛；萼片三角卵形，先端急尖，全缘，长 2-3 mm，长不及萼筒之半，外被少数柔毛；花瓣近圆形，直径约 4 mm，基部有短爪，白色；雄蕊 20 枚，花药紫红色；花柱 5 根，大部分连合，柱头头状，比雄蕊稍短；子房顶端被绒毛。果实近球形，橘红色，直径 7-8 mm；萼片宿存，直立；种子长椭圆形。花期 5-6 月，果期 9-10 月。

　　产于恩施市、巴东，生于山坡灌丛中；分布于云南、广西、贵州、四川、江西、陕西、甘肃、湖北。

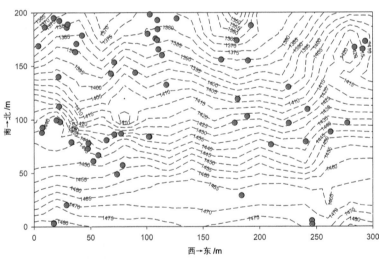

西→东 /m

# 石楠 *Photinia serratifolia* (Desfontaines) Kalkman

## 石楠属 *Photinia*　　蔷薇科 Rosaceae

个体数量（Individual number）＝1
最小，平均，最大胸径（Min, Mean, Max DBH）＝1.4 cm, 1.4 cm, 1.4 cm
分布林层（Layer）＝灌木层（Shrub layer）
重要值排序（Importance value rank）＝96/123

| 胸径区间 /cm | 个体数量 | 比例 /% |
|---|---|---|
| [1.0, 2.0) | 1 | 100.00 |
| [2.0, 3.0) | 0 | 0.00 |
| [3.0, 4.0) | 0 | 0.00 |
| [4.0, 5.0) | 0 | 0.00 |
| [5.0, 7.0) | 0 | 0.00 |
| [7.0, 10.0) | 0 | 0.00 |
| [10.0, 15.0) | 0 | 0.00 |

常绿灌木或小乔木，高 4-6 m；枝褐灰色，无毛；冬芽卵形，鳞片褐色，无毛。叶片革质，长椭圆形、长倒卵形或倒卵状椭圆形，长 9-22 cm，宽 3-6.5 cm，先端尾尖，基部圆形或宽楔形，边缘有疏生具腺细锯齿，近基部全缘，上面光亮，幼时中脉有绒毛，成熟后两面皆无毛，中脉显著，侧脉 25-30 对；叶柄粗壮，长 2-4 cm，幼时有绒毛，以后无毛。复伞房花序顶生，直径 10-16 cm；总花梗和花梗无毛，花梗长 3-5 mm；花密生，直径 6-8 mm；萼筒杯状，长约 1 mm，无毛；萼片阔三角形，长约 1 mm，先端急尖，无毛；花瓣白色，近圆形，直径 3-4 mm，内外两面皆无毛；雄蕊 20 枚，外轮较花瓣长，内轮较花瓣短，花药带紫色；花柱 2 根，有时为 3 根，基部合生，柱头头状，子房顶端有柔毛。果实球形，直径 5-6 mm，红色，后成褐紫色，有 1 粒种子；种子卵形，长 2 mm，棕色，平滑。花期 4-5 月，果期 10 月。

产于恩施市、宣恩，生于杂木林中；分布于陕西、甘肃、河南、江苏、安徽、浙江、江西、湖南、湖北、福建、台湾、广东、广西、四川、云南、贵州。

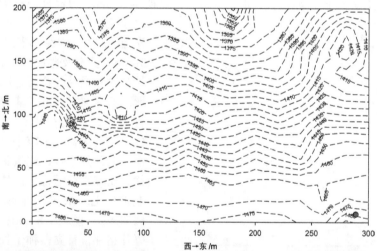

# 光叶石楠 *Photinia glabra* (Thunb.) Maxim.

## 石楠属 *Photinia*  蔷薇科 Rosaceae

个体数量（Individual number）＝5
最小，平均，最大胸径（Min，Mean，Max DBH）＝1.0 cm，5.6 cm，20.5 cm
分布林层（Layer）＝乔木层（Tree layer）
重要值排序（Importance value rank）＝60/77

| 胸径区间<br>/cm | 个体<br>数量 | 比例<br>/% |
|---|---|---|
| [ 1.0，2.5 ) | 2 | 40.00 |
| [ 2.5，5.0 ) | 2 | 40.00 |
| [ 5.0，10.0 ) | 0 | 0.00 |
| [ 10.0，20.0 ) | 0 | 0.00 |
| [ 20.0，30.0 ) | 1 | 20.00 |
| [ 30.0，40.0 ) | 0 | 0.00 |
| [ 40.0，60.0 ) | 0 | 0.00 |

　　常绿乔木，高 3-5 m；老枝灰黑色，无毛，皮孔棕黑色，近圆形，散生。叶片革质，幼时及老时皆呈红色，椭圆形、长圆形或长圆倒卵形，长 5-9 cm，宽 2-4 cm，先端渐尖，基部楔形，边缘有疏生浅钝细锯齿，两面无毛，侧脉 10-18 对；叶柄长 1-1.5 cm，无毛。花多数，成顶生复伞房花序，直径 5-10 cm；总花梗和花梗均无毛；花直径 7-8 mm；萼筒杯状，无毛；萼片三角形，长 1 mm，先端急尖，外面无毛，内面有柔毛；花瓣白色，反卷，倒卵形，长约 3 mm，先端圆钝，内面近基部有白色绒毛，基部有短爪；雄蕊 20 枚，约与花瓣等长或较短；花柱 2 根，稀为 3 根，离生或下部合生，柱头头状，子房顶端有柔毛。果实卵形，长约 5 mm，红色，无毛。花期 4-5 月，果期 9-10 月。

　　产于宣恩、利川，生于山坡林中；分布于安徽、江苏、浙江、江西、湖南、湖北、福建、广东、广西、四川、云南、贵州。

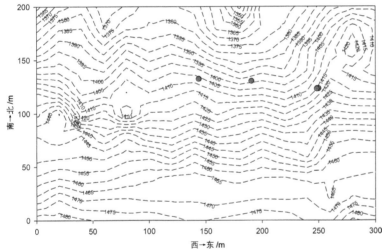

# 小叶石楠 *Photinia parvifolia* (Pritz.) Schneid.

## 石楠属 *Photinia*　　蔷薇科 Rosaceae

个体数量（Individual number）＝38
最小，平均，最大胸径（Min, Mean, Max DBH）＝1.0 cm, 3.1 cm, 14.8 cm
分布林层（Layer）＝灌木层（Shrub layer）
重要值排序（Importance value rank）＝41/123

| 胸径区间/cm | 个体数量 | 比例/% |
|---|---|---|
| [1.0, 2.0) | 17 | 44.74 |
| [2.0, 3.0) | 8 | 21.05 |
| [3.0, 4.0) | 8 | 21.05 |
| [4.0, 5.0) | 0 | 0.00 |
| [5.0, 7.0) | 1 | 2.63 |
| [7.0, 10.0) | 3 | 7.90 |
| [10.0, 15.0) | 1 | 2.63 |

　　落叶灌木，高1-3 m；枝纤细，小枝红褐色，无毛，有黄色散生皮孔；冬芽卵形，长3-4 mm，先端急尖。叶片草质，椭圆形、椭圆卵形或菱状卵形，长4-8 cm，宽1-3.5 cm，先端渐尖或尾尖，基部宽楔形或近圆形，边缘有具腺尖锐锯齿，上面光亮，初疏生柔毛，以后无毛，下面无毛，侧脉4-6对；叶柄长1-2 mm，无毛。花2-9朵，成伞形花序，生于侧枝顶端，无总花梗；苞片及小苞片钻形，早落；花梗细，长1-2.5 cm，无毛，有疣点；花直径0.5-1.5 cm；萼筒杯状，直径约3 mm，无毛；萼片卵形，长约1 mm，先端急尖，外面无毛，内面疏生柔毛；花瓣白色，圆形，直径4-5 mm，先端钝，有极短爪，内面基部疏生长柔毛；雄蕊20枚，较花瓣短；花柱2-3根，中部以下合生，较雄蕊稍长，子房顶端密生长柔毛。果实椭圆形或卵形，长9-12 mm，直径5-7 mm，橘红色或紫色，无毛，有直立宿存萼片，内含2-3粒卵形种子；果梗长1-2.5 cm，密布疣点。花期4-5月，果期7-8月。

　　恩施州广布，生于山坡林中；分布于河南、江苏、安徽、浙江、江西、湖南、湖北、四川、贵州、台湾、广东、广西。

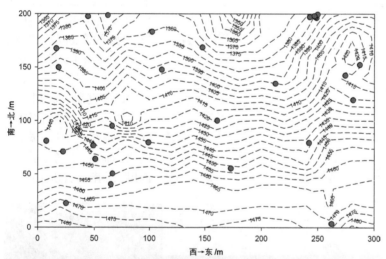

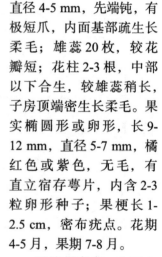

# 中华石楠 *Photinia beauverdiana* Schneid.

## 石楠属 *Photinia*　　蔷薇科 Rosaceae

个体数量（Individual number）=10
最小，平均，最大胸径（Min, Mean, Max DBH）=1.2 cm，3.8 cm，8.1 cm
分布林层（Layer）=亚乔木层（Subtree layer）
重要值排序（Importance value rank）=31/45

| 胸径区间<br>/cm | 个体<br>数量 | 比例<br>/% |
|---|---|---|
| [1.0, 2.5) | 4 | 40.00 |
| [2.5, 5.0) | 3 | 30.00 |
| [5.0, 8.0) | 2 | 20.00 |
| [8.0, 11.0) | 1 | 10.00 |
| [11.0, 15.0) | 0 | 0.00 |
| [15.0, 20.0) | 0 | 0.00 |
| [20.0, 30.0) | 0 | 0.00 |

　　落叶灌木或小乔木，高 3-10 m；小枝无毛，紫褐色，有散生灰色皮孔。叶片薄纸质，长圆形、倒卵状长圆形或卵状披针形，长 5-10 cm，宽 2-4.5 cm，先端突渐尖，基部圆形或楔形，边缘有疏生具腺锯齿，上面光亮，无毛，下面中脉疏生柔毛，侧脉 9-14 对；叶柄长 5-10 mm，微有柔毛。花多数，成复伞房花序，直径 5-7 cm；总花梗和花梗无毛，密生疣点，花梗长 7-15 mm；花直径 5-7 mm；萼筒杯状，长 1-1.5 mm，外面微有毛；萼片三角卵形，长 1 mm；花瓣白色，卵形或倒卵形，长 2 mm，先端圆钝，无毛；雄蕊 20 枚；花柱 2-3 根，基部合生。果实卵形，长 7-8 mm，直径 5-6 mm，紫红色，无毛，微有疣点，先端有宿存萼片；果梗长 1-2 cm。花期 5 月，果期 7-8 月。

　　恩施州广布，生于山坡林中；分布于陕西、河南、江苏、安徽、浙江、江西、湖南、湖北、四川、云南、贵州、广东、广西、福建。

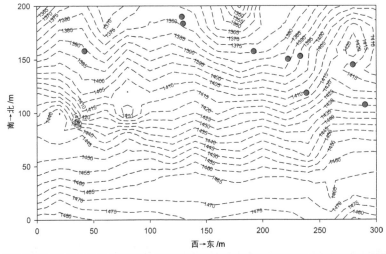

# 绒毛石楠 *Photinia schneideriana* Rehd. et Wils.

## 石楠属 *Photinia*　　　蔷薇科 Rosaceae

个体数量（Individual number）= 4
最小，平均，最大胸径（Min, Mean, Max DBH）= 1.2 cm，2.9 cm，5.8 cm
分布林层（Layer）= 灌木层（Shrub layer）
重要值排序（Importance value rank）= 86/123

| 胸径区间 /cm | 个体数量 | 比例 /% |
|---|---|---|
| [1.0, 2.0) | 2 | 50.00 |
| [2.0, 3.0) | 0 | 0.00 |
| [3.0, 4.0) | 1 | 25.00 |
| [4.0, 5.0) | 0 | 0.00 |
| [5.0, 7.0) | 1 | 25.00 |
| [7.0, 10.0) | 0 | 0.00 |
| [10.0, 15.0) | 0 | 0.00 |

　　灌木或小乔木，高达 7 m；幼枝有稀疏长柔毛，以后脱落近无毛，一年生枝紫褐色，老时带灰褐色，具棱形皮孔；冬芽卵形，先端急尖，鳞片深褐色，无毛。叶片长圆披针形或长椭圆形，长 6-11 cm，宽 2-5.5 cm，先端渐尖，基部宽楔形，边缘有锐锯齿，上面初疏生长柔毛，以后脱落，下面永被稀疏绒毛，侧脉 10-15 对，微凸起；叶柄长 6-10 mm，初被柔毛，以后脱落。花多数，成顶生复伞房花序，直径 5-7 cm；总花梗和分枝疏生长柔毛；花梗长 3-8 mm，无毛；萼筒杯状，长 4 mm，外面无毛；萼片直立、开展，圆形，长约 1 mm，先端具短尖头，内面上部有疏柔毛；花瓣白色，近圆形，直径约 4 mm，先端钝，无毛，基部有短爪；雄蕊 20 枚，约和花瓣等长；花柱 2-3 根，基部连合，子房顶端有柔毛。果实卵形，长 10 mm，直径约 8 mm，带红色，无毛，有小疣点，顶端具宿存萼片；种子 2-3 粒，卵形，长 5-6 mm，两端尖，黑褐色。花期 5 月，果期 10 月。

　　恩施州广布，生于山坡疏林中；分布于浙江、江西、湖南、湖北、四川、贵州、福建、广东。

# 毛叶石楠 *Photinia villosa* (Thunb.) DC.

## 石楠属 *Photinia*    蔷薇科 Rosaceae

个体数量（Individual number）＝27
最小，平均，最大胸径（Min, Mean, Max DBH）＝1.0 cm, 3.9 cm, 21.7 cm
分布林层（Layer）＝亚乔木层（Subtree layer）
重要值排序（Importance value rank）＝29/45

| 胸径区间 /cm | 个体数量 | 比例 /% |
|---|---|---|
| [1.0, 2.5) | 16 | 59.26 |
| [2.5, 5.0) | 4 | 14.82 |
| [5.0, 8.0) | 3 | 11.11 |
| [8.0, 11.0) | 2 | 7.41 |
| [11.0, 15.0) | 1 | 3.70 |
| [15.0, 20.0) | 0 | 0.00 |
| [20.0, 30.0) | 1 | 3.70 |

　　落叶灌木或小乔木，高 2-5 m；小枝幼时有白色长柔毛，以后脱落为无毛，灰褐色，有散生皮孔；冬芽卵形，长 2 mm，鳞片褐色，无毛。叶片草质，倒卵形或长圆倒卵形，长 3-8 cm，宽 2-4 cm，先端尾尖，基部楔形，边缘上半部具密生尖锐锯齿，两面初有白色长柔毛，以后上面逐渐脱落几无毛，仅下面叶脉有柔毛，侧脉 5-7 对；叶柄长 1-5 mm，有长柔毛。花 10-20 朵，成顶生伞房花序，直径 3-5 cm；总花梗和花梗有长柔毛；花梗长 1.5-2.5 cm，在果期具疣点；苞片和小苞片钻形，长 1-2 mm，早落；花直径 7-12 mm；萼筒杯状，长 2-3 mm，外面有白色长柔毛；萼片三角卵形，长 2-3 mm，先端钝，外面有长柔毛，内面有毛或无毛；花瓣白色，近圆形，直径 4-5 mm，外面无毛，内面基部具柔毛，有短爪；雄蕊 20 枚，较花瓣短；花柱 3 根，离生，无毛，子房顶端密生白色柔毛。果实椭圆形或卵形，长 8-10 mm，直径 6-8 mm，红色或黄红色，稍有柔毛，顶端有直立宿存萼片。花期 4 月，果期 8-9 月。

　　产于宣恩，生于山坡灌丛中；分布于甘肃、河南、山东、江苏、安徽、浙江、江西、湖南、湖北、贵州、云南、福建、广东。

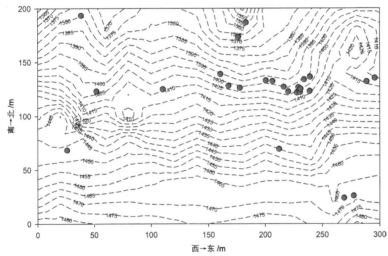

## 软条七蔷薇 *Rosa henryi* Bouleng.

### 蔷薇属 *Rosa*　　蔷薇科 Rosaceae

个体数量（Individual number）＝260
最小，平均，最大胸径（Min, Mean, Max DBH）＝1.0 cm, 1.9 cm, 5.2 cm
分布林层（Layer）＝灌木层（Shrub layer）
重要值排序（Importance value rank）＝21/123

| 胸径区间<br>/cm | 个体<br>数量 | 比例<br>/% |
|---|---|---|
| [1.0, 2.0) | 154 | 59.23 |
| [2.0, 3.0) | 80 | 30.77 |
| [3.0, 4.0) | 23 | 8.85 |
| [4.0, 5.0) | 2 | 0.77 |
| [5.0, 7.0) | 1 | 0.38 |
| [7.0, 10.0) | 0 | 0.00 |
| [10.0, 15.0) | 0 | 0.00 |

　　灌木，高 3-5 m，有长匍枝；小枝有短扁、弯曲皮刺或无刺。小叶通常 5 片，近花序小叶片常为 3 片，连叶柄长 9-14 cm；小叶片长圆形、卵形、椭圆形或椭圆状卵形，长 3.5-9 cm，宽 1.5-5 cm，先端长渐尖或尾尖，基部近圆形或宽楔形，边缘有锐锯齿，两面均无毛，下面中脉突起；小叶柄和叶轴无毛，有散生小皮刺；托叶大部贴生于叶柄，离生部分披针形，先端渐尖，全缘，无毛，或有稀疏腺毛。花 5-15 朵，成伞形伞房状花序；花直径 3-4 cm；花梗和萼筒无毛，有时具腺毛，萼片披针形，先端渐尖，全缘，有少数裂片，外面近无毛而有稀疏腺点，内面有长柔毛；花瓣白色，宽倒卵形，先端微凹，基部宽楔形；花柱结合成柱，被柔毛，比雄蕊稍长。果近球形，直径 8-10 mm，成熟后褐红色，有光泽，果梗有稀疏腺点；萼片脱落。花期 4-7 月，果期 7-9 月。

　　恩施州广布，生于山坡灌丛中；分布于陕西、河南、安徽、江苏、浙江、江西、福建、广东、广西、湖北、湖南、四川、云南、贵州等省区。

# 山莓 *Rubus corchorifolius* L. f.

## 悬钩子属 *Rubus*　蔷薇科 Rosaceae

个体数量（Individual number）＝14
最小，平均，最大胸径（Min, Mean, Max DBH）＝1.0 cm，1.4 cm，2.1 cm
分布林层（Layer）＝灌木层（Shrub layer）
重要值排序（Importance value rank）＝51/123

| 胸径区间 /cm | 个体数量 | 比例 /% |
|---|---|---|
| [1.0, 2.0) | 12 | 85.71 |
| [2.0, 3.0) | 2 | 14.29 |
| [3.0, 4.0) | 0 | 0.00 |
| [4.0, 5.0) | 0 | 0.00 |
| [5.0, 7.0) | 0 | 0.00 |
| [7.0, 10.0) | 0 | 0.00 |
| [10.0, 15.0) | 0 | 0.00 |

　　直立灌木，高 1-3 m；枝具皮刺，幼时被柔毛。单叶，卵形至卵状披针形，长 5-12 cm，宽 2.5-5 cm，顶端渐尖，基部微心形，有时近截形或近圆形，上面色较浅，沿叶脉有细柔毛，下面色稍深，幼时密被细柔毛，逐渐脱落至老时近无毛，沿中脉疏生小皮刺，边缘不分裂或 3 裂，通常不育枝上的叶 3 裂，有不规则锐锯齿或重锯齿，基部具 3 脉；叶柄长 1-2 cm，疏生小皮刺，幼时密生细柔毛；托叶线状披针形，具柔毛。花单生或少数生于短枝上；花梗长 0.6-2 cm，具细柔毛；花直径可达 3 cm；花萼外密被细柔毛，无刺；萼片卵形或三角状卵形，长 5-8 mm，顶端急尖至短渐尖；花瓣长圆形或椭圆形，白色，顶端圆钝，长 9-12 mm，宽 6-8 mm，长于萼片；雄蕊多数，花丝宽扁；雌蕊多数，子房有柔毛。果实由很多小核果组成，近球形或卵球形，直径 1-1.2 cm，红色，密被细柔毛；核具皱纹。花期 2-3 月，果期 4-6 月。

　　恩施州广布，生于山坡灌丛中；除黑龙江、吉林、辽宁、甘肃、青海、新疆、西藏外，全国均有分布。

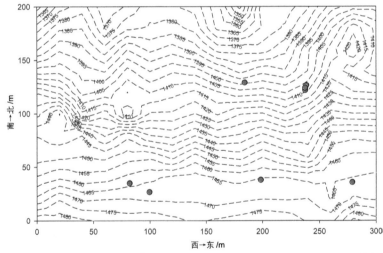

# 白叶莓 *Rubus innominatus* S. Moore

## 悬钩子属 *Rubus*　　蔷薇科 Rosaceae

个体数量（Individual number）＝2
最小，平均，最大胸径（Min, Mean, Max DBH）＝1.8 cm, 1.9 cm, 2.0 cm
分布林层（Layer）＝灌木层（Shrub layer）
重要值排序（Importance value rank）＝88/123

| 胸径区间<br>/cm | 个体<br>数量 | 比例<br>/% |
|---|---|---|
| [1.0, 2.0) | 1 | 50.00 |
| [2.0, 3.0) | 1 | 50.00 |
| [3.0, 4.0) | 0 | 0.00 |
| [4.0, 5.0) | 0 | 0.00 |
| [5.0, 7.0) | 0 | 0.00 |
| [7.0, 10.0) | 0 | 0.00 |
| [10.0, 15.0) | 0 | 0.00 |

　　灌木，高 1-3 m；枝拱曲，褐色或红褐色，小枝密被绒毛状柔毛，疏生钩状皮刺。小叶常 3 片，稀于不孕枝上具 5 片小叶，长 4-10 cm，宽 2.5-7 cm，顶端急尖至短渐尖，顶生小叶卵形或近圆形，稀卵状披针形，基部圆形至浅心形，边缘常 3 裂或缺刻状浅裂，侧生小叶斜卵状披针形或斜椭圆形，基部楔形至圆形，上面疏生平贴柔毛或几无毛，下面密被灰白色绒毛，沿叶脉混生柔毛，边缘有不整齐粗锯齿或缺刻状粗重锯齿；叶柄长 2-4 cm，顶生小叶柄长 1-2 cm，侧生小叶近无柄，与叶轴均密被绒毛状柔毛；托叶线形，被柔毛。总状或圆锥状花序，顶生或腋生，腋生花序常为短总状；总花梗和花梗均密被黄灰色或灰色绒毛状长柔毛和腺毛；花梗长 4-10 mm；苞片线状披针形，被绒毛状柔毛；花直径 6-10 mm；花萼外面密被黄灰色或灰色绒毛状长柔毛和腺毛；萼片卵形，长 5-8 mm，顶端急尖，内萼片边缘具灰白色绒毛，在花果时均直立；花瓣倒卵形或近圆形，紫红色，边啮蚀状，基部具爪，稍长于萼片；雄蕊稍短于花瓣；花柱无毛；子房稍具柔毛。果实近球形，直径约 1 cm，橘红色，初期被疏柔毛，成熟时无毛；核具细皱纹。花期 5-6 月，果期 7-8 月。

　　恩施州广布，生于山坡疏林中；分布于陕西、甘肃、河南、湖北、湖南、江西、安徽、浙江、福建、广东、广西、四川、贵州、云南。

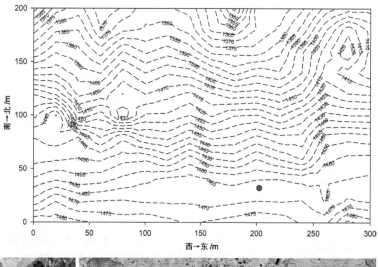

# 高粱泡 *Rubus lambertianus* Ser.

## 悬钩子属 *Rubus*　蔷薇科 Rosaceae

个体数量（Individual number）＝4
最小，平均，最大胸径（Min, Mean, Max DBH）＝1.0 cm, 1.3 cm, 1.8 cm
分布林层（Layer）＝灌木层（Shrub layer）
重要值排序（Importance value rank）＝72/123

| 胸径区间 /cm | 个体数量 | 比例 /% |
|---|---|---|
| [1.0, 2.0) | 4 | 100.00 |
| [2.0, 3.0) | 0 | 0.00 |
| [3.0, 4.0) | 0 | 0.00 |
| [4.0, 5.0) | 0 | 0.00 |
| [5.0, 7.0) | 0 | 0.00 |
| [7.0, 10.0) | 0 | 0.00 |
| [10.0, 15.0) | 0 | 0.00 |

　　半落叶藤状灌木，高达 3 m；枝幼时有细柔毛或近无毛，有微弯小皮刺。单叶宽卵形，稀长圆状卵形，长 5-12 cm，顶端渐尖，基部心形，上面疏生柔毛或沿叶脉有柔毛，下面被疏柔毛，沿叶脉毛较密，中脉上常疏生小皮刺，边缘明显 3-5 裂或呈波状，有细锯齿；叶柄长 2-5 cm，具细柔毛或近于无毛，有稀疏小皮刺；托叶离生，线状深裂，有细柔毛或近无毛，常脱落。圆锥花序顶生，生于枝上部叶腋内的花序常近总状，有时仅数朵花簇生于叶腋；总花梗、花梗和花萼均被细柔毛；花梗长 0.5-1 cm；苞片与托叶相似；花直径约 8 mm；萼片卵状披针形，顶端渐尖、全缘，外面边缘和内面均被白色短柔毛，仅在内萼片边缘具灰白色绒毛；花瓣倒卵形，白色，无毛，稍短于萼片；雄蕊多数，稍短于花瓣，花丝宽扁；雌蕊 15-20 枚，通常无毛。果实小，近球形，直径约 6-8 mm，由多数小核果组成，无毛，熟时红色；核较小，长约 2 mm，有明显皱纹。花期 7-8 月，果期 9-11 月。

　　恩施州广布，生于山坡林中；分布于河南、湖北、湖南、安徽、江西、江苏、浙江、福建、台湾、广东、广西、云南。

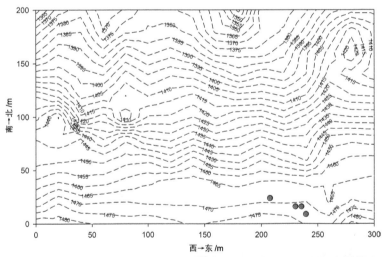

# 川莓 *Rubus setchuenensis* Bureau et Franch.

## 悬钩子属 *Rubus*　　蔷薇科 Rosaceae

个体数量（Individual number）＝2
最小，平均，最大胸径（Min，Mean，Max DBH）＝1.8 cm，2.0 cm，2.1 cm
分布林层（Layer）＝灌木层（Shrub layer）
重要值排序（Importance value rank）＝103/123

| 胸径区间 /cm | 个体数量 | 比例 /% |
|---|---|---|
| [1.0, 2.0) | 1 | 50.00 |
| [2.0, 3.0) | 1 | 50.00 |
| [3.0, 4.0) | 0 | 0.00 |
| [4.0, 5.0) | 0 | 0.00 |
| [5.0, 7.0) | 0 | 0.00 |
| [7.0, 10.0) | 0 | 0.00 |
| [10.0, 15.0) | 0 | 0.00 |

　　落叶灌木，高 2-3 m；小枝圆柱形，密被淡黄色绒毛状柔毛，老时脱落，无刺。单叶，近圆形或宽卵形，直径 7-15 cm，顶端圆钝或近截形，基部心形，上面粗糙，无毛或仅沿叶脉稍具柔毛，下面密被灰白色绒毛，有时绒毛逐渐脱落，叶脉突起，基部具掌状五出脉，侧脉 2-3 对，边缘 5-7 浅裂，裂片圆钝或急尖并再浅裂，有不整齐浅钝锯齿；叶柄长 5-7 cm，具浅黄色绒毛状柔毛，常无刺；托叶离生，卵状披针形，顶端条裂，早落。花成狭圆锥花序，顶生或腋生或花少数簇生于叶腋；总花梗和花梗均密被浅黄色绒毛状柔毛；花梗长约 1 cm；苞片与托叶相似；花直径 1-1.5 cm；花萼外密被浅黄色绒毛和柔毛；萼片卵状披针形，顶端尾尖，全缘或外萼片顶端浅条裂，在果期直立，稀反折；花瓣倒卵形或近圆形，紫红色，基部具爪，比萼片短很多；雄蕊较短，花丝线形；雌蕊无毛，花柱比雄蕊长。果实半球形，直径约 1 cm，黑色，无毛，常包藏在宿萼内；核较光滑。花期 7-8 月，果期 9-10 月。

　　恩施州广布，生于山坡灌丛中；分布于湖北、湖南、广西、四川、云南、贵州。

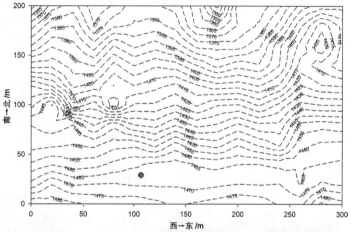

# 鸡爪茶 *Rubus henryi* Hemsl. et Ktze.

## 悬钩子属 *Rubus*　　蔷薇科 Rosaceae

个体数量（Individual number）＝6
最小，平均，最大胸径（Min, Mean, Max DBH）＝1.0 cm, 1.2 cm, 1.5 cm
分布林层（Layer）＝灌木层（Shrub layer）
重要值排序（Importance value rank）＝66/123

| 胸径区间<br>/cm | 个体<br>数量 | 比例<br>/% |
|---|---|---|
| [1.0, 2.0) | 6 | 100.00 |
| [2.0, 3.0) | 0 | 0.00 |
| [3.0, 4.0) | 0 | 0.00 |
| [4.0, 5.0) | 0 | 0.00 |
| [5.0, 7.0) | 0 | 0.00 |
| [7.0, 10.0) | 0 | 0.00 |
| [10.0, 15.0) | 0 | 0.00 |

常绿攀援灌木，高达 6 m；枝疏生微弯小皮刺，幼时被绒毛，老时近无毛，褐色或红褐色。单叶，革质，长 8-15 cm，基部较狭窄，宽楔形至近圆形，稀近心形，深 3 裂，稀 5 裂，分裂至叶片的 2/3 处或超过之，顶生裂片与侧生裂片之间常成锐角，裂片披针形或狭长圆形，长 7-11 cm，宽 1.5-2.5 cm，顶端渐尖，边缘有稀疏细锐锯齿，上面亮绿色，无毛，下面密被灰白色或黄白色绒毛，叶脉突起，有时疏生小皮刺；叶柄细，长 3-6 cm，有绒毛；托叶长圆形或长圆披针形，离生，膜质，长 1-1.8 cm，宽 0.3-0.6 cm，全缘或顶端有 2-3 个锯齿，有长柔毛。花常 9-20 朵，成顶生和腋生总状花序；总花梗、花梗和花萼密被灰白色或黄白色绒毛和长柔毛，混生少数小皮刺；花梗短，长达 1 cm；苞片和托叶相似；花萼长约 1.5 cm，有时混生腺毛；萼片长三角形，顶端尾状渐尖，全缘，花后反折；花瓣狭卵圆形，粉红色，两面疏生柔毛，基部具短爪；雄蕊多数，有长柔毛；雌蕊多数，被长柔毛。果实近球形，黑色，直径 1.3-1.5 cm，宿存花柱带红色并有长柔毛；核稍有网纹。花期 5-6 月，果期 7-8 月。

产于宣恩、鹤峰，生于山坡林中；分布于湖北、湖南。

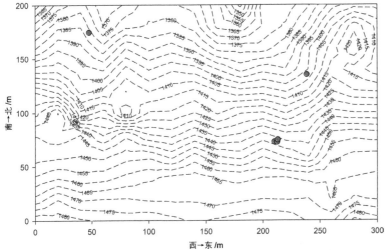

# 木莓 *Rubus swinhoei* Hance

## 悬钩子属 *Rubus*　蔷薇科 Rosaceae

个体数量（Individual number）＝69
最小，平均，最大胸径（Min, Mean, Max DBH）＝1.0 cm, 1.4 cm, 2.8 cm
分布林层（Layer）＝灌木层（Shrub layer）
重要值排序（Importance value rank）＝28/123

| 胸径区间 /cm | 个体数量 | 比例 /% |
|---|---|---|
| [1.0, 2.0) | 61 | 88.41 |
| [2.0, 3.0) | 8 | 11.59 |
| [3.0, 4.0) | 0 | 0.00 |
| [4.0, 5.0) | 0 | 0.00 |
| [5.0, 7.0) | 0 | 0.00 |
| [7.0, 10.0) | 0 | 0.00 |
| [10.0, 15.0) | 0 | 0.00 |

　　落叶或半常绿灌木，高 1-4 m；茎细而圆，暗紫褐色，幼时具灰白色短绒毛，老时脱落，疏生微弯小皮刺。单叶，叶形变化较大，自宽卵形至长圆披针形，长 5-11 cm，宽 2.5-5 cm，顶端渐尖，基部截形至浅心形，上面仅沿中脉有柔毛，下面密被灰色绒毛或近无毛，往往不育枝和老枝上的叶片下面密被灰色平贴绒毛，不脱落，而结果枝（或花枝）上的叶片下面仅沿叶脉有少许绒毛或完全无毛，主脉上疏生钩状小皮刺，边缘有不整齐粗锐锯齿，稀缺刻状，叶脉 9-12 对；叶柄长 5-12 mm，被灰白色绒毛，有时具钩状小皮刺；托叶卵状披针形，稍有柔毛，长 5-8 mm，宽约 3 mm，全缘或顶端有齿，膜质，早落。花常 5-6 朵，成总状花序；总花梗、花梗和花萼均被 1-3 mm 长的紫褐色腺毛和稀疏针刺；花直径 1-1.5 cm；花梗细，长 1-3 cm，被绒毛状柔毛；苞片与托叶相似，有时具深裂锯齿；花萼被灰色绒毛；萼片卵形或三角状卵形，长 5-8 mm，顶端急尖，全缘，在果期反折；花瓣白色，宽卵形或近圆形，有细短柔毛；雄蕊多数，花丝基部膨大，无毛；雌蕊多数，比雄蕊长很多，子房无毛。果实球形，直径 1-1.5 cm，由多数小核果组成，无毛，成熟时由绿紫红色转变为黑紫色，味酸涩；核具明显皱纹。花期 5-6 月，果期 7-8 月。

　　恩施州广布，生于山坡林中；分布于陕西、湖北、湖南、江西、安徽、江苏、浙江、福建、台湾、广东、广西、贵州、四川。

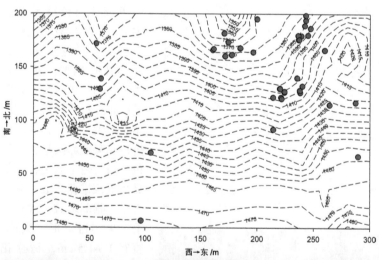

# 李 *Prunus salicina* Lindl.

## 李属 *Prunus*  蔷薇科 Rosaceae

个体数量（Individual number）=2
最小，平均，最大胸径（Min, Mean, Max DBH）=11.0 cm, 11.3 cm, 11.5 cm
分布林层（Layer）=乔木层（Tree layer）
重要值排序（Importance value rank）=76/77

| 胸径区间 /cm | 个体数量 | 比例 /% |
|---|---|---|
| [1.0, 2.5) | 0 | 0.00 |
| [2.5, 5.0) | 0 | 0.00 |
| [5.0, 10.0) | 0 | 0.00 |
| [10.0, 20.0) | 2 | 100.00 |
| [20.0, 30.0) | 0 | 0.00 |
| [30.0, 40.0) | 0 | 0.00 |
| [40.0, 60.0) | 0 | 0.00 |

　　落叶乔木，高 9-12 m；树冠广圆形，树皮灰褐色，起伏不平；老枝紫褐色或红褐色，无毛；小枝黄红色，无毛；冬芽卵圆形，红紫色，有数枚覆瓦状排列鳞片，通常无毛，稀鳞片边缘有极稀疏毛。叶片长圆倒卵形、长椭圆形，稀长圆卵形，长 6-12 cm，宽 3-5 cm，先端渐尖、急尖或短尾尖，基部楔形，边缘有圆钝重锯齿，常混有单锯齿，幼时齿尖带腺，上面深绿色，有光泽，侧脉 6-10 对，不达到叶片边缘，与主脉成 45°角，两面均无毛，有时下面沿主脉有稀疏柔毛或脉腋有髯毛；托叶膜质，线形，先端渐尖，边缘有腺，早落；叶柄长 1-2 cm，通常无毛，顶端有2 个腺体或无，有时在叶片基部边缘有腺体。花通常 3 朵并生；花梗 1-2 cm，通常无毛；花直径 1.5-2.2 cm；萼筒钟状；萼片长圆卵形，长约 5 mm，先端急尖或圆钝，边有疏齿，与萼筒近等长，萼筒和萼片外面均无毛，内面在萼筒基部被疏柔毛；花瓣白色，长圆倒卵形，先端啮蚀状，基部楔形，有明显带紫色脉纹，具短爪，着生在萼筒边缘，比萼筒长 2-3 倍；雄蕊多数，花丝长短不等，排成不规则 2 轮，比花瓣短；雌蕊 1 枚，柱头盘状，花柱比雄蕊稍长。核果球形、卵球形或近圆锥形，直径 3.5-5 cm，栽培品种可达 7 cm，黄色或红色，有时为绿色或紫色，梗凹陷，顶端微尖，基部有纵沟，外被蜡粉；核卵圆形或长圆形，有皱纹。花期 4 月，果期 7-8 月。

　　恩施州广泛栽培；分布于陕西、甘肃、四川、云南、贵州、湖南、湖北、江苏、浙江、江西、福建、广东、广西和台湾。

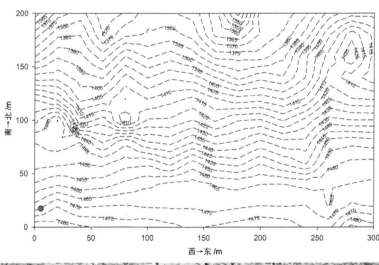

## 樱桃 *Prunus pseudocerasus* (Lindl.) G. Don

### 樱属 *Cerasus*　　蔷薇科 Rosaceae

个体数量（Individual number）=120
最小，平均，最大胸径（Min, Mean, Max DBH）=1.0 cm，5.3 cm，22.3 cm
分布林层（Layer）=乔木层（Tree layer）
重要值排序（Importance value rank）=19/77

| 胸径区间 /cm | 个体 数量 | 比例 /% |
|---|---|---|
| [1.0, 2.5) | 41 | 34.17 |
| [2.5, 5.0) | 30 | 25.00 |
| [5.0, 10.0) | 31 | 25.83 |
| [10.0, 20.0) | 16 | 13.33 |
| [20.0, 30.0) | 2 | 1.67 |
| [30.0, 40.0) | 0 | 0.00 |
| [40.0, 60.0) | 0 | 0.00 |

　　乔木，高 2-6 m，树皮灰白色。小枝灰褐色，嫩枝绿色，无毛或被疏柔毛。冬芽卵形，无毛。叶片卵形或长圆状卵形，长 5-12 cm，宽 3-5 cm，先端渐尖或尾状渐尖，基部圆形，边有尖锐重锯齿，齿端有小腺体，上面暗绿色，近无毛，下面淡绿色，沿脉或脉间有稀疏柔毛，侧脉 9-11 对；叶柄长 0.7-1.5 cm，被疏柔毛，先端有 1 或 2 个大腺体；托叶早落，披针形，有羽裂腺体。花序伞房状或近伞形，有花 3-6 朵，先叶开放；总苞倒卵状椭圆形，褐色，长约 5 mm，宽约 3 mm，边有腺齿；花梗长 0.8-1.9 cm，被疏柔毛；萼筒钟状，长 3-6 mm，宽 2-3 mm，外面被疏柔毛，萼片三角卵圆形或卵状长圆形，先端急尖或钝，边缘全缘，长为萼筒的一半或过半；花瓣白色，卵圆形，先端下凹或 2 裂；雄蕊 30-35 枚；花柱与雄蕊近等长，无毛。核果近球形，红色，直径 0.9-1.3 cm。花期 3-4 月，果期 5-6 月。

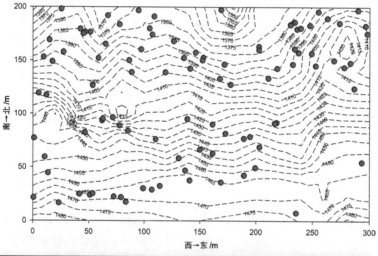

　　恩施州广布，生于山坡林中；分布于辽宁、河北、陕西、甘肃、山东、河南、江苏、浙江、江西、四川、湖北等省。

# 华中樱桃 *Prunus conradinae* (Koehne) Yü et Li

## 樱属 *Cerasus*　　蔷薇科 Rosaceae

个体数量（Individual number）＝2
最小，平均，最大胸径（Min, Mean, Max DBH）＝2.3 cm, 2.7 cm, 3.1 cm
分布林层（Layer）＝灌木层（Shrub layer）
重要值排序（Importance value rank）＝104/123

| 胸径区间 /cm | 个体数量 | 比例 /% |
|---|---|---|
| [1.0, 2.0) | 0 | 0.00 |
| [2.0, 3.0) | 1 | 50.00 |
| [3.0, 4.0) | 1 | 50.00 |
| [4.0, 5.0) | 0 | 0.00 |
| [5.0, 7.0) | 0 | 0.00 |
| [7.0, 10.0) | 0 | 0.00 |
| [10.0, 15.0) | 0 | 0.00 |

乔木，高 3-10 m，树皮灰褐色。小枝灰褐色，嫩枝绿色，无毛。冬芽卵形，无毛。叶片倒卵形、长椭圆形或倒卵状长椭圆形，长 5-9 cm，宽 2.5-4 cm，先端骤渐尖，基部圆形，边有向前伸展锯齿，齿端有小腺体，上面绿色，下面淡绿色，两面均无毛，有侧脉 7-9 对；叶柄长 6-8 mm，无毛，有 2 个腺体；托叶线形，长约 6 mm，边有腺齿，花后脱落。伞形花序，有花 3-5 朵，先叶开放，直径约 1.5 cm；总苞片褐色，倒卵椭圆形，长约 8 mm，宽约 4 mm，外面无毛，内面密被疏柔毛；总梗长 0.4-1.5 cm，稀总梗不明显，无毛；苞片褐色，宽扇形，长约 1.3 mm，有腺齿，果时脱落；花梗长 1-1.5 cm，无毛；萼筒管形钟状，长约 4 mm，宽约 3 mm，无毛，萼片三角卵形，长约 2 mm，先端圆钝或急尖；花瓣白色或粉红色，卵形或倒卵圆形，先端 2 裂；雄蕊 32-43 枚；花柱无毛，比雄蕊短或稍长。核果卵球形，红色，纵径 8-11 mm，横径 5-9 mm；核表面棱纹不显著。花期 3 月，果期 4-5 月。

产于宣恩、利川，生于沟边林中；分布于陕西、河南、湖南、湖北、四川、贵州、云南、广西。

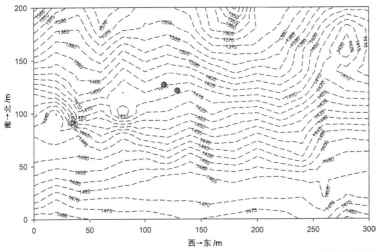

# 椭木 *Padus buergeriana* (Miq.) Yü et Ku

## 稠李属 *Padus*　　蔷薇科 Rosaceae

个体数量（Individual number）= 1
最小，平均，最大胸径（Min，Mean，Max DBH）= 3.7 cm，3.7 cm，3.7 cm
分布林层（Layer）= 乔木层（Tree layer）
重要值排序（Importance value rank）= 77/77

| 胸径区间 /cm | 个体数量 | 比例 /% |
|---|---|---|
| [1.0, 2.5) | 0 | 0.00 |
| [2.5, 5.0) | 1 | 100.00 |
| [5.0, 10.0) | 0 | 0.00 |
| [10.0, 20.0) | 0 | 0.00 |
| [20.0, 30.0) | 0 | 0.00 |
| [30.0, 40.0) | 0 | 0.00 |
| [40.0, 60.0) | 0 | 0.00 |

落叶乔木，高 6-12 m；老枝黑褐色；小枝红褐色或灰褐色，通常无毛；冬芽卵圆形，通常无毛，稀在鳞片边缘有睫毛。叶片椭圆形或长圆椭圆形，稀倒卵椭圆形，长 4-10 cm，宽 2.5-5 cm，先端尾状渐尖或短渐尖，基部圆形、宽楔形，偶有楔形，边缘有贴生锐锯齿，上面深绿色，下面淡绿色，两面无毛；叶柄长 1-1.5 cm，通常无毛，无腺体，有时在叶片基部边缘两侧各有 1 个腺体；托叶膜质，线形，先端渐尖，边有腺齿，早落。总状花序具多花，通常 20-30 朵，长 6-9 cm，基部无叶；花梗长约 2 mm，总花梗和花梗近无毛或被疏短柔毛；花直径 5-7 mm；萼筒钟状，与萼片近等长；萼片三角状卵形，长宽几相等，先端急尖，边有不规则细锯齿，齿尖幼时带腺体，萼筒和萼片外面近无毛或有稀疏短柔毛，内面有稀疏短柔毛；花瓣白色，宽倒卵形，先端啮蚀状，基部楔形，有短爪，着生在萼筒边缘；雄蕊 10 枚，花丝细长，基部扁平，比花瓣长 1/3-1/2，着生在花盘边缘；花盘圆盘形，紫红色；心皮 1 个，子房无毛，花柱比雄蕊短近 1/2，柱头圆盘状或半圆形。核果近球形或卵球形，黑褐色，无毛；果梗无毛；萼片宿存。花期 4-5 月，果期 5-10 月。

恩施州广布，生于山坡林中；分布于甘肃、陕西、河南、安徽、江苏、浙江、江西、广西、湖南、湖北、四川、贵州等省区。

# 细齿稠李 *Padus obtusata* (Koehne) Yü et Ku

## 稠李属 *Padus*　　蔷薇科 Rosaceae

个体数量（Individual number）＝82
最小，平均，最大胸径（Min, Mean, Max DBH）＝1.0 cm, 7.3 cm, 39.2 cm
分布林层（Layer）＝乔木层（Tree layer）
重要值排序（Importance value rank）＝25/77

| 胸径区间 /cm | 个体数量 | 比例 /% |
|---|---|---|
| [1.0, 2.5) | 33 | 40.24 |
| [2.5, 5.0) | 15 | 18.29 |
| [5.0, 10.0) | 11 | 13.42 |
| [10.0, 20.0) | 17 | 20.73 |
| [20.0, 30.0) | 5 | 6.10 |
| [30.0, 40.0) | 1 | 1.22 |
| [40.0, 60.0) | 0 | 0.00 |

　　落叶乔木，高 6-20 m；老枝紫褐色或暗褐色，无毛，有散生浅色皮孔；小枝幼时红褐色，被短柔毛或无毛；冬芽卵圆形，无毛。叶片窄长圆形、椭圆形或倒卵形，长 4.5-11 cm，宽 2-4.5 cm，先端急尖或渐尖，稀圆钝，基部近圆形或宽楔形，稀亚心形，边缘有细密锯齿，上面暗绿色，无毛，下面淡绿色，无毛，中脉和侧脉以及网脉均明显突起；叶柄长 1-2.2 cm，被短柔毛或无毛，通常顶端两侧各具 1 个腺体；托叶膜质，线形，先端渐尖，边有带腺锯齿，早落。总状花序具多花，长 10-15 cm，基部有 2-4 片叶，叶片与枝生叶同形，但明显较小；花梗长 3-7 mm，总花梗和花梗被短柔毛；苞片膜质，早落；萼筒钟状，内外两面被短柔毛，比萼片长 2-3 倍，萼片三角状卵形，

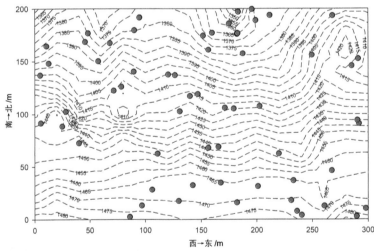

先端急尖，边有细齿，内外两面近无毛；花瓣白色，开展，近圆形或长圆形，顶端 2/3 部分啮蚀状或波状，基部楔形，有短爪；雄蕊多数，花丝长短不等；排成紧密不规则 2 轮，长花丝和花瓣近等长；雌蕊 1 枚，心皮无毛；柱头盘状，花柱比雄蕊稍短。核果卵球形，顶端有短尖头，直径 6-8 mm，黑色，无毛；果梗被短柔毛；萼片脱落。花期 4-5 月，果期 6-10 月。

　　产于鹤峰，生于山谷林中；分布于甘肃、陕西、河南、安徽、浙江、台湾、江西、湖北、湖南、贵州、云南、四川等省。

## 绢毛稠李 *Padus wilsonii* Schneid.

### 稠李属 *Padus* 蔷薇科 Rosaceae

个体数量（Individual number）＝62
最小，平均，最大胸径（Min, Mean, Max DBH）＝1.0 cm, 6.6 cm, 30.4 cm
分布林层（Layer）＝乔木层（Tree layer）
重要值排序（Importance value rank）＝32/77

| 胸径区间 /cm | 个体数量 | 比例 /% |
|---|---|---|
| [1.0, 2.5) | 27 | 43.55 |
| [2.5, 5.0) | 11 | 17.74 |
| [5.0, 10.0) | 12 | 19.36 |
| [10.0, 20.0) | 6 | 9.68 |
| [20.0, 30.0) | 5 | 8.06 |
| [30.0, 40.0) | 1 | 1.61 |
| [40.0, 60.0) | 0 | 00.00 |

落叶乔木，高 10-30 m，树皮灰褐色，有长圆形皮孔；多年生小枝粗壮，紫褐色或黑褐色，有明显密而浅色皮孔，被短柔毛或近于无毛，当年生小枝红褐色，被短柔毛；冬芽卵圆形，无毛或仅鳞片边缘有短柔毛。叶片椭圆形、长圆形或长圆倒卵形，长 6-14 cm，宽 3-8 cm，先端短渐尖或短尾尖，基部圆形、楔形或宽楔形，叶边有疏生圆钝锯齿，有时带尖头，上面深绿色或带紫绿色，中脉和侧脉均下陷，下面淡绿色，幼时密被白色绢状柔毛，随叶片的成长颜色变深，毛被由白色变为棕色，尤其沿主脉和侧脉更为明显，中脉和侧脉明显突起；叶柄长 7-8 mm，无毛或被短柔毛，顶端两侧各有 1 个腺体或在叶片基部边缘各有 1 个腺体；托叶膜质，线形，先端长渐尖，幼时边常具毛，早落。总状花序具有多数花朵，长 7-14 cm，基部有 3-4 片叶，长圆形或长圆披针形，长不超过 8 cm；花梗长 5-8 mm，总花梗和花梗随花成长而增粗，皮孔长大，毛被由白色也逐渐变深；花直径 6-8 mm，萼筒钟状或杯状，比萼片长约 2 倍，萼片三角状卵形，先端急尖，边有细齿，萼筒和萼片外面被绢状短柔毛，内面被疏柔毛，边缘较密；花瓣白色，倒卵状长圆形，先端啮蚀状，基部楔形，有短爪；雄蕊约 20 枚，排成紧密不规则 2 轮，着生在花盘边缘，长花丝比花瓣稍长，短花丝则比花瓣短很多；雌蕊 1 枚，心皮无毛，柱头盘状，花柱比长雄蕊短。核果球形或卵球形，直径 8-11 mm，顶端有短尖头，无毛，幼果红褐色，老时黑紫色；果梗明显增粗，被短柔毛，皮孔显著变大，色淡，长圆形；萼片脱落；核平滑。花期 4-5 月，果期 6-10 月。

恩施州广布，生于山坡林中；分布于陕西、湖北、湖南、江西、安徽、浙江、广东、广西、贵州、四川、云南和西藏等省区。

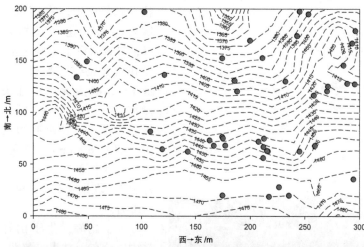

# 刺叶桂樱 *Laurocerasus spinulosa* (Sieb. et Zucc.) Schneid.

## 桂樱属 *Laurocerasus*　　　蔷薇科 Rosaceae

个体数量（Individual number）=12
最小，平均，最大胸径（Min, Mean, Max DBH）=1.3 cm, 2.1 cm, 3.7 cm
分布林层（Layer）=灌木层（Shrub layer）
重要值排序（Importance value rank）=50/123

| 胸径区间 /cm | 个体数量 | 比例 /% |
|---|---|---|
| [1.0, 2.0) | 6 | 50.00 |
| [2.0, 3.0) | 5 | 41.67 |
| [3.0, 4.0) | 1 | 8.33 |
| [4.0, 5.0) | 0 | 0.00 |
| [5.0, 7.0) | 0 | 0.00 |
| [7.0, 10.0) | 0 | 0.00 |
| [10.0, 15.0) | 0 | 0.00 |

　　常绿乔木，高可达 20 m，稀为灌木；小枝紫褐色或黑褐色，具明显皮孔，无毛或幼嫩时微被柔毛，老时脱落。叶片草质至薄革质，长圆形或倒卵状长圆形，长 5-10 cm，宽 2-4.5 cm，先端渐尖至尾尖，基部宽楔形至近圆形，一侧常偏斜，边缘不平而常呈波状，中部以上或近顶端常具少数针状锐锯齿，两面无毛，上面亮绿色，下面色较浅，近基部沿叶缘或在叶边常具 1 或 2 对基腺，侧脉稍明显，约 8-14 对；叶柄长 5-15 mm，无毛；托叶早落。总状花序生于叶腋，单生，具花 10-20 余朵，长 5-10 cm，被细短柔毛；花梗长 1-4 mm；苞片长 2-3 mm，早落，花序下部的苞片常无花；花直径 3-5 mm；花萼外面无毛或微被细短柔毛；萼筒钟形或杯形；萼片卵状三角形，先端圆钝，长 1-2 mm；花瓣圆形，直径 2-3 mm，白色，无毛；雄蕊约 25-35 枚，长 4-5 mm；子房无毛，花柱稍短或几与雄蕊等长，有时雌蕊败育。果实椭圆形，长 8-11 mm，宽 6-8 mm，褐色至黑褐色，无毛；核壁较薄，表面光滑。花期 9-10 月，果期 11 月至翌年 3 月。

　　恩施州广布，生于山坡林中；分布于江西、湖北、湖南、安徽、江苏、浙江、福建、广东、广西、四川、贵州。

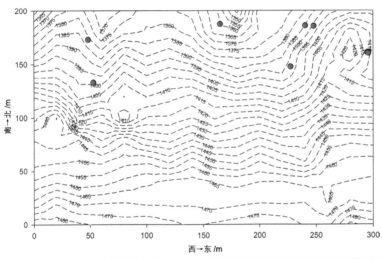

# 葛 *Pueraria montana* (Loureiro) Merrill

## 葛属 *Pueraria*　　豆科 Fabaceae

个体数量（Individual number）=423
最小，平均，最大胸径（Min, Mean, Max DBH）=1.0 cm，3.2 cm，13.8 cm
分布林层（Layer）=灌木层（Shrub layer）
重要值排序（Importance value rank）=12/123

| 胸径区间<br>/cm | 个体<br>数量 | 比例<br>/% |
|---|---|---|
| [1.0, 2.0) | 110 | 26.00 |
| [2.0, 3.0) | 117 | 27.66 |
| [3.0, 4.0) | 90 | 21.28 |
| [4.0, 5.0) | 46 | 10.87 |
| [5.0, 7.0) | 43 | 10.17 |
| [7.0, 10.0) | 14 | 3.31 |
| [10.0, 15.0) | 3 | 0.71 |

粗壮藤本，长可达 8 m，全体被黄色长硬毛，茎基部木质，有粗厚的块状根。羽状复叶具 3 片小叶；托叶背着，卵状长圆形，具线条；小托叶线状披针形，与小叶柄等长或较长；小叶三裂，偶尔全缘，顶生小叶宽卵形或斜卵形，长 7-15 cm，宽 5-12 cm，先端长渐尖，侧生小叶斜卵形，稍小，上面被淡黄色、平伏的疏柔毛。下面较密；小叶柄被黄褐色绒毛。总状花序长 15-30 cm，中部以上有颇密集的花；苞片线状披针形至线形，远比小苞片长，早落；小苞片卵形，长不及 2 mm；花 2-3 朵聚生于花序轴的节上；花萼钟形，长 8-10 mm，被黄褐色柔毛，裂片披针形，渐尖，比萼管略长；花冠长 10-12 mm，紫色，旗瓣倒卵形，基部有 2 耳及一黄色硬痂状附属体，具短瓣柄，翼瓣镰状，较龙骨瓣为狭，基部有线形、向下的耳，龙骨瓣镰状长圆形，基部有极小、急尖的耳；对旗瓣的 1 枚雄蕊仅上部离生；子房线形，被毛。荚果长椭圆形，长 5-9 cm，宽 8-11 mm，扁平，被褐色长硬毛。花期 9-10 月，果期 11-12 月。

恩施州广布，生于山坡草丛中；我国南北各地均有分布。

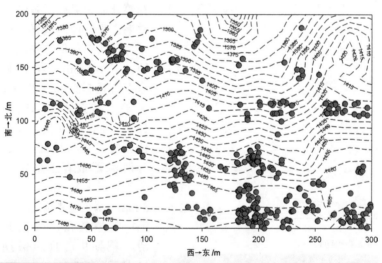

# 异果鸡血藤 *Callerya dielsiana* var. *heterocarpa* (Chun ex T. C. Chen) X. Y. Zhu ex Z. Wei & Pedley

## 鸡血藤属 *Callerya* 豆科 Fabaceae

个体数量（Individual number）=144
最小，平均，最大胸径（Min, Mean, Max DBH）=1.0 cm, 1.7 cm, 4.3 cm
分布林层（Layer）=灌木层（Shrub layer）
重要值排序（Importance value rank）=25/123

| 胸径区间 /cm | 个体数量 | 比例 /% |
|---|---|---|
| [1.0, 2.0) | 115 | 79.86 |
| [2.0, 3.0) | 21 | 14.59 |
| [3.0, 4.0) | 5 | 3.47 |
| [4.0, 5.0) | 3 | 2.08 |
| [5.0, 7.0) | 0 | 0.00 |
| [7.0, 10.0) | 0 | 0.00 |
| [10.0, 15.0) | 0 | 0.00 |

　　攀援灌木，长 2-5 m。茎皮灰褐色，剥裂，枝无毛或被微毛。羽状复叶长 15-30 cm；叶柄长 5-12 cm，叶轴被稀疏柔毛，后秃净，上面有沟；托叶线形，长 3 mm；小叶 2 对，间隔 3-5 cm，纸质，披针形，长圆形至狭长圆形，较原变种（香花崖豆藤 *Callerya dielsiana*）宽大，先端急尖至渐尖，偶钝圆，基部钝圆，偶近心形，上面有光泽，几无毛，下面被平伏柔毛或无毛，侧脉 6-9 对，近边缘环结，中脉在上面微凹，下面甚隆起，细脉网状，两面均显著；小叶柄长 2-3 mm；小托叶锥刺状，长 3-5 mm。圆锥花序顶生，宽大，长达 40 cm，生花枝伸展，长 6-15 cm，较短时近直生，较长时成扇状开展并下垂，花序轴多少被黄褐色柔毛；花单生，近接；苞片线形，锥尖，略短于花梗，宿存，小苞片线形，贴萼生，早落，花长 1.2-2.4 cm；花梗长约 5 mm；花萼阔钟状，长 3-5 mm，宽 4-6 mm，与花梗同被细柔毛，萼齿短于萼筒，上方 2 齿几全合生，其余为卵形至三角状披针形，下方 1 齿最长；花冠紫红色，旗瓣阔卵形至倒阔卵形，密被锈色或银色绢毛，基部稍呈心形，具短瓣柄，无胼胝体，翼瓣甚短，约为旗瓣的 1/2，锐尖头，下侧有耳，龙骨瓣镰形；雄蕊二体，对旗瓣的 1 枚离生；花盘浅皿状；子房线形，密被绒毛，花柱长于子房，旋曲，柱头下指，胚珠 8-9 粒。荚果线形至长圆形，长 7-12 cm，宽 1.5-2 cm，扁平，密被灰色绒毛，果瓣薄革质，近木质，瓣裂，有种子 3-5 粒；种子近圆形。花期 5-9 月，果期 6-11 月。

　　产于鹤峰，生于山坡灌丛中；分布于湖北、江西、福建、广东、广西、贵州等省区。

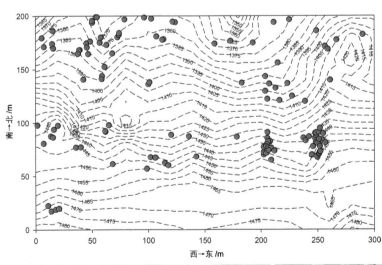

# 大金刚藤 *Dalbergia dyeriana* Prain ex Harms

## 黄檀属 *Dalbergia*　　豆科 Fabaceae

个体数量（Individual number）＝466
最小，平均，最大胸径（Min, Mean, Max DBH）＝1.0 cm, 3.1 cm, 10.4 cm
分布林层（Layer）＝灌木层（Shrub layer）
重要值排序（Importance value rank）＝11/123

| 胸径区间 /cm | 个体数量 | 比例 /% |
|---|---|---|
| [1.0, 2.0) | 91 | 19.53 |
| [2.0, 3.0) | 155 | 33.26 |
| [3.0, 4.0) | 112 | 24.03 |
| [4.0, 5.0) | 67 | 14.38 |
| [5.0, 7.0) | 32 | 6.87 |
| [7.0, 10.0) | 7 | 1.50 |
| [10.0, 15.0) | 2 | 0.43 |

　　木质藤本。小枝纤细，无毛。羽状复叶长 7-13 cm；小叶 3-7 对，薄革质，倒卵状长圆形或长圆形，长 2.5-4 cm，宽 1-2 cm，基部楔形，有时阔楔形，先端圆或钝，有时稍凹缺，上面无毛，有光泽，下面疏被紧贴柔毛，细脉纤细而密，两面明显隆起；小叶柄长 2-2.5 mm。圆锥花序腋生，长 3-5 cm，径约 3 cm；总花梗、分枝与花梗均略被短柔毛，花梗长 1.5-3 mm；基生小苞片与副萼状小苞片长圆形或披针形，脱落；花萼钟状，略被短柔毛，渐变无毛，萼齿三角形，先端钝，上面 2 枚较阔，下方 1 枚最长，先端近急尖；花冠黄白色，各瓣均具稍长的瓣柄，旗瓣长圆形，先端微缺，翼瓣倒卵状长圆形，无耳，龙骨瓣狭长圆形，内侧有短耳；雄蕊 9 枚，单体，花丝上部 1/4 离生；子房具短柄，被短柔毛或近无毛，有胚珠 1-3 粒，花柱短，无毛，柱头小，尖状。荚果长圆形或带状，扁平，长 5-6 cm，宽 1.2-2 cm，顶端圆、钝或急尖，有细尖头，基部楔形，具果颈，果瓣薄革质，干时淡褐色，接触种子的部分有细而清晰网纹，有种子 1-2 粒；种子长圆状肾形，长约 1 cm，宽 约 5 mm。花期 5 月，果期 8-10 月。

　　恩施州广布，生于山坡林中；分布于陕西、甘肃、浙江、湖北、湖南、四川、云南。

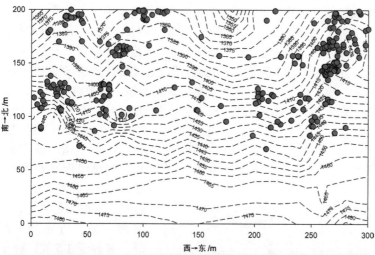

# 合欢 *Albizia julibrissin* Durazz.

## 合欢属 *Albizia* 豆科 Fabaceae

个体数量（Individual number）=14
最小，平均，最大胸径（Min, Mean, Max DBH）=1.3 cm, 11.3 cm, 22.2 cm
分布林层（Layer）=乔木层（Tree layer）
重要值排序（Importance value rank）=48/77

| 胸径区间 /cm | 个体数量 | 比例 /% |
|---|---|---|
| [1.0, 2.5) | 3 | 21.43 |
| [2.5, 5.0) | 0 | 0.00 |
| [5.0, 10.0) | 2 | 14.29 |
| [10.0, 20.0) | 8 | 57.14 |
| [20.0, 30.0) | 1 | 7.14 |
| [30.0, 40.0) | 0 | 0.00 |
| [40.0, 60.0) | 0 | 0.00 |

　　落叶乔木，高可达16 m，树冠开展；小枝有棱角，嫩枝、花序和叶轴被绒毛或短柔毛。托叶线状披针形，较小叶小，早落。二回羽状复叶，总叶柄近基部及最顶一对羽片着生处各有1个腺体；羽片4-12对，栽培的有时达20对；小叶10-30对，线形至长圆形，长6-12 mm，宽1-4 mm，向上偏斜，先端有小尖头，有缘毛，有时在下面或仅中脉上有短柔毛；中脉紧靠上边缘。头状花序于枝顶排成圆锥花序；花粉红色；花萼管状，长3 mm；花冠长8 mm，裂片三角形，长1.5 mm，花萼、花冠外均被短柔毛；花丝长2.5 cm。荚果带状，长9-15 cm，宽1.5-2.5 cm，嫩荚有柔毛，老荚无毛。花期6-7月，果期8-10月。

　　恩施州广布，生于山坡林中；广布于我国各省区。

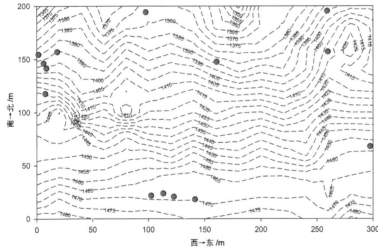

# 山槐 *Albizia kalkora* (Roxb.) Prain

## 合欢属 *Albizia*　　豆科 Fabaceae

个体数量（Individual number）＝42
最小，平均，最大胸径（Min, Mean, Max DBH）＝1.2 cm, 12.5 cm, 27.3 cm
分布林层（Layer）＝乔木层（Tree layer）
重要值排序（Importance value rank）＝44/77

| 胸径区间<br>/cm | 个体<br>数量 | 比例<br>/% |
|---|---|---|
| [1.0, 2.5) | 3 | 7.14 |
| [2.5, 5.0) | 4 | 9.52 |
| [5.0, 10.0) | 6 | 14.29 |
| [10.0, 20.0) | 26 | 61.91 |
| [20.0, 30.0) | 3 | 7.14 |
| [30.0, 40.0) | 0 | 0.00 |
| [40.0, 60.0) | 0 | 0.00 |

俗名山合欢，落叶小乔木或灌木，通常高 3-8 m；枝条暗褐色，被短柔毛，有显著皮孔。二回羽状复叶；羽片 2-4 对；小叶 5-14 对，长圆形或长圆状卵形，长 1.8-4.5 cm，宽 7-20 mm，先端圆钝而有细尖头，基部不等侧，两面均被短柔毛，中脉稍偏于上侧。头状花序 2-7 个生于叶腋，或于枝顶排成圆锥花序；花初白色，后变黄，具明显的小花梗；花萼管状，长 2-3 mm，5 齿裂；花冠长 6-8 mm，中部以下连合呈管状，裂片披针形，花萼、花冠均密被长柔毛；雄蕊长 2.5-3.5 cm，基部连合呈管状。荚果带状，长 7-17 cm，宽 1.5-3 cm，深棕色，嫩荚密被短柔毛，老时无毛；种子 4-12 粒，倒卵形。花期 5-6 月，果期 8-10 月。

恩施州广布，生于山坡林中；我国各省区均有分布。

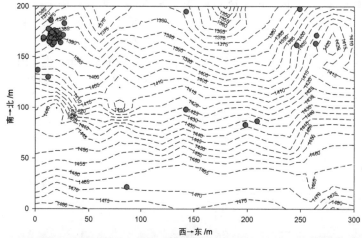

# 楝叶吴萸 *Tetradium glabrifolium* (Champion ex Bentham) T. G. Hartley

## 吴茱萸属 *Tetradium* 芸香科 Rutaceae

个体数量（Individual number）=3
最小，平均，最大胸径（Min，Mean，Max DBH）=1.0 cm，8.1 cm，11.8 cm
分布林层（Layer）=亚乔木层（Subtree layer）
重要值排序（Importance value rank）=41/45

| 胸径区间 /cm | 个体数量 | 比例 /% |
|---|---|---|
| [1.0, 2.5) | 1 | 33.33 |
| [2.5, 5.0) | 0 | 0.00 |
| [5.0, 8.0) | 0 | 0.00 |
| [8.0, 11.0) | 0 | 0.00 |
| [11.0, 15.0) | 2 | 66.67 |
| [15.0, 20.0) | 0 | 0.00 |
| [20.0, 30.0) | 0 | 0.00 |

树高达 20 m。树皮灰白色，不开裂，密生圆或扁圆形、略凸起的皮孔。叶有小叶 7-11 片，小叶斜卵状披针形，通常长 6-10 cm，宽 2.5-4 cm，两侧明显不对称，油点不显或甚稀少且细小，叶背灰绿色，干后略呈苍灰色，叶缘有细钝齿或全缘，无毛；小叶柄长 1-1.5 cm。花序顶生，花甚多；萼片及花瓣常 5 片；花瓣白色，长约 3 mm；雄花的退化雌蕊短棒状，顶部 5-4 浅裂，花丝中部以下被长柔毛；雌花的退化雄蕊鳞片状或仅具痕迹。分果瓣淡紫红色，干后暗灰带紫色，油点疏少但较明显，外果皮的两侧面被短伏毛，内果皮肉质，白色，干后暗蜡黄色，壳质，每分果瓣径约 5 mm，有成熟种子 1 粒；种子长约 4 mm，宽约 3.5 mm，褐黑色。花期 7-9 月，果期 10-12 月。

恩施州广布，生于山谷林中；分布于台湾、福建、广东、海南、广西、云南、湖北。

# 硖壳花椒 *Zanthoxylum dissitum* Hemsl.

## 花椒属 *Zanthoxylum*　　芸香科 Rutaceae

个体数量（Individual number）=4
最小，平均，最大胸径（Min, Mean, Max DBH）=1.1 cm, 1.2 cm, 1.3 cm
分布林层（Layer）=灌木层（Shrub layer）
重要值排序（Importance value rank）=73/123

| 胸径区间 /cm | 个体数量 | 比例 /% |
|---|---|---|
| [1.0, 2.0) | 4 | 100.00 |
| [2.0, 3.0) | 0 | 0.00 |
| [3.0, 4.0) | 0 | 0.00 |
| [4.0, 5.0) | 0 | 0.00 |
| [5.0, 7.0) | 0 | 0.00 |
| [7.0, 10.0) | 0 | 0.00 |
| [10.0, 15.0) | 0 | 0.00 |

攀援藤本；老茎的皮灰白色，枝干上的刺多劲直，叶轴及小叶中脉上的刺向下弯钩，刺褐红色。叶有小叶 5-9 片；小叶互生或近对生，形状多样，长达 20 cm，宽 1-8 cm，全缘或叶边缘有裂齿，两侧对称，稀一侧稍偏斜，顶部渐尖至长尾状，厚纸质或近革质，无毛，中脉在叶面凹陷，油点甚小；小叶柄长 3-10 mm。花序腋生，通常长不超过 10 cm，花序轴有短细毛；萼片及花瓣均 4 片，油点不显；萼片紫绿色，宽卵形，长不及 1 mm；花瓣淡黄绿色，宽卵形，长 4-5 mm；雄花的花梗长 1-3 mm；雄蕊 4 枚，花丝长 5-6 mm；退化雌蕊顶端 4 浅裂；雌花无退化雄蕊。果密集于果序上，果梗短；果棕色，外果皮比内果皮宽大，外果皮平滑，边缘较薄，干后显出弧形环圈，长 10-15 mm；种子径 8-10 mm。花期 4-5 月，果期 9-10 月。

恩施州广布，生于山坡灌丛中；分布于陕西及甘肃二省南部，东界止于长江三峡地区，南界止于五岭北坡。

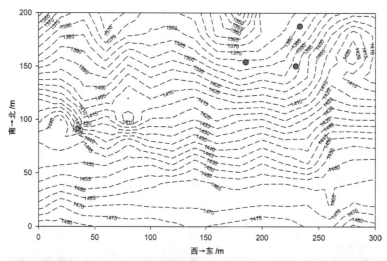

# 茵芋 *Skimmia reevesiana* Fort.

## 茵芋属 *Skimmia*　　芸香科 Rutaceae

个体数量（Individual number）＝8
最小，平均，最大胸径（Min, Mean, Max DBH）＝1.1 cm, 3.2 cm, 4.8 cm
分布林层（Layer）＝灌木层（Shrub layer）
重要值排序（Importance value rank）＝75/123

| 胸径区间 /cm | 个体数量 | 比例 /% |
|---|---|---|
| [1.0, 2.0) | 2 | 25.00 |
| [2.0, 3.0) | 0 | 0.00 |
| [3.0, 4.0) | 4 | 50.00 |
| [4.0, 5.0) | 2 | 25.00 |
| [5.0, 7.0) | 0 | 0.00 |
| [7.0, 10.0) | 0 | 0.00 |
| [10.0, 15.0) | 0 | 0.00 |

　　灌木，高 1-2 m。小枝常中空，皮淡灰绿色，光滑，干后常有浅纵皱纹。叶有柑橘叶的香气，革质，集生于枝上部，叶片椭圆形、披针形、卵形或倒披针形，顶部短尖或钝，基部阔楔形，长 5-12 cm，宽 1.5-4 cm，叶面中脉稍凸起，干后较显著，有细毛；叶柄长 5-10 mm。花序轴及花梗均被短细毛，花芳香，淡黄白色，顶生圆锥花序，花密集，花梗甚短；萼片及花瓣均 5 片，很少 4 片或 3 片；萼片半圆形，长 1-1.5 mm，边缘被短毛；花瓣黄白色，长 3-5 mm，花蕾时各瓣大小稍不相等；雄蕊与花瓣同数而等长或较长，花柱初时甚短，花盛开时伸长，柱头增大；雄花的退化雄蕊棒状，子房近球形，花柱圆柱状，柱头头状；雄花的退化雌蕊扁球形，顶部短尖，不裂或 2-4 浅裂。果圆或椭圆形或倒卵形，长 8-15 mm，红色，有种子 2-4 粒；种子扁卵形，长 5-9 mm，宽 4-6 mm，厚 2-3 mm，顶部尖，基部圆，有极细小的窝点。花期 3-5 月，果期 9-11 月。

　　恩施州广布，生于山坡林下或山谷林下；广泛分布于我国北纬约 30°以南各地。

# 臭椿 *Ailanthus altissima* (Mill.) Swingle

## 臭椿属 *Ailanthus*　　苦木科 Simaroubaceae

个体数量（Individual number）＝13
最小，平均，最大胸径（Min, Mean, Max DBH）＝4.8 cm, 14.7 cm, 25.0 cm
分布林层（Layer）＝乔木层（Tree layer）
重要值排序（Importance value rank）＝58/77

| 胸径区间/cm | 个体数量 | 比例/% |
|---|---|---|
| [1.0, 2.5) | 0 | 0.00 |
| [2.5, 5.0) | 1 | 7.69 |
| [5.0, 10.0) | 2 | 15.38 |
| [10.0, 20.0) | 7 | 53.85 |
| [20.0, 30.0) | 3 | 23.08 |
| [30.0, 40.0) | 0 | 0.00 |
| [40.0, 60.0) | 0 | 0.00 |

　　落叶乔木，高可达 20 余米，树皮平滑而有直纹；嫩枝有髓，幼时被黄色或黄褐色柔毛，后脱落。叶为奇数羽状复叶，长 40-60 cm，叶柄长 7-13 cm，有小叶 13-27 片；小叶对生或近对生，纸质，卵状披针形，长 7-13 cm，宽 2.5-4 cm，先端长渐尖，基部偏斜，截形或稍圆，两侧各具 1 或 2 个粗锯齿，齿背有腺体 1 个，叶面深绿色，背面灰绿色，揉碎后具臭味。圆锥花序长 10-30 cm；花淡绿色，花梗长 1-2.5 mm；萼片 5 片，覆瓦状排列，裂片长 0.5-1 mm；花瓣 5 片，长 2-2.5 mm，基部两侧被硬粗毛；雄蕊 10 枚，花丝基部密被硬粗毛，雄花中的花丝长于花瓣，雌花中的花丝短于花瓣；花药长圆形，长约 1 mm；心皮 5 个，花柱黏合，柱头 5 裂。翅果长椭圆形，长 3-4.5 cm，宽 1-1.2 cm；种子位于翅的中间，扁圆形。花期 4-5 月，果期 8-10 月。

　　产于宣恩，生于山坡林中；中国除黑龙江、吉林、新疆、青海、宁夏、甘肃和海南外，各地均有分布。

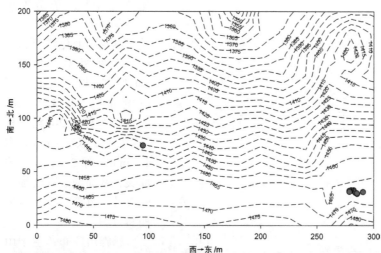

# 苦树 *Picrasma quassioides* (D. Don) Benn.

## 苦树属 *Picrasma*　　苦木科 Simaroubaceae

个体数量（Individual number）= 16
最小，平均，最大胸径（Min, Mean, Max DBH）= 1.2 cm, 5.4 cm, 23.4 cm
分布林层（Layer）= 乔木层（Tree layer）
重要值排序（Importance value rank）= 51/77

| 胸径区间<br>/cm | 个体<br>数量 | 比例<br>/% |
|---|---|---|
| [1.0，2.5) | 7 | 43.75 |
| [2.5，5.0) | 5 | 31.25 |
| [5.0，10.0) | 1 | 6.25 |
| [10.0，20.0) | 2 | 12.50 |
| [20.0，30.0) | 1 | 6.25 |
| [30.0，40.0) | 0 | 0.00 |
| [40.0，60.0) | 0 | 0.00 |

　　落叶乔木，高达 10 余米；树皮紫褐色，平滑，有灰色斑纹，全株有苦味。叶互生，奇数羽状复叶，长 15-30 cm；小叶 9-15 片，卵状披针形或广卵形，边缘具不整齐的粗锯齿，先端渐尖，基部楔形，除顶生叶外，其余小叶基部均不对称，叶面无毛，背面仅幼时沿中脉和侧脉有柔毛，后变无毛；落叶后留有明显的半圆形或圆形叶痕；托叶披针形，早落。花雌雄异株，组成腋生复聚伞花序，花序轴密被黄褐色微柔毛；萼片小，通常 5 片，偶 4 片，卵形或长卵形，外面被黄褐色微柔毛，覆瓦状排列；花瓣与萼片同数，卵形或阔卵形，两面中脉附近有微柔毛；雄花中雄蕊长为花瓣的 2 倍，与萼片对生，雌花中雄蕊短于花瓣；花盘 4-5 裂；心皮 2-5 个，分离，每个心皮有 1 个胚珠。核果成熟后蓝绿色，长 6-8 mm，宽 5-7 mm，种皮薄，萼宿存。花期 4-5 月，果期 6-9 月。

　　恩施州广布，生于山坡林中；分布于黄河流域及其以南各省区。

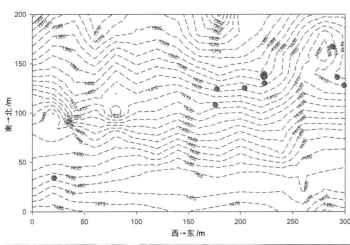

# 红椿 *Toona ciliata* Roem.
## 香椿属 *Toona* 楝科 Meliaceae

个体数量（Individual number）=4
最小，平均，最大胸径（Min, Mean, Max DBH）=1.0 cm, 14.0 cm, 31.0 cm
分布林层（Layer）=乔木层（Tree layer）
重要值排序（Importance value rank）=70/77

| 胸径区间 /cm | 个体数量 | 比例 /% |
|---|---|---|
| [1.0, 2.5) | 2 | 50.00 |
| [2.5, 5.0) | 0 | 0.00 |
| [5.0, 10.0) | 0 | 0.00 |
| [10.0, 20.0) | 0 | 0.00 |
| [20.0, 30.0) | 1 | 25.00 |
| [30.0, 40.0) | 1 | 25.00 |
| [40.0, 60.0) | 0 | 0.00 |

大乔木，高可达 20 余米；小枝初时被柔毛，渐变无毛，有稀疏的苍白色皮孔。叶为偶数或奇数羽状复叶，长 25-40 cm，通常有小叶 7-8 对；叶柄长约为叶长的 1/4，圆柱形；小叶对生或近对生，纸质，长圆状卵形或披针形，长 8-15 cm，宽 2.5-6 cm，先端尾状渐尖，基部一侧圆形，另一侧楔形，不等边，边全缘，两面均无毛或仅于背面脉腋内有毛，侧脉每边 12-18 条，背面凸起；小叶柄长 5-13 mm。圆锥花序顶生，约与叶等长或稍短，被短硬毛或近无毛；花长约 5 mm，具短花梗，长 1-2 mm；花萼短，5 裂，裂片钝，被微柔毛及睫毛；花瓣 5 片，白色，长圆形，长 4-5 mm，先端钝或具短尖，无毛或被微柔毛，边缘具睫毛；雄蕊 5 枚，约与花瓣等长，花丝被疏柔毛，花药椭圆形；花盘与子房等长，被粗毛；子房密被长硬毛，每室有胚珠 8-10

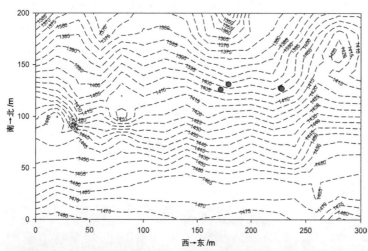

个，花柱无毛，柱头盘状，有 5 条细纹。蒴果长椭圆形，木质，干后紫褐色，有苍白色皮孔，长 2-3.5 cm；种子两端具翅，翅扁平，膜质。花期 4-6 月，果期 10-12 月。

恩施州广布，生于山坡林中；分布于湖北、福建、广东、广西、四川、云南等省区。

# 香椿 *Toona sinensis* (A. Juss.) Roem.

## 香椿属 *Toona*    棟科 Meliaceae

个体数量（Individual number）=377
最小，平均，最大胸径（Min, Mean, Max DBH）=1.0 cm, 5.2 cm, 29.5 cm
分布林层（Layer）=乔木层（Tree layer）
重要值排序（Importance value rank）=23/77

| 胸径区间/cm | 个体数量 | 比例/% |
|---|---|---|
| [1.0, 2.5) | 123 | 32.63 |
| [2.5, 5.0) | 115 | 30.50 |
| [5.0, 10.0) | 96 | 25.46 |
| [10.0, 20.0) | 34 | 9.02 |
| [20.0, 30.0) | 9 | 2.39 |
| [30.0, 40.0) | 0 | 0.00 |
| [40.0, 60.0) | 0 | 0.00 |

乔木；树皮粗糙，深褐色，片状脱落。叶具长柄，偶数羽状复叶，长 30-50 cm 或更长；小叶 16-20 片，对生或互生，纸质，卵状披针形或卵状长椭圆形，长 9-15 cm，宽 2.5-4 cm，先端尾尖，基部一侧圆形，另一侧楔形，不对称，边全缘或有疏离的小锯齿，两面均无毛，无斑点，背面常呈粉绿色，侧脉每边 18-24 条，平展，与中脉几成直角开出，背面略凸起；小叶柄长 5-10 mm。圆锥花序与叶等长或更长，被稀疏的锈色短柔毛或有时近无毛，小聚伞花序生于短的小枝上，多花；花长 4-5 mm，具短花梗；花萼 5 齿裂或浅波状，外面被柔毛，且有睫毛；花瓣 5 片，白色，长圆形，先端钝，长 4-5 mm，宽 2-3 mm，无毛；雄蕊 10 枚，其中 5 枚能育，5 枚退化；花盘无毛，近念珠状；子房圆锥形，有 5 条细沟纹，无毛，每室有胚珠 8 颗，花柱比子房长，柱头盘状。蒴果狭椭圆形，长 2-3.5 cm，深褐色，有小而苍白色的皮孔，果瓣薄；种子基部通常钝，上端有膜质的长翅，下端无翅。花期 6-8 月，果期 10-12 月。

恩施州广布，生于山地林中；分布于华北、华东、中部、南部和西南部各省区。

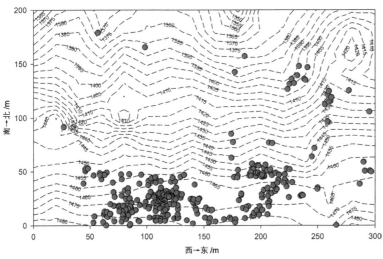

## 荷包山桂花 *Polygala arillata* Buch.-Ham. ex D. Don

### 远志属 *Polygala* 远志科 Polygalaceae

个体数量（Individual number）＝8
最小，平均，最大胸径（Min, Mean, Max DBH）＝1.0 cm, 1.7 cm, 4.5 cm
分布林层（Layer）＝灌木层（Shrub layer）
重要值排序（Importance value rank）＝67/123

| 胸径区间<br>/cm | 个体<br>数量 | 比例<br>/% |
|---|---|---|
| [1.0, 2.5) | 7 | 87.50 |
| [2.5, 5.0) | 1 | 12.50 |
| [5.0, 8.0) | 0 | 0.00 |
| [8.0, 11.0) | 0 | 0.00 |
| [11.0, 15.0) | 0 | 0.00 |
| [15.0, 20.0) | 0 | 0.00 |
| [20.0, 30.0) | 0 | 0.00 |

　　灌木或小乔木，高 1-5 m；小枝密被短柔毛，具纵棱；芽密被黄褐色毡毛。单叶互生，叶片纸质，椭圆形、长圆状椭圆形至长圆状披针形，长 6.5-14 cm，宽 2-2.5 cm，先端渐尖，基部楔形或钝圆，全缘，具缘毛，叶面绿色，背面淡绿色，两面均疏被短柔毛，沿脉较密，后渐无毛，主脉上面微凹，背面隆起，侧脉 5-6 对，于边缘附近网结，细脉网状，明显；叶柄长约 1 cm，被短柔毛。总状花序与叶对生，下垂，密被短柔毛，长 7-10 cm，果时长达 25-30 cm；花长 13-20 mm，花梗长约 3 mm，披短柔毛，基部具三角状渐尖的苞片 1 枚；萼片 5，具缘毛，花后脱落，外面 3 枚小，不等大，上面 1 枚深兜状，长 8-9 mm，侧生 2 枚卵形，长约 5 mm，宽约 3 mm，先端圆形，内萼片 2 枚，花瓣状，红紫色，长圆状倒卵形，长 15-18 mm，与花瓣几成直角着生；花瓣 3 片，肥厚，黄色，侧生花瓣长 11-15 mm，较龙骨瓣短，2/3 以下与龙骨瓣合生，基部外侧耳状，龙骨瓣盔状，具丰富条裂的鸡冠状附属物；雄蕊 8 枚，花丝长约 14 mm，2/3 以下连合成鞘，并与花瓣贴生，花药卵形，顶孔开裂；子房圆形，压扁，径约 3 mm，具狭翅及缘毛，基部具肉质花盘，花柱长 8-12 mm，向顶端弯曲，先端呈喇叭状 2 裂，柱头生于下裂片内。蒴果阔肾形至略心形，浆果状，长约 10 mm，宽 13 mm，成熟时紫红色，先端微缺，具短尖头，边缘具狭翅及缘毛，果片具同心圆状肋。种子球形，棕红色，径约 4 mm，极疏被白色短柔毛，种脐端平截，圆形微突起，亮黑色。花期 5-10 月，果期 6-11 月。

　　恩施州广布，生于山坡林下；分布于陕西、安徽、江西、福建、湖北、广西、四川、贵州、云南、西藏等省区。

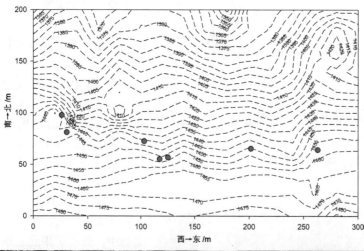

# 算盘子 *Glochidion puberum* (L.) Hutch.

## 算盘子属 *Glochidion*　　大戟科 Euphorbiaceae

个体数量（Individual number）＝3
最小，平均，最大胸径（Min, Mean, Max DBH）＝7.5 cm, 9.6 cm, 11.1 cm
分布林层（Layer）＝灌木层（Shrub layer）
重要值排序（Importance value rank）＝80/123

| 胸径区间<br>/cm | 个体<br>数量 | 比例<br>/% |
|---|---|---|
| [1.0, 2.0) | 0 | 0.00 |
| [2.0, 3.0) | 0 | 0.00 |
| [3.0, 4.0) | 0 | 0.00 |
| [4.0, 5.0) | 0 | 0.00 |
| [5.0, 7.0) | 0 | 0.00 |
| [7.0, 10.0) | 1 | 33.33 |
| [10.0, 15.0) | 2 | 66.67 |

　　直立灌木，高 1-5 m，多分枝；小枝灰褐色；小枝、叶片下面、萼片外面、子房和果实均密被短柔毛。叶片纸质或近革质，长圆形、长卵形或倒卵状长圆形，稀披针形，长 3-8 cm，宽 1-2.5 cm，顶端钝、急尖、短渐尖或圆，基部楔形至钝，上面灰绿色，仅中脉被疏短柔毛或几无毛，下面粉绿色；侧脉每边 5-7 条，下面凸起，网脉明显；叶柄长 1-3 mm；托叶三角形，长约 1 mm。花小，雌雄同株或异株，2-5 朵簇生于叶腋内，雄花束常着生于小枝下部，雌花束则在上部，或有时雌花和雄花同生于一叶腋内；雄花花梗长 4-15 mm；萼片 6 片，狭长圆形或长圆状倒卵形，长 2.5-3.5 mm；雄蕊 3 枚，合生呈圆柱状；雌花花梗长约 1 mm；萼片 6 片，与雄花的相似，但较短而厚；子房圆球状，5-10 室，每室有 2 颗胚珠，花柱合生呈环状，长宽与子房几相等，与子房接连处缢缩。蒴果扁球状，直径 8-15 mm，边缘有 8-10 条纵沟，成熟时带红色，顶端具有环状而稍伸长的宿存花柱种子近肾形，具 3 棱，长约 4 mm。花期 4-8 月，果期 7-11 月。

　　恩施州广布，生于山坡灌木丛中；分布于陕西、甘肃、江苏、安徽、浙江、江西、福建、台湾、河南、湖北、湖南、广东、海南、广西、四川、贵州、云南和西藏等省区。

# 毛桐 *Mallotus barbatus* (Wall.) Muell. Arg.

## 野桐属 *Mallotus*    大戟科 Euphorbiaceae

个体数量（Individual number）=72
最小，平均，最大胸径（Min, Mean, Max DBH）=1.0 cm, 7.0 cm, 23.4 cm
分布林层（Layer）=亚乔木层（Subtree layer）
重要值排序（Importance value rank）=19/45

| 胸径区间 /cm | 个体数量 | 比例 /% |
|---|---|---|
| [1.0, 2.5) | 13 | 18.06 |
| [2.5, 5.0) | 25 | 34.72 |
| [5.0, 8.0) | 7 | 9.72 |
| [8.0, 11.0) | 10 | 13.89 |
| [11.0, 15.0) | 10 | 13.89 |
| [15.0, 20.0) | 6 | 8.33 |
| [20.0, 30.0) | 1 | 1.39 |

　　小乔木，高 3-4 m；嫩枝、叶柄和花序均被黄棕色星状长绒毛。叶互生、纸质，卵状三角形或卵状菱形，长 13-35 cm，宽 12-28 cm，顶端渐尖，基部圆形或截形，边缘具锯齿或波状，上部有时具 2 裂片或粗齿，上面除叶脉外无毛，下面密被黄棕色星状长绒毛，散生黄色颗粒状腺体；掌状脉 5-7 条，侧脉 4-6 对，近叶柄着生处有时具黑色斑状腺体数个；叶柄离叶基部 0.5-5 cm 处盾状着生，长 5-22 cm。花雌雄异株，总状花序顶生；雄花序长 11-36 cm，下部常多分枝；苞片线形，长 5-7 mm，苞腋具雄花 4-6 朵；雄花花蕾球形或卵形；花梗长约 4 mm；花萼裂片 4-5 片，卵形，长 2-3.5 mm，外面密被星状毛；雄蕊 75-85 枚。雌花序长 10-25 cm；苞片线形，长 4-5 mm，苞腋有雌花 1 朵；雌花花梗长约 2.5 mm；果实长达 6 mm；花萼裂片 3-5 片，卵形，长 4-5 mm，顶端急尖；花柱 3-5 根，基部稍合生，柱头长约 3 mm，密生羽毛状突起。蒴果排列较稀疏，球形，直径 1.3-2 cm，密被淡黄色星状毛和紫红色、长约 6 mm 的软刺，形成连续厚 6-7 mm 的厚毛层；种子卵形，长约 5 mm，直径约 4 mm，黑色，光滑。花期 4-5 月，果期 9-10 月。

　　恩施州广布，生于灌丛中；分布于云南、四川、贵州、湖南、湖北、广东和广西等省区。

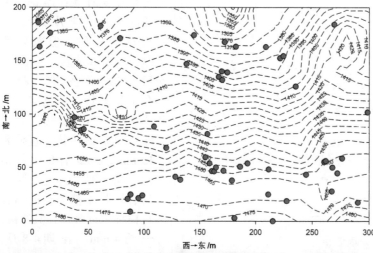

# 交让木 *Daphniphyllum macropodum* Miq.

## 虎皮楠属 *Daphniphyllum*　　虎皮楠科 Daphniphyllaceae

个体数量（Individual number）=3645
最小，平均，最大胸径（Min, Mean, Max DBH）=1.0 cm，4.4 cm，30.8 cm
分布林层（Layer）=乔木层（Tree layer）
重要值排序（Importance value rank）=2/77

| 胸径区间 /cm | 个体数量 | 比例 /% |
|---|---|---|
| [1.0, 2.5) | 1816 | 49.82 |
| [2.5, 5.0) | 825 | 22.63 |
| [5.0, 10.0) | 555 | 15.23 |
| [10.0, 20.0) | 412 | 11.30 |
| [20.0, 30.0) | 36 | 0.99 |
| [30.0, 40.0) | 1 | 0.03 |
| [40.0, 60.0) | 0 | 0.00 |

　　灌木或小乔木，高 3-10 m；小枝粗壮，暗褐色，具圆形大叶痕。叶革质，长圆形至倒披针形，长 14-25 cm，宽 3-6.5 cm，先端渐尖，顶端具细尖头，基部楔形至阔楔形，叶面具光泽，干后叶面绿色，叶背淡绿色，无乳突体，有时略被白粉，侧脉纤细而密，12-18 对，两面清晰；叶柄紫红色，粗壮，长 3-6 cm。雄花序长 5-7 cm，雄花花梗长约 0.5 cm；无花萼；雄蕊 8-10 枚，花药长为宽的 2 倍，约 2 mm，花丝短，长约 1 mm，背部压扁，具短尖头；雌花序长 4.5-8 cm；花梗长 3-5 mm；无花萼；子房基部具大小不等的不育雄蕊 10 枚；子房卵形，长约 2 mm，多少被白粉，花柱极短，柱头 2 个，外弯，扩展。果椭圆形，长约 10 mm，径 5-6 mm，先端具宿存柱头，基部圆形，暗褐色，有时被白粉，具疣状皱褶，果梗长 10-15 cm，纤细。花期 3-5 月，果期 8-10 月。

　　恩施州广布，生于山地林中；分布于云南、四川、贵州、广西、广东、台湾、湖南、湖北、江西、浙江、安徽等省区。

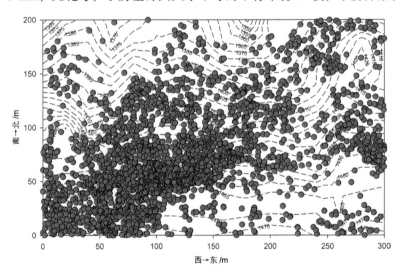

## 盐麸木 *Rhus chinensis* Mill.

### 盐麸木属 *Rhus*　　漆树科 Anacardiaceae

个体数量（Individual number）＝392
最小，平均，最大胸径（Min，Mean，Max DBH）＝1.0 cm，6.6 cm，25.0 cm
分布林层（Layer）＝亚乔木层（Subtree layer）
重要值排序（Importance value rank）＝14/45

| 胸径区间<br>/cm | 个体<br>数量 | 比例<br>/% |
|---|---|---|
| [1.0，2.5） | 48 | 12.24 |
| [2.5，5.0） | 113 | 28.83 |
| [5.0，8.0） | 106 | 27.04 |
| [8.0，11.0） | 71 | 18.11 |
| [11.0，15.0） | 42 | 10.71 |
| [15.0，20.0） | 9 | 2.30 |
| [20.0，30.0） | 3 | 0.77 |

　　落叶小乔木或灌木，高2-10 m；小枝棕褐色，被锈色柔毛，具圆形小皮孔。奇数羽状复叶有小叶3-6对，叶轴具宽的叶状翅，小叶自下而上逐渐增大，叶轴和叶柄密被锈色柔毛；小叶多形，卵形或椭圆状卵形或长圆形，长6-12 cm，宽3-7 cm，先端急尖，基部圆形，顶生小叶基部楔形，边缘具粗锯齿或圆齿，叶面暗绿色，叶背粉绿色，被白粉，叶面沿中脉疏被柔毛或近无毛，叶背被锈色柔毛，脉上较密，侧脉和细脉在叶面凹陷，在叶背突起；小叶无柄。圆锥花序宽大，多分枝，雄花序长30-40 cm，雌花序较短，密被锈色柔毛；苞片披针形，长约1 mm，被微柔毛，小苞片极小，花白色，花梗长约1 mm，被微柔毛；雄花花萼外面被微柔毛，裂片卵形，长约1 mm，边缘具

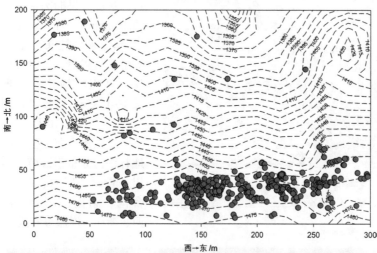

细睫毛；花瓣倒卵状长圆形，长约2 mm，开花时外卷；雄蕊伸出，花丝线形，长约2 mm，无毛，花药卵形，长约0.7 mm；子房不育；雌花花萼裂片较短，长约0.6 mm，外面被微柔毛，边缘具细睫毛；花瓣椭圆状卵形，长约1.6 mm，边缘具细睫毛，里面下部被柔毛；雄蕊极短；花盘无毛；子房卵形，长约1 mm，密被白色微柔毛，花柱3根，柱头头状。核果球形，略压扁，径4-5 mm，被具节柔毛和腺毛，成熟时红色，果核径3-4 mm。花期8-9月，果期10月。

　　恩施州广布，生于山地林中；我国除东北、内蒙古和新疆外，其余省区均有分布。

# 漆 *Toxicodendron vernicifluum* (Stokes) F. A. Barkl.

## 漆属 *Toxicodendron*　　漆树科 Anacardiaceae

个体数量（Individual number）=339
最小，平均，最大胸径（Min，Mean，Max DBH）=1.0 cm，12.7 cm，30.4 cm
分布林层（Layer）=乔木层（Tree layer）
重要值排序（Importance value rank）=8/77

| 胸径区间 /cm | 个体数量 | 比例 /% |
|---|---|---|
| [1.0, 2.5) | 28 | 8.26 |
| [2.5, 5.0) | 38 | 11.21 |
| [5.0, 10.0) | 63 | 18.58 |
| [10.0, 20.0) | 152 | 44.84 |
| [20.0, 30.0) | 56 | 16.52 |
| [30.0, 40.0) | 2 | 0.59 |
| [40.0, 60.0) | 0 | 0.00 |

　　落叶乔木，高达 20 m。树皮灰白色，粗糙，呈不规则纵裂，小枝粗壮，被棕黄色柔毛，后变无毛，具圆形或心形的大叶痕和突起的皮孔；顶芽大而显著，被棕黄色绒毛。奇数羽状复叶互生，常螺旋状排列，有小叶 4-6 对，叶轴圆柱形，被微柔毛；叶柄长 7-14 cm，被微柔毛，近基部膨大，半圆形，上面平；小叶膜质至薄纸质，卵形或卵状椭圆形或长圆形，长 6-13 cm，宽 3-6 cm，先端急尖或渐尖，基部偏斜，圆形或阔楔形，全缘，叶面通常无毛或仅沿中脉疏被微柔毛，叶背沿脉上被平展黄色柔毛，稀近无毛，侧脉 10-15 对，两面略突；小叶柄长 4-7 mm，上面具槽，被柔毛。圆锥花序长 15-30 cm，与叶近等长，被灰黄色微柔毛，序轴及分枝纤细，疏散；花黄绿色，雄花花梗纤细，长 1-3 mm，雌花花梗短粗；花萼无毛，裂片卵形，长约 0.8 mm，先端钝；花瓣长圆形，长约 2.5 mm，宽约 1.2 mm，具细密的褐色羽状脉纹，先端钝，开花时外卷；雄蕊长约 2.5 mm，花丝线形，与花药等长或近等长，在雌花中较短，花药长圆形，花盘 5 浅裂，无毛；子房球形，径约 1.5 mm，花柱 3 根。果序多少下垂，核果肾形或椭圆形，不偏斜，略压扁，长 5-6 mm，宽 7-8 mm，先端锐尖，基部截形，外果皮黄色，无毛，具光泽，成熟后不裂，中果皮蜡质，具树脂道条纹，果核棕色，与果同形，长约 3 mm，宽约 5 mm，坚硬。花期 5-6 月，果期 7-10 月。

　　恩施州广布，生于山坡林内；除黑龙江、吉林、内蒙古和新疆外，其余省区均有分布。

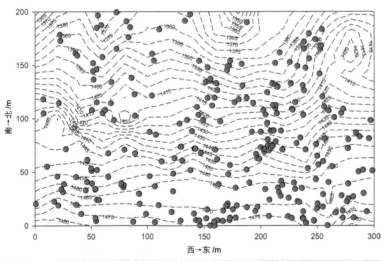

## 显脉冬青 *Ilex editicostata* Hu et Tang

### 冬青属 *Ilex*　　冬青科 Aquifoliaceae

个体数量（Individual number）＝16
最小，平均，最大胸径（Min, Mean, Max DBH）＝1.2 cm, 6.0 cm, 14.0 cm
分布林层（Layer）＝亚乔木层（Subtree layer）
重要值排序（Importance value rank）＝34/45

| 胸径区间/cm | 个体数量 | 比例/% |
|---|---|---|
| [1.0, 2.5) | 6 | 37.50 |
| [2.5, 5.0) | 1 | 6.25 |
| [5.0, 8.0) | 3 | 18.75 |
| [8.0, 11.0) | 2 | 12.50 |
| [11.0, 15.0) | 4 | 25.00 |
| [15.0, 20.0) | 0 | 0.00 |
| [20.0, 30.0) | 0 | 0.00 |

常绿灌木至小乔木，高 6 m；分枝粗壮，当年生幼枝褐黑色，具棱，2 年生枝棕灰色至黑色；皮孔稀疏，圆形，不明显，叶痕大，半圆形，微隆起；顶芽圆锥形，长约 5 mm，被黄白色缘毛。叶仅生于当年生至 2 年生枝上，叶片厚革质，披针形或长圆形，长 10-17 cm，宽 3-8.5 cm，先端渐尖，尖头长约 5-15 mm，基部楔形，全缘，反卷，叶面绿色，背面淡绿色，两面无毛，主脉在叶面明显隆起，侧脉 10-12 对，通常在两面模糊，网状脉有时明显；叶柄粗壮，长 1-3 cm。聚伞花序或二歧聚伞花序单生于当年生枝的叶腋内；花白色，4 或 5 基数；雄花序总花梗长 12-18 mm，无毛，花梗长 3-8 mm，无毛，基部具卵状三角形小苞片 1-2 片或早落；花萼浅杯状，直径约 2-3 mm，4 或 5

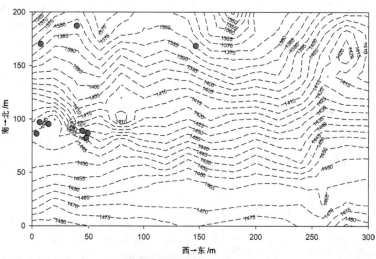

浅裂，裂片阔三角形，长约 1 mm，具缘毛；花冠辐状，直径约 5 mm，花瓣阔卵形，长约 3 mm，宽约 2.5 mm，开放时反折，基部稍合生；雄蕊短于花瓣，花药卵状长圆形，纵裂；退化子房垫状。雌花序未见。果近球形或长球形，直径 6-10 mm，成熟时红色，宿存花萼平展，直径约 4 mm，浅裂片阔三角形，具缘毛；宿存柱头薄盘状，5 浅裂；分核 4-6 粒，长圆形，长 7-8 mm，背部宽约 2.5 mm，具 1 浅沟，内果皮近木质。花期 5-6 月，果期 8-11 月。

产于利川，生于山坡林中；分布于浙江、江西、湖北、广东、广西、四川、贵州等省区。

# 香冬青 *Ilex suaveolens* (Lévl.) Loes.

## 冬青属 *Ilex* 冬青科 Aquifoliaceae

个体数量（Individual number）＝1
最小，平均，最大胸径（Min, Mean, Max DBH）＝3.2 cm, 3.2 cm, 3.2 cm
分布林层（Layer）＝灌木层（Shrub layer）
重要值排序（Importance value rank）＝121/123

| 胸径区间 /cm | 个体数量 | 比例 /% |
|---|---|---|
| [1.0, 2.0) | 0 | 0.00 |
| [2.0, 3.0) | 0 | 0.00 |
| [3.0, 4.0) | 1 | 100.00 |
| [4.0, 5.0) | 0 | 0.00 |
| [5.0, 7.0) | 0 | 0.00 |
| [7.0, 10.0) | 0 | 0.00 |
| [10.0, 15.0) | 0 | 0.00 |

常绿乔木，高达 15 m；当年生小枝褐色，具棱角，秃净，2 年生枝近圆柱形，皮孔椭圆形，隆起。叶片革质，卵形或椭圆形，长 5-6.5 cm，宽 2-2.5 cm，先端渐尖，具三角状的尖头，基部宽楔形，下延，叶缘疏生小圆齿，略内卷，干后叶面橄榄绿色，叶背褐色，两面无毛，主脉在两面隆起，侧脉 8-10 对，在两面略隆起，网状脉在叶两面或多或少明显；叶柄长约 1.5-2 cm，具翅。花未见。具 3 个果的聚伞状果序单生于叶腋，果序梗长约 1.5-2 cm，具棱，无毛，果梗长约 5-8 mm，无毛。成熟果红色，长球形，长约 9 mm，直径约 6 mm，宿存花萼直径约 2 mm，5 裂，裂片阔三角形，无缘毛，宿存柱头乳头状；分核 4 粒，长圆形，长约 8 mm，背部宽 3 mm，内果皮石质。花期 5 月，果期 10 月。

恩施州广布，生于山地林中；分布于安徽、浙江、江西、福建、湖北、湖南、广东、广西、四川、贵州和云南等省区。

# 冬青 *Ilex chinensis* Sims

## 冬青属 *Ilex*　　冬青科 Aquifoliaceae

个体数量（Individual number）＝5
最小，平均，最大胸径（Min, Mean, Max DBH）＝1.1 cm, 4.4 cm, 11.1 cm
分布林层（Layer）＝乔木层（Tree layer）
重要值排序（Importance value rank）＝57/77

| 胸径区间<br>/cm | 个体<br>数量 | 比例<br>/% |
|---|---|---|
| [1.0, 2.5) | 3 | 60.00 |
| [2.5, 5.0) | 0 | 0.00 |
| [5.0, 10.0) | 1 | 20.00 |
| [10.0, 20.0) | 1 | 20.00 |
| [20.0, 30.0) | 0 | 0.00 |
| [30.0, 40.0) | 0 | 0.00 |
| [40.0, 60.0) | 0 | 0.00 |

常绿乔木，高达 13 m；树皮灰黑色，当年生小枝浅灰色，圆柱形，具细棱；2 至多年生枝具不明显的小皮孔，叶痕新月形，凸起。叶片薄革质至革质，椭圆形或披针形，稀卵形，长 5-11 cm，宽 2-4 cm，先端渐尖，基部楔形或钝，边缘具圆齿，或有时在幼叶为锯齿，叶面绿色，有光泽，干时深褐色，背面淡绿色，主脉在叶面平，背面隆起，侧脉 6-9 对，在叶面不明显，叶背明显，无毛，或有时在雄株幼枝顶芽、幼叶叶柄及主脉上有长柔毛；叶柄长 8-10 mm，上面平或有时具窄沟。雄花花序具 3-4 回分枝，总花梗长 7-14 mm，二级轴长 2-5 mm，花梗长 2 mm，无毛，每分枝具花 7-24 朵；花淡紫色或紫红色，4-5 基数；花萼浅杯状，裂片阔卵状三角形，具缘毛；花冠辐状，直径约 5 mm，花瓣卵形，长 2.5 mm，宽约 2 mm，开放时反折，基部稍合生；雄蕊短于花瓣，长 1.5 mm，花药椭圆形；退化子房圆锥状，长不足 1 mm；雌花花序具 1-2 回分枝，具花 3-7 朵，总花梗长约 3-10 mm，扁，二级轴发育不好；花梗长 6-10 mm；花萼和花瓣同雄花，退化雄蕊长约为花瓣的 1/2，败育花药心形；子房卵球形，柱头具不明显的 4-5 裂，厚盘形。果长球形，成熟时红色，长 10-12 mm，直径 6-8 mm；分核 4-5 粒，狭披针形，长 9-11 mm，宽约 2.5 mm，背面平滑，凹形，断面呈三棱形，内果皮厚革质。花期 4-6 月，果期 7-12 月。

恩施州广布，生于山地林中；分布于江苏、安徽、浙江、江西、福建、台湾、河南、湖北、湖南、广东、广西、云南。

# 三花冬青 *Ilex triflora* Blume

## 冬青属 *Ilex*　　冬青科 Aquifoliaceae

个体数量（Individual number）=39
最小，平均，最大胸径（Min, Mean, Max DBH）=1.0 cm, 2.2 cm, 8.2 cm
分布林层（Layer）=亚乔木层（Subtree layer）
重要值排序（Importance value rank）=25/45

| 胸径区间 /cm | 个体数量 | 比例 /% |
|---|---|---|
| [1.0, 2.5) | 28 | 71.79 |
| [2.5, 5.0) | 8 | 20.51 |
| [5.0, 8.0) | 2 | 5.13 |
| [8.0, 11.0) | 1 | 2.57 |
| [11.0, 15.0) | 0 | 0.00 |
| [15.0, 20.0) | 0 | 0.00 |
| [20.0, 30.0) | 0 | 0.00 |

　　常绿灌木或乔木，高 2-10 m；幼枝近四棱形，稀近圆形，具纵棱及沟，密被短柔毛，具稍凸起的半圆形叶痕，皮孔无。叶生于 1-3 年生的枝上，叶片近革质，椭圆形，长圆形或卵状椭圆形，长 2.5-10 cm，宽 1.5-4 cm，先端急尖至渐尖，渐尖头长 3-4 mm，基部圆形或钝，边缘具近波状线齿，叶面深绿色，干时呈褐色或橄榄绿色，幼时被微柔毛，后变无毛或近无毛，背面具腺点，疏被短柔毛，主脉在叶面凹陷，背面隆起，两面沿脉毛较密，侧脉 7-10 对，两面略明显或不明显，网状脉两面不明显；叶柄长 3-5 mm，密被短柔毛，具叶片下延而成的狭翅。雄花 1-3 朵排成聚伞花序，1-5 聚伞花序簇生于当年生或 2-3 年生枝的叶腋内，花序梗长约 2 mm，花梗长 2-3 mm，两者均被短柔毛，基部或近中部具小苞片 1-2 枚；花 4 基数，白色或淡红色；花萼盘状，直径约 3 mm，被微柔毛，4 深裂，裂片近圆形，具缘毛；花冠直径约 5 mm，花瓣阔卵形，基部稍合生；雄蕊短于花瓣，花药椭圆形，黄色；退化子房金字塔形，顶端具短喙，分裂。雌花 1-5 朵簇生于当年生或 2 年生枝的叶腋内，总花梗几无，花梗粗壮，长 4-14 mm，被微柔毛，中部或近中部具 2 枚卵形小苞片；花萼同雄花；花瓣阔卵形至近圆形，基部稍合生；退化雄蕊长约为花瓣的 1/3，不育花药心状箭形；子房卵球形，直径约 1.5 mm，柱头厚盘状，4 浅裂；果球形，直径 6-7 mm，成熟后黑色；果梗长 13-18 mm，被微柔毛或近无毛，宿存花萼伸展，直径约 4 mm，具疏缘毛；宿存柱头厚盘状；分核 4 粒，卵状椭圆形，长约 6 mm，背部宽约 4 mm，平滑，背部具 3 条纹，无沟，内果皮革质。花期 5-7 月，果期 8-11 月。

　　产于宣恩、来凤，生于山坡林中；分布于安徽、浙江、江西、福建、湖北、湖南、广东、广西、海南、四川、贵州、云南等省区。

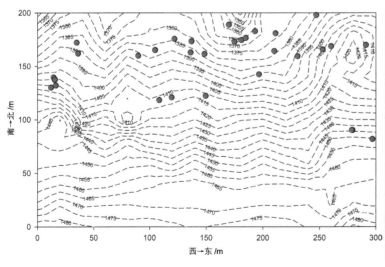

# 四川冬青 *Ilex szechwanensis* Loes.

## 冬青属 *Ilex*　　冬青科 Aquifoliaceae

个体数量（Individual number）＝4
最小，平均，最大胸径（Min, Mean, Max DBH）＝1.0 cm, 2.9 cm, 4.9 cm
分布林层（Layer）＝灌木层（Shrub layer）
重要值排序（Importance value rank）＝82/123

| 胸径区间 /cm | 个体数量 | 比例 /% |
|---|---|---|
| [1.0, 2.0) | 2 | 50.00 |
| [2.0, 3.0) | 0 | 0.00 |
| [3.0, 4.0) | 0 | 0.00 |
| [4.0, 5.0) | 2 | 50.00 |
| [5.0, 7.0) | 0 | 0.00 |
| [7.0, 10.0) | 0 | 0.00 |
| [10.0, 15.0) | 0 | 0.00 |

灌木或小乔木，高 1-10 m；幼枝近四棱形，具纵棱及沟槽，被微柔毛或仅沟槽内被微柔毛，较老的小枝具突起的新月形叶痕，皮孔不明显；顶芽圆锥形，被短柔毛。叶生于 1-2 年生枝上，叶片革质，卵状椭圆形，卵状长圆形或椭圆形，稀近披针形，长 3-8 cm，宽 2-4 cm，先端渐尖，短渐尖至急尖，基部楔形至钝，边缘具锯齿，叶面深绿色，干时橄榄绿色，背面淡绿色，具不透明的黄褐色腺点，无毛或疏被微柔毛，主脉在叶面平坦或稍凹入，密被短柔毛，在背面隆起，无毛或被微柔毛，侧脉 6-7 对，两面明显或不明显，网状脉不明显；叶柄长 4-6 mm，上面具浅槽，被短柔毛；托叶卵状三角形，急尖，宿存。花 4-7 基数。雄花 1-7 朵排成聚伞花序，单生于当年生枝基部鳞片或叶腋内，稀簇生，总花梗长 2-3 mm，单花花梗长 3-5 mm，基部或近中部具小苞片 2 枚；花萼盘状，无毛或多少被微柔毛，直径 2-2.5 mm，4-7 裂，裂片卵状三角形，长约 1 mm，边缘啮蚀状或具牙齿，具疏缘毛；花冠辐状，花瓣 4-5 片，卵形，长约 2.5 mm，宽约 2 mm，基部合生；雄蕊短于花瓣，花药卵状长圆形；退化子房扁球形，具短喙。雌花单生于当年生枝的叶腋内，花梗长 8-10 mm，4 浅裂，裂片圆形，啮蚀状；花冠近直立，直径约 4 mm，花瓣卵形，长约 2.5 mm，基部稍合生；退化雄蕊长约为花瓣的 1/5，不育花药箭头形；子房近球形，直径约 1.5 mm，柱头厚盘状，凸起。果球形或顶基扁的球形，长约 6 mm，直径 7-8 mm，成熟后黑色；果梗长 8-10 mm；宿存花萼平展，直径 3-4 mm，宿存柱头厚盘状，直径约 1 mm，明显 4 裂。分核 4 粒，长圆形或近球形，长 4.5-5 mm，背部宽 3.5-4 mm，平滑，具不明显的细条纹，无沟槽，内果皮革质。花期 5-6 月，果期 8-10 月。

恩施州广布，生于山地林中；分布于江西、湖北、湖南、广东、广西、重庆、贵州、云南、西藏。

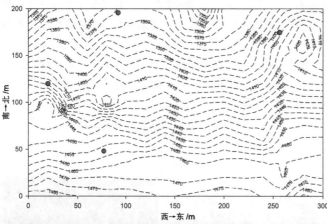

# 云南冬青 *Ilex yunnanensis* Franch.

## 冬青属 *Ilex*    冬青科 Aquifoliaceae

个体数量（Individual number）＝10
最小，平均，最大胸径（Min, Mean, Max DBH）＝2.9 cm, 8.5 cm, 19.5 cm
分布林层（Layer）＝亚乔木层（Subtree layer）
重要值排序（Importance value rank）＝40/45

| 胸径区间 /cm | 个体数量 | 比例 /% |
|---|---|---|
| [1.0, 2.5) | 0 | 0.00 |
| [2.5, 5.0) | 4 | 40.00 |
| [5.0, 8.0) | 2 | 20.00 |
| [8.0, 11.0) | 1 | 10.00 |
| [11.0, 15.0) | 1 | 10.00 |
| [15.0, 20.0) | 2 | 20.00 |
| [20.0, 30.0) | 0 | 0.00 |

　　常绿灌木或乔木，高 1-12 m；幼枝圆柱形，具纵棱槽，密被金黄色柔毛，2-3 年生枝密被锈色短柔毛，无皮孔，具近圆形突起的叶痕。叶生于 1-3 年生枝上，叶片革质至薄革质，卵形，卵状披针形，或稀椭圆形，长 2-4 cm，宽 1-2.5 cm，先端急尖，具短尖头，基部圆形或钝，边缘具细圆齿状锯齿，齿尖常为芒状小尖头，叶面绿色，干后黑褐色至褐色，背面淡绿色，干后淡褐色，两面无毛，主脉在叶面凸起，密被短柔毛，背面平坦或凸起，无毛，侧脉两面不明显；叶柄长 2-6 mm，密被短柔毛。雄花为 1-3 花的聚伞花序，生于当年生枝的叶腋内或基部的鳞片腋内，被短柔毛或近无毛，总花梗长 8-14 mm，花梗长 2-4 mm；花 4 基数，白色，生于高海拔地区者花粉红色或红色；花萼盘状，小，直径约 2 mm，4 深裂，裂片三角形，钝或急尖，具缘毛或无；花瓣卵形，长约 2 mm，宽约 1.5 mm，先端钝，基部稍合生；雄蕊短于花瓣，花药卵状球形；退化子房圆锥形，顶端钝。雌花单花生于当年生枝的叶腋内，罕为 2 或 3 花组成腋生聚伞花序，花梗长

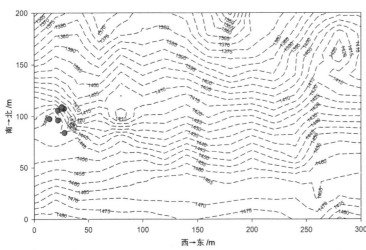

3-14 mm，中部以上具 1-2 片小苞片；退化雄蕊长为花瓣的 1/2，败育花药箭头状；子房球形，直径约 1 mm，具 4 条纵沟，花柱明显，长约 0.5 mm，柱头盘状，4 裂。果球形，直径 5-6 mm，成熟后红色；果梗长 5-15 mm，无毛；宿存花萼平展，四角形，具缘毛或无；宿存柱头隆起，盘状。分核 4 粒，长椭圆形，长约 5 mm，背部宽约 3 mm，横切面近三角形，平滑，无条纹及沟槽，内果皮革质。花期 5-6 月，果期 8-10 月。

　　恩施州广布，生于山坡林中；分布于陕西、甘肃、湖北、广西、四川、贵州、云南、西藏。

## 猫儿刺 *Ilex pernyi* Franch.

### 冬青属 *Ilex*　　冬青科 Aquifoliaceae

个体数量（Individual number）＝24
最小，平均，最大胸径（Min, Mean, Max DBH）＝1.0 cm, 1.7 cm, 3.2 cm
分布林层（Layer）＝灌木层（Shrub layer）
重要值排序（Importance value rank）＝46/123

| 胸径区间<br>/cm | 个体<br>数量 | 比例<br>/% |
|---|---|---|
| [1.0, 2.0) | 16 | 66.67 |
| [2.0, 3.0) | 6 | 25.00 |
| [3.0, 4.0) | 2 | 8.33 |
| [4.0, 5.0) | 0 | 0.00 |
| [5.0, 7.0) | 0 | 0.00 |
| [7.0, 10.0) | 0 | 0.00 |
| [10.0, 15.0) | 0 | 0.00 |

常绿灌木或乔木，高 1-5 m；树皮银灰色，纵裂；幼枝黄褐色，具纵棱槽，被短柔毛，2-3 年小枝圆形或近圆形，密被污灰色短柔毛；顶芽卵状圆锥形，急尖，被短柔毛。叶片革质，卵形或卵状披针形，长 1.5-3 cm，宽 5-14 mm，先端三角形渐尖，渐尖头长达 12-14 mm，止于一长 3 mm 的粗刺，基部截形或近圆形，边缘具深波状刺齿 1-3 对，叶面深绿色，具光泽，背面淡绿色，两面均无毛，中脉在叶面凹陷，在近基部被微柔毛，背面隆起，侧脉 1-3 对，不明显；叶柄长 2 mm，被短柔毛；托叶三角形，急尖。花序簇生于 2 年生枝的叶腋内，多为 2-3 花聚生成簇，每分枝仅具 1 朵花；花淡黄色，全部 4 基数。雄花花梗长约 1 mm，无毛，中上部具 2 枚近圆形，具缘毛的小苞片；花萼直径约 2 mm，4 裂，裂片阔三角形或半圆形，具缘毛；花冠辐状，直径约 7 mm，花瓣椭圆形，长约 3 mm，近先端具缘毛；雄蕊稍长于花瓣；退化子房圆锥状卵形，先端钝，长约 1.5 mm。雌花花梗长约 2 mm；花萼像雄花；花瓣卵形，长约 2.5 mm；退化雄蕊短于花瓣，败育花药卵形；子房卵球形，柱头盘状。果球形或扁球形，直径 7-8 mm，成熟时红色，宿存花萼四角形，直径约 2.5 mm，具缘毛，宿存柱头厚盘状，4 裂。分核 4 粒，轮廓倒卵形或长圆形，长 4.5-5.5 mm，背部宽约 3.5 mm，在较宽端背部微凹陷，且具掌状条纹和沟槽，侧面具网状条纹和沟，内果皮木质。花期 4-5 月，果期 10-11 月。

恩施州广布，生于山坡林中；分布于陕西、甘肃、安徽、浙江、江西、河南、湖北、四川和贵州。

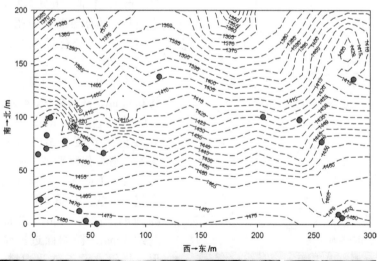

# 大叶冬青 *Ilex latifolia* Thunb.

## 冬青属 *Ilex*　　冬青科 Aquifoliaceae

个体数量（Individual number）＝2
最小，平均，最大胸径（Min, Mean, Max DBH）＝4.2 cm, 4.7 cm, 5.1 cm
分布林层（Layer）＝灌木层（Shrub layer）
重要值排序（Importance value rank）＝107/123

| 胸径区间 /cm | 个体数量 | 比例 /% |
|---|---|---|
| [1.0, 2.0) | 0 | 0.00 |
| [2.0, 3.0) | 0 | 0.00 |
| [3.0, 4.0) | 0 | 0.00 |
| [4.0, 5.0) | 1 | 50.00 |
| [5.0, 7.0) | 1 | 50.00 |
| [7.0, 10.0) | 0 | 0.00 |
| [10.0, 15.0) | 0 | 0.00 |

　　常绿大乔木，高达20 m，全体无毛；树皮灰黑色；分枝粗壮，具纵棱及槽，黄褐色或褐色，光滑，具明显隆起、阔三角形或半圆形的叶痕。叶生于1-3年生枝上，叶片厚革质，长圆形或卵状长圆形，长8-19 cm，宽4.5-7.5 cm，先端钝或短渐尖，基部圆形或阔楔形，边缘具疏锯齿，齿尖黑色，叶面深绿色，具光泽，背面淡绿色，中脉在叶面凹陷，在背面隆起，侧脉每边12-17条，在叶面明显，背面不明显；叶柄粗壮，近圆柱形，长1.5-2.5 cm，直径约3 mm，上面微凹，背面具皱纹；托叶极小，宽三角形，急尖。由聚伞花序组成的假圆锥花序生于2年生枝的叶腋内，无总梗；主轴长1-2 cm，基部具宿存的圆形、覆瓦状排列的芽鳞，内面的膜质，较大。花淡黄绿色，4基数。雄花假圆锥花序的每个分枝具3-9朵花，呈聚伞花序状，总花梗长2 mm；苞片卵形或披针形，长5-7 mm，宽3-5 mm；花梗长6-8 mm，小苞片1-2枚，三角形；花萼近杯状，直径约3.5 mm，4浅裂，裂片圆形；花冠辐状，直径约9 mm，花瓣卵状长圆形，长约3.5 mm，宽约2.5 mm，基部合生；雄蕊与花瓣等长，花药卵状长圆形，长为花丝的2倍；不育子房近球形，柱头稍4裂。雌花花序的每个分枝具1-3朵花，总花梗长约2 mm，单花之花梗长5-8 mm，具1-2枚小苞片；花萼盘状，直径约3 mm；花冠直立，直径约5 mm；花瓣4片，卵形，长约3 mm，宽约2 mm；退化雄蕊长为花瓣的1/3，败育花药小，卵形；子房卵球形，直径约2 mm，柱头盘状，4裂。果球形，直径约7 mm，成熟时红色，宿存柱头薄盘状，基部宿存花萼盘状，伸展，外果皮厚，平滑。分核4粒，轮廓长圆状椭圆形，长约5 mm，宽约2.5 mm，具不规则的皱纹和尘穴，背面具明显的纵脊，内果皮骨质。花期4月，果期9-10月。

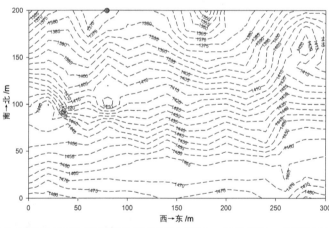

　　产于利川、来凤，生于山坡林中；分布于江苏、安徽、浙江、江西、福建、河南、湖北、广西、云南等省区。

# 中型冬青 *Ilex intermedia* Loes. ex Diels

## 冬青属 *Ilex* 冬青科 Aquifoliaceae

个体数量（Individual number）＝2
最小，平均，最大胸径（Min, Mean, Max DBH）＝2.3 cm, 2.7 cm, 3.1 cm
分布林层（Layer）＝灌木层（Shrub layer）
重要值排序（Importance value rank）＝108/123

| 胸径区间/cm | 个体数量 | 比例/% |
|---|---|---|
| [1.0, 2.0) | 0 | 0.00 |
| [2.0, 3.0) | 1 | 50.00 |
| [3.0, 4.0) | 1 | 50.00 |
| [4.0, 5.0) | 0 | 0.00 |
| [5.0, 7.0) | 0 | 0.00 |
| [7.0, 10.0) | 0 | 0.00 |
| [10.0, 15.0) | 0 | 0.00 |

常绿乔木，高 5-7 m；幼枝黄褐色，具纵棱，被微柔毛或变无毛，2 年生以上枝条无毛，具稍隆起的新月形叶痕，无皮孔；顶芽圆锥形，芽鳞具缘毛。叶生于 1-2 年生枝上，叶片革质，长圆状椭圆形、卵状椭圆形或倒卵状椭圆形，长 6-12.5 cm，宽 2.5-5 cm，先端钝，急尖或极短渐尖，基部楔形，钝或稀圆形，边缘微反卷，具疏离的细圆齿或锯齿，叶面深绿色，稍具光泽，背面淡绿色，主脉在叶面平坦或稍凹陷，无毛或被微柔毛，背面隆起，侧脉 5-8 对，两面微凸起，自叶片近中部附近分枝并网结，网状脉两面不明显；叶柄长 9-16 mm，上面具浅而宽的槽，被微柔毛或无毛，背面圆形，具皱纹；托叶微小，三角形。雄花序为 3 朵花组成的聚伞花序簇生或为假圆锥花序，生于 2 年生或当年生枝的叶腋内，总花梗长约 1 mm，花梗长 1-2 mm，基部具 1-2 片小苞片；花 4 基数，淡黄色；花萼盘状，直径约 1.5 mm，无毛，裂片三角形，边缘具疏缘毛；花冠辐状，直径约 6 mm，花瓣 4 片，长圆形，长约 3 mm，宽约 1.5 mm，基部稍合生；雄蕊与花瓣近等长，花药卵球形；退化子房近球形，很小，顶端钝。雌花不详。果序假总状，果序轴长 4-8 mm，果梗长 5-8 mm，疏被微柔毛，中下部具 2 片小苞片；果近球形，长约 4 mm，直径约 5 mm，成熟后红色，在扩大镜下可见小瘤，宿存花萼平展，近圆形，直径约 1.5 mm，4 浅裂，裂片近三角形；宿存柱头厚盘状，4 浅裂；分核 4 粒，阔椭圆形或近圆形，长约 2.5 mm，宽约 2 mm，背面具掌状条纹及浅沟槽，侧面具掌状条纹，几平滑或具网状小洼穴，内果皮石质。花期 5 月，果期 8-10 月。

恩施州广布，生于山地林中；分布于江西、湖北、四川、贵州。

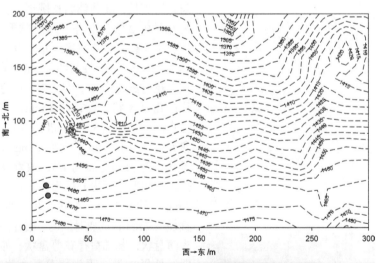

# 珊瑚冬青 *Ilex corallina* Franch.

## 冬青属 *Ilex*　　冬青科 Aquifoliaceae

个体数量（Individual number）＝2
最小，平均，最大胸径（Min, Mean, Max DBH）＝2.2 cm, 2.9 cm, 3.6 cm
分布林层（Layer）＝灌木层（Shrub layer）
重要值排序（Importance value rank）＝105/123

| 胸径区间 /cm | 个体数量 | 比例 /% |
|---|---|---|
| [1.0, 2.0) | 0 | 0.00 |
| [2.0, 3.0) | 1 | 50.00 |
| [3.0, 4.0) | 1 | 50.00 |
| [4.0, 5.0) | 0 | 0.00 |
| [5.0, 7.0) | 0 | 0.00 |
| [7.0, 10.0) | 0 | 0.00 |
| [10.0, 15.0) | 0 | 0.00 |

　　常绿灌木或乔木，高 3-10 m；小枝圆柱形，细瘦，具纵棱，淡褐色，无毛或被微柔毛，3 年生枝具小的皮孔及稍突起的狭三角形叶痕；顶芽小，卵形，无毛或被微柔毛。叶生于 1-3 年生枝上，叶片革质，卵形，卵状椭圆形或卵状披针形，长 4-13 cm，宽 1.55-5 cm，先端渐尖或急尖，基部圆形或钝，边缘波状，具圆齿状锯齿，稀齿尖刺状，叶面深绿色，背面淡绿色，两面无毛，或叶面沿主脉疏被微柔毛，主脉在叶面凹陷，背面隆起，侧脉每边 7-10 条，在两面均凸起，网状脉在两面明显；叶柄长 4-10 mm，紫红色，上面具浅槽，无毛或被微柔毛，下面具横皱纹。花序簇生于 2 年生枝的叶腋内，总花梗几无，苞片卵状三角形，具缘毛；花黄绿色，4 基数。雄花单个聚伞花序具 1-3 朵花，总花梗长约 1 mm，花梗长约 2 mm，其基部具 2 枚卵形，具缘毛的小苞片；花萼盘状，直径约 2 mm，4 深裂，裂片卵状三角形，具缘毛；花冠直径 6-7 mm，花瓣长圆形，长约 3 mm，宽约 1.5 mm，基部合生；雄蕊与花瓣等长，花药长圆形，长约 1 mm；退化子房近球形，顶端圆，微

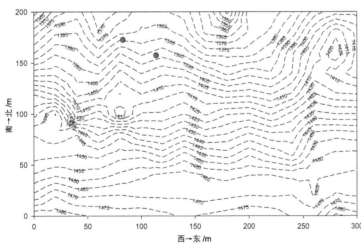

4 裂。雌花单花簇生于 2 年生枝叶腋内，几无总梗，花梗长 1-2 mm，基部具 2 枚卵状三角形小苞片；花萼裂片圆形，具缘毛；花瓣分离，卵形，长约 2 mm，宽约 1.2 mm；不育雄蕊长约为花瓣的 2/3，败育花药箭头形；子房卵球形，长约 1.5 mm，直径约 1 mm，顶端近截形，柱头薄盘状。果近球形，直径 3-4 mm，成熟时紫红色，宿存柱头薄盘状，4 裂；宿存花萼平展。分核 4 粒，椭圆状三棱形，长 2-2.5 mm，背部宽约 1.5 mm，背面具不明显的掌状纵棱及浅沟，侧面具皱纹。花期 4-5 月，果期 9-10 月。

　　恩施州广布，生于山坡林中；分布于甘肃、湖北、湖南、四川、重庆、贵州、云南。

# 厚叶冬青 *Ilex elmerrilliana* S. Y. Hu

## 冬青属 *Ilex*　　冬青科 Aquifoliaceae

个体数量（Individual number）=1
最小，平均，最大胸径（Min, Mean, Max DBH）=3.0 cm, 3.0 cm, 3.0 cm
分布林层（Layer）=灌木层（Shrub layer）
重要值排序（Importance value rank）=120/123

| 胸径区间<br>/cm | 个体<br>数量 | 比例<br>/% |
|---|---|---|
| [1.0, 2.0) | 0 | 0.00 |
| [2.0, 3.0) | 0 | 0.00 |
| [3.0, 4.0) | 1 | 100.00 |
| [4.0, 5.0) | 0 | 0.00 |
| [5.0, 7.0) | 0 | 0.00 |
| [7.0, 10.0) | 0 | 0.00 |
| [10.0, 15.0) | 0 | 0.00 |

常绿灌木或小乔木，高 2-7 m；树皮灰褐色。当年生幼枝红褐色，具纵棱脊，无毛，2-3 年生枝灰褐色，具纵裂缝，皮孔椭圆形，多而不明显，叶痕半圆形，稍隆起；顶芽狭圆锥形，芽鳞疏松，无毛，具缘毛。叶生于 1-3 年生枝上，叶片厚革质，椭圆形或长圆状椭圆形，长 5-9 cm，宽 2-3.5 cm，先端渐尖，基部楔形或钝，全缘，叶面深绿色，具光泽，背面淡绿色，无光泽，两面无毛，主脉在叶面凹陷，背面隆起，侧脉及网状脉在两面均不明显；叶柄长 4-8 mm，上面具狭槽，无毛；托叶微小，三角形，长约 0.75 mm，无毛。花序簇生于 2 年生枝的叶腋内或当年生枝的鳞片腋内，苞片卵形，无毛。雄花序簇的单个分枝具 1-3 朵花，花梗长 5-10 mm，无毛，近基部具小苞片 2 枚；花 5-8 基数，白色；花萼盘状，直径约 3.5 mm，裂片三角形，无缘毛；花冠辐状，直径 6-7 mm，花瓣长圆形，长约 3.5 mm，宽约 2.5 mm，无缘毛，基部合生；雄蕊与花瓣近等长，花药卵状长圆形；退化子房圆锥形，顶端具不明显的分裂。雌花序由具单花的分枝簇生，花梗长 4-6 mm，无毛或被微柔毛，近基部具小苞片；花萼同雄花；花冠直立，花瓣长圆形，长约 2 mm，

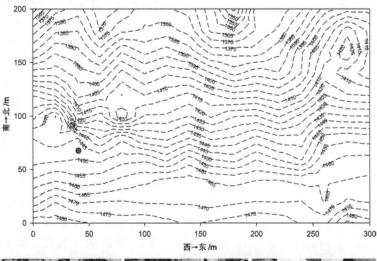

基部分离；退化雄蕊长约为花瓣的 1/2，败育花药箭头状；子房近球形，直径约 1 mm，花柱明显，柱头头状。果球形，直径约 5 mm，成熟后红色，果梗长 5-6 mm，无毛或被微柔毛；宿存花萼平展，直径约 4 mm，裂片急尖；宿存花柱明显，长约 0.5 mm，柱头头状。分核 6-7 粒，长圆体形，长约 3.5 mm，宽约 1.5 mm，平滑，背部具 1 纤细的脊，脊的末端稍分枝，内果皮革质。花期 4-5 月，果期 7-11 月。

恩施州广布，生于山坡林中；分布于安徽、浙江、江西、福建、湖北、湖南、广东、广西、四川、贵州等省区。

# 尾叶冬青 *Ilex wilsonii* Loes.

## 冬青属 *Ilex*　冬青科 Aquifoliaceae

个体数量（Individual number）=9
最小，平均，最大胸径（Min, Mean, Max DBH）=1.1 cm，4.4 cm，10.8 cm
分布林层（Layer）=亚乔木层（Subtree layer）
重要值排序（Importance value rank）=37/45

| 胸径区间<br>/cm | 个体<br>数量 | 比例<br>/% |
|---|---|---|
| [1.0, 2.5) | 4 | 44.45 |
| [2.5, 5.0) | 2 | 22.22 |
| [5.0, 8.0) | 1 | 11.11 |
| [8.0, 11.0) | 2 | 22.22 |
| [11.0, 15.0) | 0 | 0.00 |
| [15.0, 20.0) | 0 | 0.00 |
| [20.0, 30.0) | 0 | 0.00 |

　　常绿灌木或乔木，高 2-10 m；树皮灰白色，光滑。小枝圆柱形，灰褐色，平滑，无皮孔，叶痕半圆形，稍凸起，当年生幼枝具纵棱沟，无毛；顶芽圆锥形，芽鳞无毛，具缘毛。叶生于 1-3 年生枝上，叶片厚革质，卵形或倒卵状长圆形，长 4-7 cm，宽 1.5-3.5 cm，先端骤然尾状渐尖，渐尖头长 6-13 mm，常偏向一侧，基部钝，稀圆形，全缘，叶面深绿色，具光泽，背面淡绿色，两面无毛，主脉在叶面平坦，背面稍隆起，侧脉 7-8 对，于近叶缘处网结，两面微凸起，明显或不明显；

叶柄长 5-9 mm，无毛，上面具纵槽，背面具皱纹；托叶三角形，微小，急尖。花序簇生于 2 年生枝的叶腋内，苞片三角形，常具三尖头；花 4 基数，白色；雄花序簇由具 3-5 花的聚伞花序或伞形花序的分枝组成，无毛，总花梗长 3-8 mm，第一次分枝长 1-2 mm，或极短，花梗长 2-4 mm，无毛，具基生小苞片 2 枚或无；花萼盘状，直径约 1.5 mm，4 深裂，裂片三角形，具缘毛；花冠辐状，直径 4-5 mm，花瓣长圆形，长约 2 mm，宽约 1.5 mm，基部稍合生；雄蕊略短于花瓣，花药长圆形；退化子房近球形，直径约 1 mm，顶端具不明显的分裂。雌花序簇由具单花的分枝组成，花梗长 4-7 mm，无毛，具近中部着生的小苞片 2 枚；花萼及花冠同雄花；退化雄蕊长为花瓣的 1/2，败育花药箭头形；子房卵球形，直径约 1.5 mm，柱头厚盘形，疏被微柔毛。果球形，直径约 4 mm，成熟后红色，平滑，果梗长 3-4 mm；宿存花萼平展，直径约 2.5 mm，4 裂，裂片具缘毛，宿存柱头厚盘状；分核 4 粒，卵状三棱形，长约 2.5 mm，背部宽约 1.5 mm，背面具稍凸起的纵棱 3 条，无沟，侧面平滑，内果皮革质。花期 5-6 月，果期 8-10 月。

　　恩施州广布，生于山坡林中；分布于安徽、浙江、江西、福建、台湾、湖北、湖南、广东、广西、四川、贵州、云南。

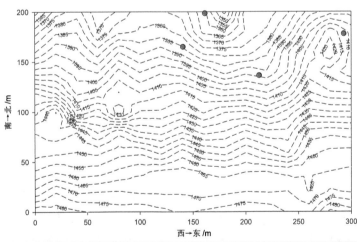

## 扶芳藤 *Euonymus fortunei* (Turcz.) Hand.-Mazz.

### 卫矛属 *Euonymus*　　卫矛科 Celastraceae

个体数量（Individual number）＝6
最小，平均，最大胸径（Min, Mean, Max DBH）＝1.2 cm, 2.1 cm, 3.3 cm
分布林层（Layer）＝灌木层（Shrub layer）
重要值排序（Importance value rank）＝70 /123

| 胸径区间 /cm | 个体数量 | 比例 /% |
|---|---|---|
| [1.0, 2.0) | 3 | 50.00 |
| [2.0, 3.0) | 1 | 16.67 |
| [3.0, 4.0) | 2 | 33.33 |
| [4.0, 5.0) | 0 | 0.00 |
| [5.0, 7.0) | 0 | 0.00 |
| [7.0, 10.0) | 0 | 0.00 |
| [10.0, 15.0) | 0 | 0.00 |

　　常绿藤状灌木，高 1 m 或以上；小枝方棱不明显。叶薄革质，椭圆形、长方椭圆形或长倒卵形，长 3.5-8 cm，宽 1.5-4 cm，先端钝或急尖，基部楔形，边缘齿浅不明显，侧脉细微和小脉全不明显；叶柄长 3-6 mm。聚伞花序 3-4 次分枝；花序梗长 1.5-3 cm，第一次分枝长 5-10 mm，第二次分枝 5 mm 以下，最终小聚伞花密集，有花 4-7 朵，分枝中央有单花，小花梗长约 5 mm；花白绿色，4 数，直径约 6 mm；花盘方形，直径约 2.5 mm；花丝细长，长 2-3 mm，花药圆心形；子房三角锥状，四棱，粗壮明显，花柱长约 1 mm。蒴果粉红色，果皮光滑，近球状，直径 6-12 mm；果序梗长 2-3.5 cm；小果梗长 5-8 mm；种子长方椭圆状，棕褐色，假种皮鲜红色，全包种子。花期 6 月，果期 10 月。

　　恩施州广布，生于山坡林中；分布于江苏、浙江、安徽、江西、湖北、湖南、四川、陕西等省。

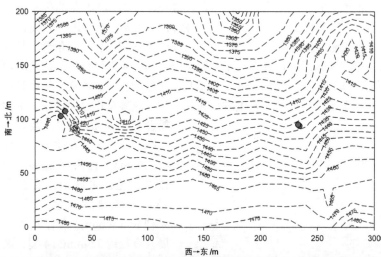

# 大果卫矛 *Euonymus myrianthus* Hemsl.

## 卫矛属 *Euonymus*　　卫矛科 Celastraceae

个体数量（Individual number）＝330
最小，平均，最大胸径（Min, Mean, Max DBH）＝1.0 cm, 2.4 cm, 13.6 cm
分布林层（Layer）＝灌木层（Shrub layer）
重要值排序（Importance value rank）＝20/123

| 胸径区间 /cm | 个体数量 | 比例 /% |
|---|---|---|
| [1.0, 2.0) | 174 | 52.73 |
| [2.0, 3.0) | 94 | 28.48 |
| [3.0, 4.0) | 24 | 7.27 |
| [4.0, 5.0) | 13 | 3.94 |
| [5.0, 7.0) | 15 | 4.55 |
| [7.0, 10.0) | 7 | 2.12 |
| [10.0, 15.0) | 3 | 0.91 |

　　常绿灌木，高 1-6 m。叶革质，倒卵形、窄倒卵形或窄椭圆形，有时窄至阔披针形，长 5-13 cm，宽 3-4.5 cm，先端渐尖，基部楔形，边缘常呈波状或具明显钝锯齿，侧脉 5-7 对，与三生脉成明显网状；叶柄长 5-10 mm。聚伞花序多聚生小枝上部，常数序着生新枝顶端，2-4 次分枝；花序梗长 2-4 cm，分枝渐短，小花梗长约 7 mm，均具 4 棱；苞片及小苞片卵状披针形，早落；花黄色，直径达 10 mm；萼片近圆形；花瓣近倒卵形；花盘四角有圆形裂片；雄蕊着生裂片中央小突起上，花丝极短或无；子房锥状，有短壮花柱。蒴果黄色，多呈倒卵状，长 1.5 cm，直径约 1 cm；果序梗及小果梗等较花时稍增长；种子 2-4 粒，假种皮橘黄色。花期 4-7 月，果期 8-11 月。

　　恩施州广布，生于山谷林中；分布于长江流域以南各省区。

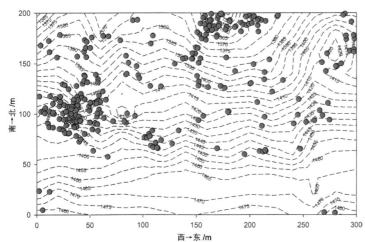

# 卫矛 *Euonymus alatus* (Thunb.) Sieb.

## 卫矛属 *Euonymus*　　卫矛科 Celastraceae

个体数量（Individual number）＝32
最小，平均，最大胸径（Min, Mean, Max DBH）＝1.0 cm, 1.8 cm, 7.9 cm
分布林层（Layer）＝灌木层（Shrub layer）
重要值排序（Importance value rank）＝45/123

| 胸径区间 /cm | 个体数量 | 比例 /% |
|---|---|---|
| [1.0, 2.0) | 25 | 78.13 |
| [2.0, 3.0) | 5 | 15.63 |
| [3.0, 4.0) | 0 | 0.00 |
| [4.0, 5.0) | 0 | 0.00 |
| [5.0, 7.0) | 1 | 3.12 |
| [7.0, 10.0) | 1 | 3.12 |
| [10.0, 15.0) | 0 | 0.00 |

　　灌木，高 1-3 m；小枝常具 2-4 列宽阔木栓翅；冬芽圆形，长 2 mm 左右，芽鳞边缘具不整齐细坚齿。叶卵状椭圆形、窄长椭圆形，偶为倒卵形，长 2-8 cm，宽 1-3 cm，边缘具细锯齿，两面光滑无毛；叶柄长 1-3 mm。聚伞花序 1-3 花；花序梗约 1 cm，小花梗长 5 mm；花白绿色，直径约 8 mm，4 数；萼片半圆形；花瓣近圆形；雄蕊着生花盘边缘处，花丝极短，开花后稍增长，花药宽阔长方形，2 室顶裂。蒴果 1-4 深裂，裂瓣椭圆状，长 7-8 mm；种子椭圆状或阔椭圆状，长 5-6 mm，种皮褐色或浅棕色，假种皮橙红色，全包种子。花期 5-6 月，果期 7-10 月。

　　恩施州广布，生于山谷林中；除黑龙江、吉林、辽宁、新疆、青海、西藏、广东和海南以外，全国各省区均有分布。

# 南蛇藤 *Celastrus orbiculatus* Thunb.

## 南蛇藤属 *Celastrus*　卫矛科 Celastraceae

个体数量（Individual number）＝652
最小，平均，最大胸径（Min, Mean, Max DBH）＝1.0 cm, 2.2 cm, 8.9 cm
分布林层（Layer）＝灌木层（Shrub layer）
重要值排序（Importance value rank）＝9/123

| 胸径区间/cm | 个体数量 | 比例/% |
|---|---|---|
| [1.0, 2.0) | 318 | 48.77 |
| [2.0, 3.0) | 206 | 31.60 |
| [3.0, 4.0) | 77 | 11.81 |
| [4.0, 5.0) | 30 | 4.60 |
| [5.0, 7.0) | 20 | 3.07 |
| [7.0, 10.0) | 1 | 0.15 |
| [10.0, 15.0) | 0 | 0.00 |

　　小枝光滑无毛，灰棕色或棕褐色，具稀而不明显的皮孔；腋芽小，卵状到卵圆状，长 1-3 mm。叶通常阔倒卵形，近圆形或长方椭圆形，长 5-13 cm，宽 3-9 cm，先端圆阔，具有小尖头或短渐尖，基部阔楔形到近钝圆形，边缘具锯齿，两面光滑无毛或叶背脉上具稀疏短柔毛，侧脉 3-5 对；叶柄细长 1-2 cm。聚伞花序腋生，间有顶生，花序长 1-3 cm，有花 1-3 朵，小花梗关节在中部以下或近基部；雄花萼片钝三角形；花瓣倒卵椭圆形或长方形，长 3-4 cm，宽 2-2.5 mm；花盘浅杯状，裂片浅，顶端圆钝；雄蕊长 2-3 mm，退化雌蕊不发达；雌花花冠较雄花窄小，花盘稍深厚，肉质，退化雄蕊极短小；子房近球状，花柱长约 1.5 mm，柱头 3 深裂，裂端再 2 浅裂。蒴果近球状，直径 8-10 mm；种子椭圆状稍扁，长 4-5 mm，直径 2.5-3 mm，赤褐色。花期 5-6 月，果期 7-10 月。

　　恩施州广布，生于山坡灌丛中；分布于黑龙江、吉林、辽宁、内蒙古、河北、山东、山西、河南、陕西、甘肃、江苏、安徽、浙江、江西、湖北、四川。

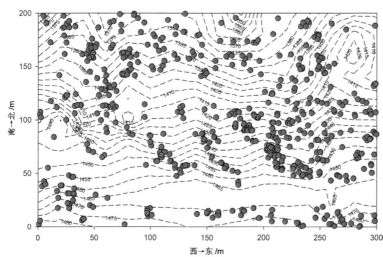

# 瘿椒树 *Tapiscia sinensis* Oliv.

## 瘿椒树属 *Tapiscia*　　省沽油科 Staphyleaceae

个体数量（Individual number）＝3
最小，平均，最大胸径（Min, Mean, Max DBH）＝9.5 cm，19.1 cm，28.3 cm
分布林层（Layer）＝乔木层（Tree layer）
重要值排序（Importance value rank）＝63/77

| 胸径区间 /cm | 个体数量 | 比例 /% |
|---|---|---|
| [1.0, 2.5) | 0 | 0.00 |
| [2.5, 5.0) | 0 | 0.00 |
| [5.0, 10.0) | 1 | 33.33 |
| [10.0, 20.0) | 1 | 33.33 |
| [20.0, 30.0) | 1 | 33.34 |
| [30.0, 40.0) | 0 | 0.00 |
| [40.0, 60.0) | 0 | 0.00 |

　　落叶乔木，高 8-15 m，树皮灰黑色或灰白色，小枝无毛；芽卵形。奇数羽状复叶，长达 30 cm；小叶 5-9 片，狭卵形或卵形，长 6-14 cm，宽 3.5-6 cm，基部心形或近心形，边缘具锯齿，两面无毛或仅背面脉腋被毛，上面绿色，背面带灰白色，密被近乳头状白粉点；侧生小叶柄短，顶生小叶柄长达 12 cm。圆锥花序腋生，雄花与两性花异株，雄花序长达 25 cm，两性花的花序长约 10 cm，花小，长约 2 mm，黄色，有香气；两性花：花萼钟状，长约 1 mm，5 浅裂；花瓣 5 片，狭倒卵形，比萼稍长；雄蕊 5 枚，与花瓣互生，伸出花外；子房 1 室，有 1 个胚珠，花柱长过雄蕊；雄花有退化雌蕊。果序长达 10 cm，核果近球形或椭圆形，长约 7 mm。花期 3-5 月，果期 5-6 月。

恩施州广布，生于山坡林中；分布于浙江、安徽、湖北、湖南、广东、广西、四川、云南、贵州。

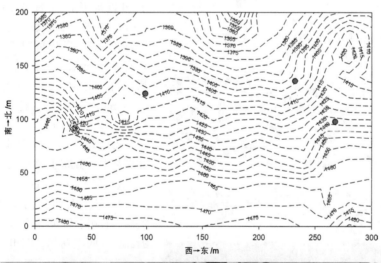

# 野鸦椿 *Euscaphis japonica* (Thunb.) Dippel

## 野鸦椿属 *Euscaphis* 省沽油科 Staphyleaceae

个体数量（Individual number）=119
最小，平均，最大胸径（Min, Mean, Max DBH）=1.0 cm, 3.3 cm, 24.6 cm
分布林层（Layer）=亚乔木层（Subtree layer）
重要值排序（Importance value rank）=12/45

| 胸径区间 /cm | 个体数量 | 比例 /% |
|---|---|---|
| [1.0, 2.5) | 61 | 51.26 |
| [2.5, 5.0) | 42 | 35.30 |
| [5.0, 8.0) | 9 | 7.56 |
| [8.0, 11.0) | 3 | 2.52 |
| [11.0, 15.0) | 3 | 2.52 |
| [15.0, 20.0) | 0 | 0.00 |
| [20.0, 30.0) | 1 | 0.84 |

　　落叶小乔木或灌木，高 2-8 m，树皮灰褐色，具纵条纹，小枝及芽红紫色，枝叶揉碎后发出恶臭气味。叶对生，奇数羽状复叶，长 12-32 cm，叶轴淡绿色，小叶 5-9 片，稀 3-11 片，厚纸质，长卵形或椭圆形，稀为圆形，长 4-6 cm，宽 2-3 cm，先端渐尖，基部钝圆，边缘具疏短锯齿，齿尖有腺休，两面除背面沿脉有白色小柔毛外余无毛，主脉在上面明显，在背面突出，侧脉 8-11 条，在两面可见，小叶柄长 1-2 mm，小托叶线形，基部较宽，先端尖，有微柔毛。圆锥花序顶生，花梗长达 21 cm，花多，较密集，黄白色，径 4-5 mm，萼片与花瓣均 5 片，椭圆形，萼片宿存，花盘盘状，心皮 3 个，分离。蓇葖果长 1-2 cm，每一朵花发育为 1-3 个蓇葖，果皮软革质，紫红色，有纵脉纹，种子近圆形，径约 5 mm，假种皮肉质，黑色，有光泽。花期 5-6 月，果期 8-9 月。

　　恩施州广布，生于山坡林中；除西北各省区外，全国均有分布。

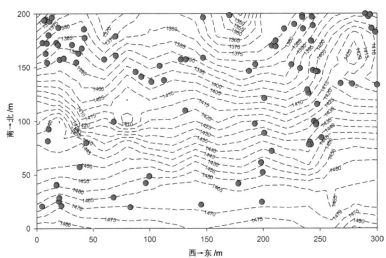

# 建始槭 *Acer henryi* Pax

## 槭属 *Acer*　　槭树科 Aceraceae

个体数量（Individual number）＝46
最小，平均，最大胸径（Min，Mean，Max DBH）＝1.0 cm，6.2 cm，20.3 cm
分布林层（Layer）＝乔木层（Tree layer）
重要值排序（Importance value rank）＝36/77

| 胸径区间<br>/cm | 个体<br>数量 | 比例<br>/% |
|---|---|---|
| [1.0, 2.5) | 14 | 30.44 |
| [2.5, 5.0) | 13 | 28.26 |
| [5.0, 10.0) | 7 | 15.22 |
| [10.0, 20.0) | 11 | 23.91 |
| [20.0, 30.0) | 1 | 2.17 |
| [30.0, 40.0) | 0 | 0.00 |
| [40.0, 60.0) | 0 | 0.00 |

　　落叶乔木，高约 10 m。树皮浅褐色。小枝圆柱形，当年生嫩枝紫绿色，有短柔毛，多年生老枝浅褐色，无毛。冬芽细小，鳞片 2 片，卵形，褐色，镊合状排列。叶纸质，3 片小叶组成的复叶；小叶椭圆形或长圆椭圆形，长 6-12 cm，宽 3-5 cm，先端渐尖，基部楔形，阔楔形或近圆形，全缘或近先端部分有稀疏的 3-5 个钝锯齿，顶生小叶的小叶柄长约 1 cm，侧生小叶的小叶柄长 3-5 mm，有短柔毛；嫩时两面无毛或有短柔毛，在下面沿叶脉被毛更密，渐老时无毛，主脉和侧脉均在下面较在上面显著；叶柄长 4-8 cm，有短柔毛。穗状花序，下垂，长 7-9 cm，有短柔毛，常由 2-3 年无叶的小枝旁边生出，稀由小枝顶端生出，近于无花梗，花序下无叶或稀有叶，花淡绿色，单性，

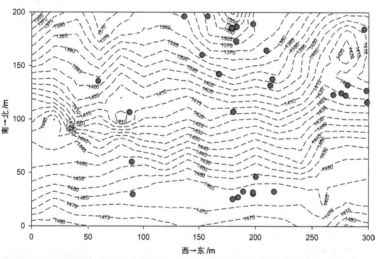

雄花与雌花异株；萼片 5 片，卵形，长 1.5 mm，宽 1 mm；花瓣 5 片，短小或不发育；雄花有雄蕊 4-6 枚，通常 5 枚，长约 2 mm；花盘微发育；雌花的子房无毛，花柱短，柱头反卷。翅果嫩时淡紫色，成熟后黄褐色，小坚果凸起，长圆形，长 1 cm，宽 5 mm，脊纹显著，翅宽 5 mm，连同小坚果长 2-2.5 cm，张开成锐角或近于直立。果梗长约 2 mm。花期 4 月，果期 9 月。

　　恩施州广布，生于山地林中；分布于山西、河南、陕西、甘肃、江苏、浙江、安徽、湖北、湖南、四川、贵州。

# 房县枫 *Acer sterculiaceum* subsp. *franchetii* (Pax) A. E. Murray

## 槭属 *Acer*    槭树科 Aceraceae

个体数量（Individual number）=4
最小，平均，最大胸径（Min, Mean, Max DBH）=5.6 cm, 6.6 cm, 8.5 cm
分布林层（Layer）=亚乔木层（Subtree layer）
重要值排序（Importance value rank）=44/45

| 胸径区间 /cm | 个体数量 | 比例 /% |
|---|---|---|
| [1.0, 2.5) | 0 | 0.00 |
| [2.5, 5.0) | 0 | 0.00 |
| [5.0, 8.0) | 3 | 75.00 |
| [8.0, 11.0) | 1 | 25.00 |
| [11.0, 15.0) | 0 | 0.00 |
| [15.0, 20.0) | 0 | 0.00 |
| [20.0, 30.0) | 0 | 0.00 |

　　落叶乔木，高 10-15 m。树皮深褐色。小枝粗壮，圆柱形，当年生枝紫褐色或紫绿色，嫩时有短柔毛，旋即脱落，多年生枝深褐色，无毛。冬芽卵圆形；外部的鳞片紫褐色，覆瓦状排列，边缘纤毛状。叶纸质，长 10-20 cm，宽 11-23 cm，基部心形，稀圆形，通常 3 裂，稀 5 裂，边缘有很稀疏而不规则的锯齿；中裂片卵形，先端渐尖，侧生的裂片较小，先端钝尖，向前直伸；上面深绿色，下面淡绿色，嫩时两面都有很稀疏的短柔毛，下面的毛较多，叶脉上的短柔毛更密，渐老时毛逐渐脱落，除上面的脉腋有丛毛外，其余部分近于无毛；主脉 5 条，稀 3 条，与侧脉均在上面显著，在下面凸起；叶柄长 3-6 cm，稀达 10 cm，嫩时有短柔毛，渐老陆续脱落而成无毛状。总状花序或圆锥总状花序，自小枝旁边无叶处生出，常有长柔毛，先叶或与叶同时发育；花黄绿色，单性，雌雄异株；萼片 5 片，长圆卵形，长 4.5 mm，宽 2 mm，边缘有纤毛；花瓣 5 片，与萼片等长；花盘无毛；雄蕊 8 枚，稀 10 枚，长 6 mm，在雌花中不发育，花丝无毛，花药黄色；雌花的子房有疏柔毛；花梗长 1-2 cm，有短柔毛。果序长 6-8 cm。小坚果特别凸起，近于球形，直径；8-10 mm，褐色，嫩时被淡黄色疏柔毛，旋即脱落；翅镰刀形，宽 1.5 cm，连同小坚果长 4-4.5 cm，稀达 5 cm，张开成锐角，稀近于直立；果梗长 1-2 cm，有短柔毛，渐老时脱落。

　　恩施州广布，生于山坡林中；分布于河南、陕西、湖北、四川、湖南、贵州、云南。

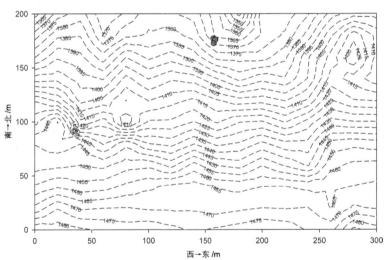

# 青榨槭 *Acer davidii* Franch.

## 槭属 *Acer*　　槭树科 Aceraceae

个体数量（Individual number）＝113
最小，平均，最大胸径（Min, Mean, Max DBH）＝1.0 cm, 5.0 cm, 23.3 cm
分布林层（Layer）＝乔木层（Tree layer）
重要值排序（Importance value rank）＝22/77

| 胸径区间 /cm | 个体数量 | 比例 /% |
|---|---|---|
| [1.0, 2.5) | 47 | 41.59 |
| [2.5, 5.0) | 28 | 24.78 |
| [5.0, 10.0) | 23 | 20.35 |
| [10.0, 20.0) | 13 | 11.51 |
| [20.0, 30.0) | 2 | 1.77 |
| [30.0, 40.0) | 0 | 0.00 |
| [40.0, 60.0) | 0 | 0.00 |

　　落叶乔木，高约 10-15 m。树皮黑褐色或灰褐色，常纵裂成蛇皮状。小枝细瘦，圆柱形，无毛；当年生的嫩枝紫绿色或绿褐色，具很稀疏的皮孔，多年生的老枝黄褐色或灰褐色。冬芽腋生，长卵圆形，绿褐色，长约 4-8 mm；鳞片的外侧无毛。叶纸质，外貌长圆卵形或近于长圆形，长 6-14 cm，宽 4-9 cm，先端锐尖或渐尖，常有尖尾，基部近心形或圆形，边缘具不整齐的钝圆齿；上面深绿色，无毛；下面淡绿色，嫩时沿叶脉被紫褐色的短柔毛，渐成无毛状；主脉在上面显著，在下面凸起，侧脉 11-12 对，成羽状，在上面微现，在下面显著；叶柄细瘦，长约 2-8 cm，嫩时被红褐色短柔毛，渐老则脱落。花黄绿色，杂性，雄花与两性花同株，成下垂的总状花序，顶生于着叶的嫩枝，开花与嫩叶的生长大约同时，雄花的花梗长 3-5 mm，通常 9-12 朵常成长 4-7 cm 的总状花序；两性花的花梗长 1-1.5 cm，通常 15-30 朵常成长 7-12 cm 的总状花序；萼片 5 片，椭圆形，先端微钝，长约 4 mm；花瓣 5 片，倒卵形，先端圆形，与萼片等长；雄蕊 8 枚，无毛，在雄花中略长于花瓣，在两性花中不发育，花药黄色，球形，花盘无毛，现裂纹，位于雄蕊内侧，子房被红褐色的短柔毛，在雄花中不发育。花柱无毛，细瘦，柱头反卷。翅果嫩时淡绿色，成熟后黄褐色；翅宽约 1-1.5 cm，连同小坚果共长 2.5-3 cm，展开成钝角或几成水平。花期 4 月，果期 9 月。

　　恩施州广布，生于山地林中；广布于黄河流域、长江流域和东南沿海各省区。

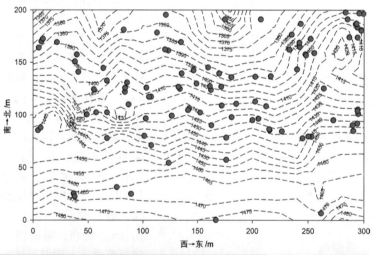

# 阔叶槭 *Acer amplum* Rehd.

## 槭属 *Acer*　　槭树科 Aceraceae

个体数量（Individual number）＝192
最小，平均，最大胸径（Min，Mean，Max DBH）＝1.0 cm，5.4 cm，23.8 cm
分布林层（Layer）＝乔木层（Tree layer）
重要值排序（Importance value rank）＝14/77

| 胸径区间<br>/cm | 个体<br>数量 | 比例<br>/% |
|---|---|---|
| [1.0, 2.5) | 84 | 43.75 |
| [2.5, 5.0) | 41 | 21.35 |
| [5.0, 10.0) | 33 | 17.19 |
| [10.0, 20.0) | 30 | 15.63 |
| [20.0, 30.0) | 4 | 2.08 |
| [30.0, 40.0) | 0 | 0.00 |
| [40.0, 60.0) | 0 | 0.00 |

　　落叶高大乔木，高 10-20 m。树皮平滑，黄褐色或深褐色。小枝圆柱形，无毛，当年生枝绿色或紫绿色，多年生枝黄绿色或黄褐色；皮孔黄色，圆形或卵形。冬芽近于卵圆形或球形，紫褐色，鳞片覆叠，钝形，外侧无毛，边缘纤毛状。叶纸质，基部近心形或截形，叶片的宽度常大于长度，常宽 10-18 cm，长 9-16 cm，常 3 裂，稀 3 裂或不分裂；裂片钝尖，裂片中间的凹缺钝形；上面深绿色或黄绿色，嫩时有稀疏的腺体，下面淡绿色，除脉腋有黄色丛毛外、其余部分无毛；主脉 5-7 条，在下面显著，侧脉和小叶脉均在下面显著；叶柄圆柱形，长 7-10 cm，无毛或嫩时近顶端部分稍有短柔毛。伞房花序长 7 cm，直径 12-15 cm，生于着叶的小枝顶端，总花梗很短，仅长 2-4 mm，有时缺；花梗细瘦，无毛。花黄绿色，杂性，雄花与两性花同株；萼片 5 片，淡绿色，无毛，钝形，长 5 mm；花瓣 5 片，白色，倒卵形或长圆倒卵形，较萼片略长；雄蕊 8 枚，生于雄花者仅长 5 mm，生于两性花者更短，花丝无毛，花药黄色；子房有腺体，花柱无毛，柱头反卷。翅果嫩时紫色，成熟时黄褐色；小坚果压扁状，长 1-1.5 cm，宽 8-10 mm；翅上段较宽，下段较窄，宽 1-1.5 cm，连同小坚果长 3.5-4.5 cm，张开成钝角。花期 4 月，果期 9 月。

　　恩施州广布，生于山谷林中；分布于湖北、四川、云南、贵州、湖南、广东、江西、安徽、浙江等省。

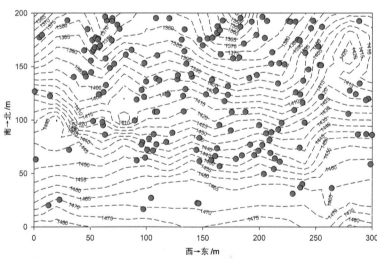

## 鸡爪槭 *Acer palmatum* Thunb.

## 槭属 *Acer*　　槭树科 Aceraceae

个体数量（Individual number）＝6
最小，平均，最大胸径（Min, Mean, Max DBH）＝1.8 cm, 7.1 cm, 17.4 cm
分布林层（Layer）＝亚乔木层（Subtree layer）
重要值排序（Importance value rank）＝38/45

| 胸径区间<br>/cm | 个体<br>数量 | 比例<br>/% |
|---|---|---|
| [1.0, 2.5) | 1 | 16.66 |
| [2.5, 5.0) | 2 | 33.33 |
| [5.0, 8.0) | 1 | 16.67 |
| [8.0, 11.0) | 0 | 0.00 |
| [11.0, 15.0) | 1 | 16.67 |
| [15.0, 20.0) | 1 | 16.67 |
| [20.0, 30.0) | 0 | 0.00 |

　　落叶小乔木。树皮深灰色。小枝细瘦；当年生枝紫色或淡紫绿色；多年生枝淡灰紫色或深紫色。叶纸质，外貌圆形，直径 7-10 cm，基部近心形，稀截形，5-9 掌状分裂，通常 7 裂，裂片长圆卵形或披针形，先端锐尖或长锐尖，边缘具紧贴的尖锐锯齿；裂片间的凹缺钝尖或锐尖，深达叶片的直径的 1/2 或 1/3；上面深绿色，无毛；下面淡绿色，在叶脉的脉腋被有白色丛毛；主脉在上面微显著，在下面凸起；叶柄长 4-6 cm，细瘦，无毛。花紫色，杂性，雄花与两性花同株，生于无毛的伞房花序，总花梗长 2-3 cm，叶发出以后才开花；萼片 5 片，卵状披针形，先端锐尖，长 3 mm；花瓣 5 片，椭圆形或倒卵形，先端钝圆，长约 2 mm；雄蕊 8 枚，无毛，较花瓣略短而藏于其内；花盘位于雄蕊的外侧，微裂；子房无毛，花柱长，2 裂，柱头扁平，花梗长约 1 cm，细瘦，无毛。翅果嫩时紫红色，成熟时淡棕黄色；小坚果球形，直径 7 mm，脉纹显著；翅与小坚果共长 2-2.5 cm，宽 1 cm，张开成钝角。花期 5 月，果期 9 月。

　　产于宣恩，生于山坡林中；分布于山东、河南、江苏、浙江、安徽、江西、湖北、湖南、贵州等省。

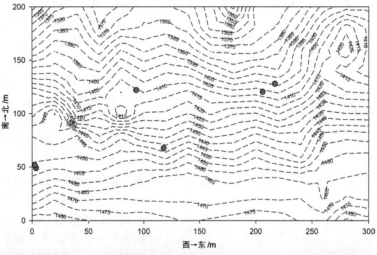

# 中华槭 *Acer sinense* Pax

## 槭属 *Acer*　　槭树科 Aceraceae

个体数量（Individual number）=100
最小，平均，最大胸径（Min, Mean, Max DBH）=1.0 cm, 3.3 cm, 13.7 cm
分布林层（Layer）=亚乔木层（Subtree layer）
重要值排序（Importance value rank）=9/45

| 胸径区间 /cm | 个体 数量 | 比例 /% |
|---|---|---|
| [1.0, 2.5) | 61 | 61.00 |
| [2.5, 5.0) | 18 | 18.00 |
| [5.0, 8.0) | 12 | 12.00 |
| [8.0, 11.0) | 6 | 6.00 |
| [11.0, 15.0) | 3 | 3.00 |
| [15.0, 20.0) | 0 | 0.00 |
| [20.0, 30.0) | 0 | 0.00 |

　　落叶乔木，高 3-5 m。树皮平滑，淡黄褐色或深黄褐色。小枝细瘦，无毛，当年生枝淡绿色或淡紫绿色，多年生枝绿褐色或深褐色，平滑。冬芽小，在叶脱落以前常为膨大的叶柄基部所覆盖，鳞片 6，边缘有长柔毛及纤毛。叶近于革质，基部心形或近心形，稀截形，长 10-14 cm，宽 12-15 cm，常 5 裂；裂片长圆卵形或三角状卵形，先端锐尖，除靠近基部的部分外其余的边缘有紧贴的圆齿状细锯齿；裂片间的凹缺锐尖，深达叶片长度的 1/2，上面深绿色，无毛，下面淡绿色，有白粉，除脉腋有黄色丛毛外其余部分无毛；主脉在上面显著，在下面凸起，侧脉在上面微显著，在下面显著；叶柄粗壮，无毛，长 3-5 cm。花杂性，雄花与两性花同株，多花组成下垂的顶生圆锥花序，长 5-9 cm，总花梗长 3-5 cm；萼片 5 片，淡绿色，卵状长圆形或三角状长圆形，先端微钝尖，边缘微有纤毛，长约 3 mm；花瓣 5 片，白色，长圆形或阔椭圆形；雄蕊 5-8 枚，长于萼片，在两性花中很短，花药黄色；花盘肥厚，位于雄蕊的外侧，微被长柔毛；子房有白色疏柔毛，在雄花中不发育，花柱无毛，长 3-4 mm，2 裂，柱头平展或反卷；花梗细瘦，无毛，长约 5 mm。翅果淡黄色，无毛，常生成下垂的圆锥果序；小坚果椭圆形，特别凸起，长 5-7 mm，宽 3-4 mm；翅宽 1 cm，连同小坚果长 3-3.5 cm，张开成近于锐角或钝角。花期 5 月，果期 9 月。

　　恩施州广布，生于山坡林中；分布于湖北、四川、湖南、贵州、广东、广西。

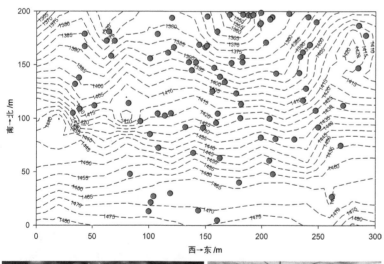

## 五裂槭 *Acer oliverianum* Pax

### 槭属 *Acer*    槭树科 Aceraceae

个体数量（Individual number）＝184
最小，平均，最大胸径（Min, Mean, Max DBH）＝1.0 cm，4.0 cm，21.5 cm
分布林层（Layer）＝亚乔木层（Subtree layer）
重要值排序（Importance value rank）＝3/45

| 胸径区间 /cm | 个体数量 | 比例 /% |
|---|---|---|
| [1.0, 2.5) | 85 | 46.20 |
| [2.5, 5.0) | 52 | 28.26 |
| [5.0, 8.0) | 25 | 13.59 |
| [8.0, 11.0) | 10 | 5.44 |
| [11.0, 15.0) | 7 | 3.80 |
| [15.0, 20.0) | 4 | 2.17 |
| [20.0, 30.0) | 1 | 0.54 |

　　落叶小乔木，高 4-7 m。树皮平滑，淡绿色或灰褐色，常被蜡粉。小枝细瘦，无毛或微被短柔毛，当年生嫩枝紫绿色，多年生老枝淡褐绿色。冬芽卵圆形，鳞片近于无毛。叶纸质，长 4-8 cm，宽 5-9 cm，基部近心形或近截形，5 裂；裂片三角状卵形或长圆卵形，先端锐尖，边缘有紧密的细锯齿；裂片间的凹缺锐尖，深达叶片的 1/3 或 1/2，上面深绿色或略带黄色，无毛，下面淡绿色，除脉腋有丛毛外其余部分无毛；主脉在上面显著，在下面凸起，侧脉在上面微显著，在下面显著；叶柄长 2.5-5 cm，细瘦，无毛或靠近顶端部分微有短柔毛。花杂性，雄花与两性花同株，常生成无毛的伞房花序，开花与叶的生长同时；萼片 5 片，紫绿色，卵形或椭圆卵形，先端钝圆，长 3-4 mm；花瓣 5 片，淡白色，卵形，先端钝圆，长 3-4 mm；雄蕊 8 枚，生于雄花者比花瓣稍长、花丝无毛，花药黄色，雌花的雄蕊很短；花盘微裂，位于雄蕊的外侧；子房微有长柔毛，花柱无毛，长 2 mm，2 裂，柱头反卷。翅果脉纹显著；翅嫩时淡紫色，成熟时黄褐色，镰刀形，连同小坚果共长 3-3.5 cm，宽 1 cm，张开近水平。花期 5 月，果期 9 月。

　　恩施州广布，生于山坡林中；分布于河南、陕西、甘肃、湖北、湖南、四川、贵州、广西和云南。

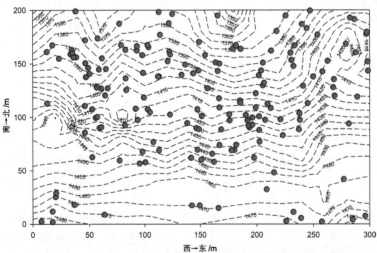

# 天师栗（变种）*Aesculus chinensis* var. *wilsonii* (Rehder) Turland & N. H. Xia

## 七叶树属 *Aesculus*　　七叶树科 Hippocastanaceae

个体数量（Individual number）＝1
最小，平均，最大胸径（Min, Mean, Max DBH）＝4.2 cm, 4.2 cm, 4.2 cm
分布林层（Layer）＝灌木层（Shrub layer）
重要值排序（Importance value rank）＝106/123

| 胸径区间 /cm | 个体数量 | 比例 /% |
|---|---|---|
| [1.0, 2.0) | 0 | 0.00 |
| [2.0, 3.0) | 0 | 0.00 |
| [3.0, 4.0) | 0 | 0.00 |
| [4.0, 5.0) | 1 | 100.00 |
| [5.0, 7.0) | 0 | 0.00 |
| [7.0, 10.0) | 0 | 0.00 |
| [10.0, 15.0) | 0 | 0.00 |

　　落叶乔木，常高 15-20 m，树皮平滑，灰褐色，常成薄片脱落。小枝圆柱形，紫褐色，嫩时密被长柔毛，渐老时脱落，有白色圆形或卵形皮孔。冬芽腋生于小枝的顶端，卵圆形，长 1.5-2 cm，栗褐色，有树脂，外部的 6-8 枚鳞片常排列成覆瓦状。掌状复叶对生，有长 10-15 cm 的叶柄，嫩时微有短柔毛，渐老时无毛；小叶 5-7 枚，稀 9 枚，长圆倒卵形、长圆形或长圆倒披针形，先端锐尖或短锐尖，基部阔楔形或近圆形，稀近心形，边缘有很密的、微内弯的、骨质硬头的小锯齿，长 10-25 cm，宽 4-8 cm，上面深绿色，有光泽，除主脉基部微有长柔毛外其余部分无毛，下面淡绿色，有灰色绒毛或长柔毛，嫩时较密，侧脉 20-25 对在上面微凸起，在下面很显著地凸起，小叶柄长 1.5-2.5 cm，稀达 3 cm，微有短柔毛。花序顶生，直立，圆筒形，长 20-30 cm，基部的直径 10-12 cm，稀达 14 cm，总花梗长 8-10 cm，基部的小花序长约 3-4 稀达 6 cm；花梗长约 5-8 mm。花有很浓的香味，杂性，雄花与两性花同株，雄花多生于花序上段，两性花生于其下段，不整齐；花萼管状，长 6-7 mm，外面微有短柔毛，上段浅五裂，裂片大小不等，钝形，长 1-2 mm，微有纤毛；花瓣 4 片，倒卵形，长 1.2-1.4 cm，外面有绒毛，内面无毛，边缘有纤毛，白色，前面的 2 枚花瓣匙状长圆形，上段宽 3 mm，有黄色斑块，基部狭窄成爪状，旁边的枚花瓣长圆倒卵形，上段宽 4.5-5 mm，基部楔形；雄蕊 7 枚，伸出花外，长短不等，最长者长 3 cm，花丝扁形，无毛，花药卵圆形，长 1.3 mm；花盘微裂，无毛，两性花的子房上位，卵圆形，长 4-5 mm，有黄色绒毛，3 室，每室有 2 胚珠，花柱除顶端无毛外，其余部分有长柔毛，连同子房长约 3 cm，在雄花中不发育或微发育。蒴果黄褐色，卵圆形或近于梨形，长 3-4 cm，顶端有短尖头，无刺，有斑点，壳很薄，干时仅厚 1.5-2 mm，成熟时常 3 裂；种子常仅 1 枚稀 2 枚发育良好，近于球形，直径 3-3.5 cm，栗褐色，种脐淡白色，近于圆形，比较狭小，约占种子的 1/3 以下。花期 4-5 月，果期 9-10 月。

　　恩施州广布，生于山谷林中；分布于河南、湖北、湖南、江西、广东、四川、贵州、云南。

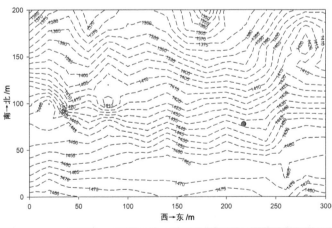

## 清风藤 *Sabia japonica* Maxim.

### 清风藤属 *Sabia* 　　清风藤科 Sabiaceae

个体数量（Individual number）＝2
最小，平均，最大胸径（Min, Mean, Max DBH）＝1.1 cm，1.2 cm，1.3 cm
分布林层（Layer）＝灌木层（Shrub layer）
重要值排序（Importance value rank）＝101/123

| 胸径区间 /cm | 个体数量 | 比例 /% |
|---|---|---|
| [1.0, 2.0) | 2 | 100.00 |
| [2.0, 3.0) | 0 | 0.00 |
| [3.0, 4.0) | 0 | 0.00 |
| [4.0, 5.0) | 0 | 0.00 |
| [5.0, 7.0) | 0 | 0.00 |
| [7.0, 10.0) | 0 | 0.00 |
| [10.0, 15.0) | 0 | 0.00 |

　　落叶攀援木质藤本；嫩枝绿色，被细柔毛，老枝紫褐色，具白蜡层，常留有木质化成单刺状或双刺状的叶柄基部。芽鳞阔卵形，具缘毛。叶近纸质，卵状椭圆形、卵形或阔卵形，长 3.5-9 cm，宽 2-4.5 cm，叶面深绿色，中脉有稀疏毛，叶背带白色，脉上被稀疏柔毛，侧脉每边 3-5 条；叶柄长 2-5 mm，被柔毛。花先叶开放，单生于叶腋，基部有苞片 4 枚，苞片倒卵形，长 2-4 mm；花梗长 2-4 mm，果时增长至 2-2.5 cm；萼片 5 片，近圆形或阔卵形，长约 0.5 mm，具缘毛；花瓣 5 片，淡黄绿色，倒卵形或长圆状倒卵形，长 3-4 mm，具脉纹；雄蕊 5 枚，花药狭椭圆形，外向开裂；花盘杯状，有 5 裂齿；子房卵形，被细毛。分果片近圆形或肾形，直径约 5 mm；核有明显的中肋，两侧面具蜂窝状凹穴，腹部平。花期 2-3 月，果期 4-7 月。

　　产于利川、鹤峰，生于山谷灌丛中；分布于湖北、江苏、安徽、浙江、福建、江西、广东、广西。

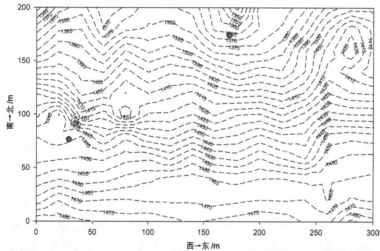

# 暖木 *Meliosma veitchiorum* Hemsl.

## 泡花树属 *Meliosma*　　清风藤科 Sabiaceae

个体数量（Individual number）＝18
最小，平均，最大胸径（Min, Mean, Max DBH）＝1.1 cm, 5.0 cm, 18.4 cm
分布林层（Layer）＝乔木层（Tree layer）
重要值排序（Importance value rank）＝42/77

| 胸径区间 /cm | 个体数量 | 比例 /% |
|---|---|---|
| [1.0, 2.5) | 6 | 33.33 |
| [2.5, 5.0) | 6 | 33.33 |
| [5.0, 10.0) | 4 | 22.22 |
| [10.0, 20.0) | 2 | 11.12 |
| [20.0, 30.0) | 0 | 0.00 |
| [30.0, 40.0) | 0 | 0.00 |
| [40.0, 60.0) | 0 | 0.00 |

　　乔木，高可达 20 m，树皮灰色，不规则的薄片状脱落；幼嫩部分多少被褐色长柔毛；小枝粗壮，具粗大近圆形的叶痕。复叶连柄长 60-90 cm，叶轴圆柱形，基部膨大；小叶纸质，7-11 片，卵形或卵状椭圆形，长 7-15 cm，宽 4-8 cm，先端尖或渐尖，基部圆钝，偏斜，两面脉上常残留有柔毛，脉腋无髯毛，全缘或有粗锯齿；侧脉每边 6-12 条。圆锥花序顶生，直立，长 40-45 cm，具 4 次分枝，主轴及分枝密生粗大皮孔；花白色，花柄长 0.5-3 mm，被褐色细柔毛；萼片 4 片，椭圆形或卵形，长 1.5-2.5 mm，外面 1 片较狭，先端钝；外面 3 片花瓣倒心形，高 1.5-2.5 mm，宽 1.5-3.5 mm，内面 2 片花瓣长约 1 mm，2 裂约达 1/3，裂片先端圆，具缘毛；雄蕊长 1.5-2 mm。核果近球形，直径约 1 cm；核近半球形，平滑或不明显稀疏纹，中肋显著隆起，常形成钝嘴，腹孔宽，具三角形的填塞物。花期 5 月，果期 8-9 月。

　　恩施州广布，生于山坡林中；分布于云南、贵州、四川、陕西、河南、湖北、湖南、安徽、浙江。

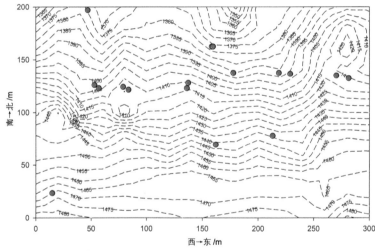

# 红柴枝 *Meliosma oldhamii* Maxim.

## 泡花树属 *Meliosma*　　清风藤科 Sabiaceae

个体数量（Individual number）＝177
最小，平均，最大胸径（Min, Mean, Max DBH）＝1.0 cm, 6.5 cm, 28.6 cm
分布林层（Layer）＝乔木层（Tree layer）
重要值排序（Importance value rank）＝17/77

| 胸径区间<br>/cm | 个体<br>数量 | 比例<br>/% |
|---|---|---|
| [1.0, 2.5) | 52 | 29.38 |
| [2.5, 5.0) | 45 | 25.42 |
| [5.0, 10.0) | 43 | 24.29 |
| [10.0, 20.0) | 29 | 16.39 |
| [20.0, 30.0) | 8 | 4.52 |
| [30.0, 40.0) | 0 | 0.00 |
| [40.0, 60.0) | 0 | 0.00 |

落叶乔木，高可达 20 m；腋芽球形或扁球形，密被淡褐色柔毛。羽状复叶连柄长 15-30 cm；有小叶 7-15 片，叶总轴、小叶柄及叶两面均被褐色柔毛，小叶薄纸质，下部的卵形，长 3-5 cm，中部的长圆状卵形，狭卵形，顶端一片倒卵形或长圆状倒卵形，长 5.5-8 cm；宽 2-3.5 cm，先端急尖或锐渐尖，具中脉伸出尖头，基部圆、阔楔形或狭楔形，边缘具疏离的锐尖锯齿；侧脉每边 7-8 条，弯拱至近叶缘开叉网结，脉腋有髯毛。圆锥花序顶生，直立，具 3 次分枝，长和宽 15-30 cm，被褐色短柔毛；花白色，花梗长 1-1.5 mm；萼片 5 片，椭圆状卵形，长约 1 mm，外 1 片较狭小，具缘毛；外面 3 片花瓣近圆形，直径约 2 mm，内面 2 片花瓣稍短于花丝，2 裂达中部，有时 3 裂而中间裂片微小，侧裂片狭倒卵形，先端有缘毛；发育雄蕊长约 1.5 mm，子房被黄色柔毛、花柱约与子房等长。核果球形，直径 4-5 mm，核具明显凸起网纹，中肋明显隆起，从腹孔一边延至另一边，腹部稍突出。花期 5-6 月，果期 8-9 月。

恩施州广布，生于山谷林中；分布于贵州、广西、广东、江西、浙江、江苏、安徽、湖北、河南、陕西。

# 垂枝泡花树 *Meliosma flexuosa* Pamp.

**泡花树属 *Meliosma***     **清风藤科 Sabiaceae**

个体数量（Individual number）=138
最小，平均，最大胸径（Min，Mean，Max DBH）=1.0 cm，2.4 cm，15.4 cm
分布林层（Layer）=亚乔木层（Subtree layer）
重要值排序（Importance value rank）=15/45

| 胸径区间/cm | 个体数量 | 比例/% |
|---|---|---|
| [1.0, 2.5) | 99 | 71.74 |
| [2.5, 5.0) | 24 | 17.39 |
| [5.0, 8.0) | 10 | 7.25 |
| [8.0, 11.0) | 3 | 2.17 |
| [11.0, 15.0) | 1 | 0.73 |
| [15.0, 20.0) | 1 | 0.72 |
| [20.0, 30.0) | 0 | 0.00 |

    小乔木，高可达 5 m；芽、嫩枝、嫩叶中脉、花序轴均被淡褐色长柔毛，腋芽通常两枚并生。单叶，膜质，倒卵形或倒卵状椭圆形，长 6-12 cm，宽 3-3.5 cm，先端渐尖或骤狭渐尖，中部以下渐狭而下延，边缘具疏离、侧脉伸出成凸尖的粗锯齿，叶两面疏被短柔毛，中脉伸出成凸尖；侧脉每边 12-18 条，脉腋髯毛不明显；叶柄长 0.5-2 cm，上面具宽沟，基部稍膨大包裹腋芽。圆锥花序顶生，向下弯垂，连柄长 12-18 cm，宽 7-22 cm，主轴及侧枝在果序时呈之形曲折；花梗长 1-3 mm；花白色，直径 3-4 mm；萼片 5 片，卵形或广卵形，长 1-1.5 mm，外 1 片特别小，具缘毛；外面 3 片花瓣近圆形，宽 2.5-3 cm，内面 2 片花瓣长 0.5 mm，2 裂，裂片广叉开，裂片顶端有缘毛，有时 3 裂则中裂齿微小；发育雄蕊长 1.5-2 mm；雌蕊长约 1 mm，子房无毛。果近卵形，长约 5 mm，核极扁斜，具明显凸起细网纹，中肋锐凸起，从腹孔一边至另一边。花期 5-6 月，果期 7-9 月。

    产于利川、宣恩，生于山地林间；分布于陕西、四川、湖北、安徽、江苏、浙江、江西、湖南、广东。

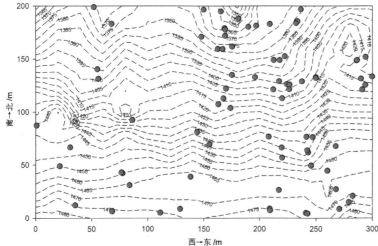

## 异色泡花树（变种）*Meliosma myriantha* var. *discolor* Dunn

### 泡花树属 *Meliosma*　　清风藤科 Sabiaceae

个体数量（Individual number）＝253
最小，平均，最大胸径（Min, Mean, Max DBH）＝1.0 cm, 3.7 cm, 20.5 cm
分布林层（Layer）＝乔木层（Tree layer）
重要值排序（Importance value rank）＝21/77

| 胸径区间 /cm | 个体数量 | 比例 /% |
|---|---|---|
| [1.0, 2.5) | 146 | 57.71 |
| [2.5, 5.0) | 56 | 22.13 |
| [5.0, 10.0) | 28 | 11.07 |
| [10.0, 20.0) | 22 | 8.70 |
| [20.0, 30.0) | 1 | 0.39 |
| [30.0, 40.0) | 0 | 0.00 |
| [40.0, 60.0) | 0 | 0.00 |

　　落叶乔木，高可达 20 m；树皮灰褐色，小块状脱落；幼枝及叶柄被褐色平伏柔毛。叶为单叶，膜质或薄纸质，倒卵状椭圆形、倒卵状长圆形或长圆形，长 8-30 cm，宽 3.5-12 cm，先端锐渐尖，基部圆钝，边缘具锯齿，锯齿不达基部，嫩叶面被疏短毛，后脱落无毛，叶背被疏毛或仅中脉及侧脉被毛余无毛；侧脉每边 11-24 条，直达齿端，脉腋有髯毛，叶柄长 1-2 cm。圆锥花序顶生，直立，疏被柔毛，分枝细长，主轴具 3 棱，侧枝扁；花直径约 3 mm，具短梗；萼片 5 或 4 片，卵形或宽卵形，长约 1 mm，顶端圆，有缘毛；外面 3 片花瓣近圆形，宽约 1.5 mm，内面 2 片花瓣披针形，约与外花瓣等长；发育雄蕊长 1-1.2 mm；雌蕊长约 2 mm，子房无毛，花柱长约 1 mm。核果倒卵形或球形，直径 4-5 mm，核中肋稍钝隆起，从腹孔一边不延至另一边，两侧具细网纹，腹部不凹入也不伸出。花期夏季，果期 5-9 月。

　　产于咸丰、利川，生于山谷林中；分布于浙江、安徽、江西、福建、广东、湖南、湖北、广西、贵州。

# 枳椇 *Hovenia acerba* Lindl.

## 枳椇属 *Hovenia* 鼠李科 Rhamnaceae

个体数量（Individual number）=47
最小，平均，最大胸径（Min, Mean, Max DBH）=1.2 cm，14.6 cm，35.6 cm
分布林层（Layer）=乔木层（Tree layer）
重要值排序（Importance value rank）=35/77

| 胸径区间 /cm | 个体数量 | 比例 /% |
|---|---|---|
| [1.0, 2.5) | 5 | 10.64 |
| [2.5, 5.0) | 5 | 10.64 |
| [5.0, 10.0) | 5 | 10.64 |
| [10.0, 20.0) | 17 | 36.17 |
| [20.0, 30.0) | 13 | 27.66 |
| [30.0, 40.0) | 2 | 4.25 |
| [40.0, 60.0) | 0 | 0.00 |

　　高大乔木，高 10-25 m；小枝褐色或黑紫色，被棕褐色短柔毛或无毛，有明显白色的皮孔。叶互生，厚纸质至纸质，宽卵形、椭圆状卵形或心形，长 8-17 cm，宽 6-12 cm，顶端长渐尖或短渐尖，基部截形或心形，稀近圆形或宽楔形，边缘常具整齐浅而钝的细锯齿，上部或近顶端的叶有不明显的齿，稀近全缘，上面无毛，下面沿脉或脉腋常被短柔毛或无毛；叶柄长 2-5 cm，无毛。二歧式聚伞圆锥花序，顶生和腋生，被棕色短柔毛；花两性，直径 5-6.5 mm；萼片具网状脉或纵条纹，无毛，长 1.9-2.2 mm，宽 1.3-2 mm；花瓣椭圆状匙形，长 2-2.2 mm，宽 1.6-2 mm，具短爪；花盘被柔毛；花柱半裂，稀浅裂或深裂，长 1.7-2.1 mm，无毛。浆果状核果近球形，直径 5-6.5 mm，无毛，成熟时黄褐色或棕褐色；果序轴明显膨大；种子暗褐色或黑紫色，直径 3.2-4.5 mm。花期 5-7 月，果期 8-10 月。

　　恩施州广布，生于山坡林中；分布于甘肃、陕西、河南、安徽、江苏、浙江、江西、福建、广东、广西、湖南、湖北、四川、云南、贵州。

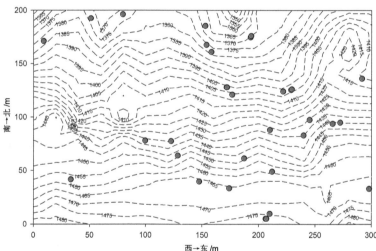

## 亮叶鼠李 *Rhamnus hemsleyana* Schneid.

### 鼠李属 *Rhamnus*　　鼠李科 Rhamnaceae

个体数量（Individual number）＝2
最小，平均，最大胸径（Min，Mean，Max DBH）＝1.2 cm，3.0 cm，4.8 cm
分布林层（Layer）＝灌木层（Shrub layer）
重要值排序（Importance value rank）＝87/123

| 胸径区间<br>/cm | 个体<br>数量 | 比例<br>/% |
|---|---|---|
| [1.0, 2.0) | 1 | 50.00 |
| [2.0, 3.0) | 0 | 0.00 |
| [3.0, 4.0) | 0 | 0.00 |
| [4.0, 5.0) | 1 | 50.00 |
| [5.0, 7.0) | 0 | 0.00 |
| [7.0, 10.0) | 0 | 0.00 |
| [10.0, 15.0) | 0 | 0.00 |

常绿乔木，稀灌木，高达 8 m，无刺；幼枝从老叶叶腋发出，无毛。叶革质，长椭圆形，稀长矩圆形或倒披针状长椭圆形，长 6-20 cm，宽 2.5-6 cm，顶端渐尖至长渐尖，稀钝圆，基部楔形或圆形，边缘具锯齿，上面亮绿色，无毛，下面浅绿色，仅脉腋具髯毛，侧脉每边 9-15 条；叶柄粗短，长 3-8 mm，上面具小沟，常被疏短柔毛；托叶线形，长 8-12 mm，早落。花杂性，2-8 个簇生于叶腋，无毛，4 基数，萼片三角形，具 3 脉，中肋和小喙不明显；无花瓣，雄蕊短于萼片；两性花的子房球形，4 室，每室有 1 个胚珠，花柱 4 半裂；雄花具退化雌蕊，子房球形，不发育，无胚珠，花柱短，不分裂；花盘稍厚，盘状，边缘离生。核果球形，绿色，成熟时红色，后变黑色，长 4-5 mm，直径 4-5 mm，具 4 分核，各有 1 种子；种子倒锥形，紫黑色，顶端宽 2 mm，腹面具棱，背面具与种子等长的纵沟。花期 4-5 月，果期 6-10 月。

恩施州广布，生于山谷林中；分布于湖北、四川、贵州、云南、陕西。

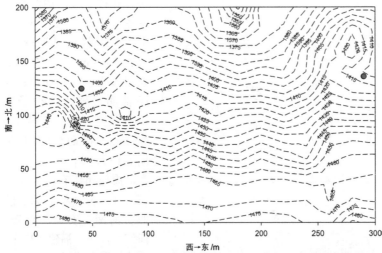

# 多脉鼠李 *Rhamnus sargentiana* Schneid.

## 鼠李属 *Rhamnus*　　鼠李科 Rhamnaceae

个体数量（Individual number）＝4
最小，平均，最大胸径（Min, Mean, Max DBH）＝1.2 cm, 1.8 cm, 2.5 cm
分布林层（Layer）＝灌木层（Shrub layer）
重要值排序（Importance value rank）＝85/123

| 胸径区间 /cm | 个体数量 | 比例 /% |
|---|---|---|
| ［1.0，2.0） | 3 | 75.00 |
| ［2.0，3.0） | 1 | 25.00 |
| ［3.0，4.0） | 0 | 0.00 |
| ［4.0，5.0） | 0 | 0.00 |
| ［5.0，7.0） | 0 | 0.00 |
| ［7.0，10.0） | 0 | 0.00 |
| ［10.0，15.0） | 0 | 0.00 |

　　落叶乔木或灌木，高达10余米，幼枝紫色，初时被微柔毛，后脱落，老枝紫褐色；芽卵形，长2-4 mm，鳞片少数，边缘具缘毛。叶纸质，椭圆形或矩圆状椭圆形，长5-17 cm，宽2.5-7 cm，顶端渐尖至长渐尖，稀短尖至圆形，基部楔形或近圆形，边缘具密圆齿状齿或钝锯齿，两面或沿脉被短柔毛，后多脱落，或下面仅沿脉被疏柔毛，侧脉每边10-17条，上面下陷，下面凸起；叶柄长3-5，被微柔毛，后脱落；托叶线形，长9-14 mm，早落。花通常2-6个簇生于叶腋，杂性，雌雄异株，无毛，4基数，稀有时5基数；无花瓣；萼片三角形，内面具不明显的中肋和小喙；雄蕊短于萼片；两性花的子房球形，4或3室，每室有1胚珠，花柱4或3半裂；雄花具退化的雌蕊，子房不发育；花盘稍厚，盘状；花梗长2-4 mm，被微柔毛。核果倒卵状球形，直径约5 mm，红色，成熟后变黑色，具4或3分核，果梗长4-10 mm；种子3或4粒，腹面具棱，背面有与种子等长的纵沟。花期5-6月，果期6-8月。

　　产于巴东，生于山谷林中；分布于四川、湖北、云南、甘肃、西藏。

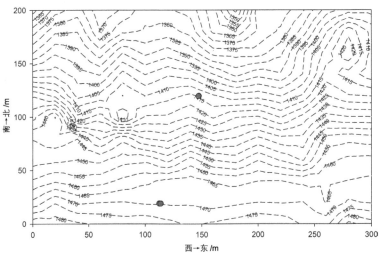

## 冻绿 *Rhamnus utilis* Decne.

### 鼠李属 *Rhamnus*　　鼠李科 Rhamnaceae

个体数量（Individual number）＝7
最小，平均，最大胸径（Min, Mean, Max DBH）＝1.0 cm, 1.7 cm, 4.5 cm
分布林层（Layer）＝灌木层（Shrub layer）
重要值排序（Importance value rank）＝71/123

| 胸径区间/cm | 个体数量 | 比例/% |
|---|---|---|
| [1.0, 2.0) | 6 | 85.71 |
| [2.0, 3.0) | 0 | 0.00 |
| [3.0, 4.0) | 0 | 0.00 |
| [4.0, 5.0) | 1 | 14.29 |
| [5.0, 7.0) | 0 | 0.00 |
| [7.0, 10.0) | 0 | 0.00 |
| [10.0, 15.0) | 0 | 0.00 |

灌木或小乔木，高达 4 m；幼枝无毛，小枝褐色或紫红色，稍平滑，对生或近对生，枝端常具针刺；腋芽小，长 2-3 mm，有数个鳞片，鳞片边缘有白色缘毛。叶纸质，对生或近对生，或在短枝上簇生，椭圆形、矩圆形或倒卵状椭圆形，长 4-15 cm，宽 2-6.5 cm，顶端突尖或锐尖，基部楔形或稀圆形，边缘具细锯齿或圆齿状锯齿，上面无毛或仅中脉具疏柔毛，下面干后常变黄色，沿脉或脉腋有金黄色柔毛，侧脉每边通常 5-6 条，两面均凸起，具明显的网脉，叶柄长 0.5-1.5 cm，上面具小沟，有疏微毛或无毛；托叶披针形，常具疏毛，宿存。花单性，雌雄异株，4 基数，具花瓣；花梗长 5-7 mm，无毛；雄花数个簇生于叶腋，或 10-30 个聚生于小枝下部，有退化的雌蕊；雌花 2-6 个簇生于叶腋或小枝下部；退化雄蕊小，花柱较长，2 浅裂或半裂。核果圆球形或近球形，成熟时黑色，具 2 分核，基部有宿存的萼筒；梗长 5-12 mm，无毛；种子背侧基部有短沟。花期 4-6 月，果期 5-8 月。

恩施州广布，生于山坡林中；分布于甘肃、陕西、河南、河北、山西、安徽、江苏、浙江、江西、福建、广东、广西、湖北、湖南，四川、贵州。

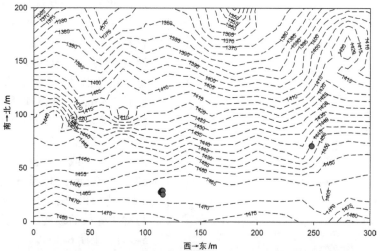

# 猫乳 *Rhamnella franguloides* (Maxim.) Weberb.

## 猫乳属 *Rhamnella* 鼠李科 Rhamnaceae

个体数量（Individual number）＝7
最小，平均，最大胸径（Min, Mean, Max DBH）＝1.4 cm，4.0 cm，12.0 cm
分布林层（Layer）＝亚乔木层（Subtree layer）
重要值排序（Importance value rank）＝36/45

| 胸径区间 /cm | 个体数量 | 比例 /% |
|---|---|---|
| [1.0, 2.5) | 4 | 57.14 |
| [2.5, 5.0) | 2 | 28.57 |
| [5.0, 8.0) | 0 | 0.00 |
| [8.0, 11.0) | 0 | 0.00 |
| [11.0, 15.0) | 1 | 14.29 |
| [15.0, 20.0) | 0 | 0.00 |
| [20.0, 30.0) | 0 | 0.00 |

　　落叶灌木或小乔木，高 2-9 m；幼枝绿色，被短柔毛或密柔毛。叶倒卵状矩圆形、倒卵状椭圆形、矩圆形，长椭圆形，稀倒卵形，长 4-12 cm，宽 2-5 cm，顶端尾状渐尖、渐尖或骤然收缩成短渐尖，基部圆形，稀楔形，边缘具细锯齿，上面绿色，无毛，下面黄绿色，被柔毛或仅沿脉被柔毛，侧脉每边 5-11 条；叶柄长 2-6 mm，被密柔毛；托叶披针形，长 3-4 mm，基部与茎离生，宿存。花黄绿色，两性，6-18 个排成腋生聚伞花序；总花梗长 1-4 mm，被疏柔毛或无毛；萼片三角状卵形，边缘被疏短毛；花瓣宽倒卵形，顶端微凹；花梗长 1.5-4 mm，被疏毛或无毛。核果圆柱形，长 7-9 mm，直径 3-4.5 mm，成熟时红色或橘红色，干后变黑色或紫黑色；果梗长 3-5 mm，被疏柔毛或无毛。花期 5-7 月，果期 7-10 月。

　　产于宣恩，生于山坡林缘灌丛中；分布于陕西、山西、河北、河南、山东、江苏、安徽、浙江、江西、湖南、湖北。

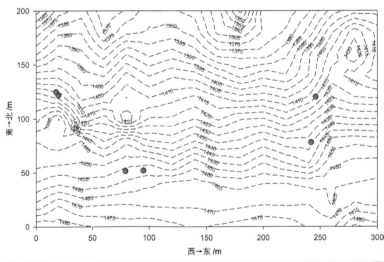

# 多脉猫乳 *Rhamnella martini* (H. Léveillé) C. K. Schneider
## 猫乳属 *Rhamnella*　　鼠李科 Rhamnaceae

个体数量（Individual number）＝3
最小，平均，最大胸径（Min, Mean, Max DBH）＝2.9 cm, 3.7 cm, 5.1 cm
分布林层（Layer）＝灌木层（Shrub layer）
重要值排序（Importance value rank）＝100/123

| 胸径区间 /cm | 个体数量 | 比例 /% |
|---|---|---|
| [1.0, 2.0) | 0 | 0.00 |
| [2.0, 3.0) | 1 | 33.34 |
| [3.0, 4.0) | 1 | 33.33 |
| [4.0, 5.0) | 0 | 0.00 |
| [5.0, 7.0) | 1 | 33.33 |
| [7.0, 10.0) | 0 | 0.00 |
| [10.0, 15.0) | 0 | 0.00 |

灌木或小乔木，高可达 8 m；幼枝纤细，黄绿色，无毛，老枝黑褐色，具多数黄色皮孔。叶纸质，长椭圆形、披针状椭圆形或矩圆状椭圆形，长 4-11 cm，宽 1.5-4.2 cm，顶端锐尖或渐尖，基部圆形或近圆形，稍偏斜，边缘具细锯齿，两面无毛，稀下面沿脉被疏柔毛，侧脉每边 6-8 条；叶柄长 2-4 mm，无毛或被疏柔毛；托叶钻形，基部宿存。腋生聚伞花序，无毛，总花梗极短或长不超过 2 mm；花小，黄绿色，萼片卵状三角形，顶端锐尖，1 花瓣倒卵形，顶端微凹；花梗长 2-3 mm。核果近圆柱形，长 8 mm，直径 3-3.5 mm，成熟时或干后变黑紫色；果梗长 3-4 mm。花期 4-6 月，果期 7-9 月。

产于咸丰、利川，生于山地林中；分布于湖北、四川、云南、西藏、贵州、广东。

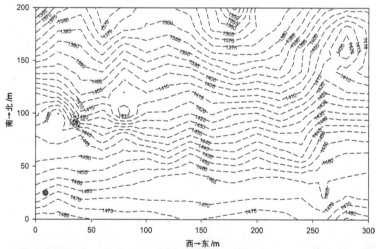

# 勾儿茶 *Berchemia sinica* Schneid.

## 勾儿茶属 *Berchemia*　　鼠李科 Rhamnaceae

个体数量（Individual number）=6
最小，平均，最大胸径（Min, Mean, Max DBH）=1.1 cm，1.6 cm，2.1 cm
分布林层（Layer）=灌木层（Shrub layer）
重要值排序（Importance value rank）=74/123

| 胸径区间/cm | 个体数量 | 比例/% |
|---|---|---|
| [1.0, 2.0) | 5 | 83.33 |
| [2.0, 3.0) | 1 | 16.67 |
| [3.0, 4.0) | 0 | 0.00 |
| [4.0, 5.0) | 0 | 0.00 |
| [5.0, 7.0) | 0 | 0.00 |
| [7.0, 10.0) | 0 | 0.00 |
| [10.0, 15.0) | 0 | 0.00 |

　　藤状或攀援灌木，高达5 m；幼枝无毛，老枝黄褐色，平滑无毛。叶纸质至厚纸质，互生或在短枝顶端簇生，卵状椭圆形或卵状矩圆形，长3-6 cm，宽1.6-3.5 cm，顶端圆形或钝，常有小尖头，基部圆形或近心形，上面绿色，无毛，下面灰白色，仅脉腋被疏微毛，侧脉每边8-10条；叶柄纤细，长1.2-2.6 cm，带红色，无毛。花芽卵球形，顶端短锐尖或钝；花黄色或淡绿色，单生或数个簇生，无或有短总花梗，在侧枝顶端排成具短分枝的窄聚伞状圆锥花序，花序轴无毛，长达10 cm，分枝长达5 cm，有时为腋生的短总状花序；花梗长2 mm。核果圆柱形，长5-9 mm，直径2.5-3 mm，基部稍宽，有皿状的宿存花盘，成熟时紫红色或黑色；果梗长3 mm。花期6-8月，果期翌年5-6月。

　　产于宣恩，生于山坡林中；分布于河南、山西、陕西、甘肃、四川、云南、贵州、湖北。

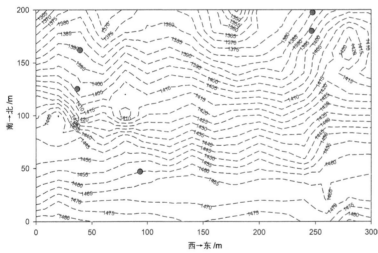

# 美丽葡萄 *Vitis bellula* (Rehd.) W. T. Wang

## 葡萄属 *Vitis*　　葡萄科 Vitaceae

个体数量（Individual number）＝10
最小，平均，最大胸径（Min, Mean, Max DBH）＝1.1 cm, 1.6 cm, 2.2 cm
分布林层（Layer）＝灌木层（Shrub layer）
重要值排序（Importance value rank）＝60/123

| 胸径区间 /cm | 个体数量 | 比例 /% |
|---|---|---|
| [1.0, 2.0) | 6 | 60.00 |
| [2.0, 3.0) | 4 | 40.00 |
| [3.0, 4.0) | 0 | 0.00 |
| [4.0, 5.0) | 0 | 0.00 |
| [5.0, 7.0) | 0 | 0.00 |
| [7.0, 10.0) | 0 | 0.00 |
| [10.0, 15.0) | 0 | 0.00 |

　　木质藤本。小枝纤细，圆柱形，有纵棱纹，疏被白色蛛丝状绒毛；卷须不分枝或混生有 2 叉分枝，相隔 2 节间断与叶对生。叶卵圆形或卵椭圆形，长 3-7 cm，宽 2-4 cm，顶端急尖或渐尖，基部浅心形、近截形或近圆形，边缘每侧有 7-10 个细锐锯齿，上面绿色，几无毛，下面密被灰白色或灰褐色蛛丝状绒毛；基生脉 3 出，中脉有侧脉 4-5 对，网脉上面不突出，下面突出为绒毛所覆盖；叶柄长 1-3 cm，被稀疏蛛丝状绒毛；托叶近膜质，绿褐色，长约 0.8 mm，宽约 0.7 mm，顶端钝，无毛。圆锥花序狭窄，圆柱形，基部侧枝不发达，花序梗长 0.5-1.2 cm，被稀疏蛛丝状绒毛；花梗纤细，长 2-3 mm，无毛；花蕾椭圆形或倒卵椭圆形，高 1.5-1.8 mm，顶端圆形；萼浅碟形，萼齿不明显，外面无毛；花瓣 5 片，椭圆卵形，高 1.2-1.6 mm，呈帽状黏合脱落；雄蕊 5 枚，花丝丝状，长约 1.2 mm，花药黄色，椭圆形，长约 0.5 mm；花盘在雄花中发达，微 5 裂，雌蕊在雄花内完全退化。果实球形，直径 0.6-71 cm，紫黑色；种子倒卵形，顶端圆形，微下凹，基部有短喙，种脐在种子背面近中部呈圆形，腹部中棱脊突出，两侧洼穴呈沟状，向上达种子近顶端。花期 5-6 月，果期 7-8 月。

　　产于宣恩，生于山坡林中；分布于湖北、四川。

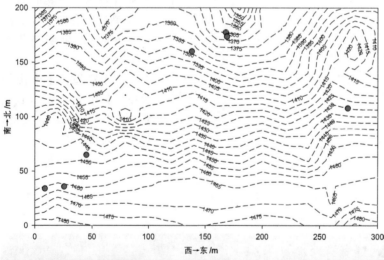

## 羽叶蛇葡萄 *Ampelopsis chaffanjonii* (H. Léveillé & Vaniot) Rehder

**蛇葡萄属 *Ampelopsis***      **葡萄科 Vitaceae**

个体数量（Individual number）= 14
最小，平均，最大胸径（Min, Mean, Max DBH）= 1.2 cm, 2.9 cm, 6.5 cm
分布林层（Layer）= 灌木层（Shrub layer）
重要值排序（Importance value rank）= 55/123

| 胸径区间 /cm | 个体数量 | 比例 /% |
|---|---|---|
| [1.0, 2.0) | 3 | 21.43 |
| [2.0, 3.0) | 5 | 35.72 |
| [3.0, 4.0) | 4 | 28.57 |
| [4.0, 5.0) | 1 | 7.14 |
| [5.0, 7.0) | 1 | 7.14 |
| [7.0, 10.0) | 0 | 0.00 |
| [10.0, 15.0) | 0 | 0.00 |

木质藤本。小枝圆柱形，有纵棱纹，无毛。卷须 2 叉分枝，相隔 2 节间断与叶对生。叶为一回羽状复叶，通常有小叶 2-3 对，小叶长椭圆形或卵椭圆形，长 7-15 cm，宽 3-7 cm，顶端急尖或渐尖，基部圆形或阔楔形，边缘有 5-11 个尖锐细锯齿，上面绿色或深绿色，下面浅绿色或带粉绿色，两面均无毛；侧脉 5-7 对，网脉两面微突出；叶柄长 2-4.5 cm，顶生小叶柄长 2.5-4.5 cm，侧生小叶柄长 0-1.8 cm，无毛。花序为伞房状多歧聚伞花序，顶生或与叶对生；花序梗长 3-5 cm，无毛；花梗长 1.5-2 mm，无毛；花蕾卵圆形，高 1.5-2 mm，顶端圆形，萼碟形，萼片阔三角形，无毛；花瓣 5 片，卵椭圆形，高 1.2-1.7 mm，无毛；雄蕊 5 枚，花药卵椭圆形；花盘发达，波状浅裂；子房下部与花盘合生，花柱钻形，柱头不明显扩大。果实近球形，直径 0.8-1 cm，有种子 2-3 粒；种子倒卵形，顶端圆形，基部喙短尖，种脐在种子背面中部呈椭圆形，两侧有突出的钝肋纹，背部棱脊突出，腹部中棱脊突出，两侧洼穴呈沟状，向上略为扩大达种子上部，周围有钝肋纹突出。花期 5-7 月，果期 7-9 月。

恩施州广布，生于山谷林下或灌丛中；分布于安徽、江西、湖北、湖南、广西、四川、贵州、云南。

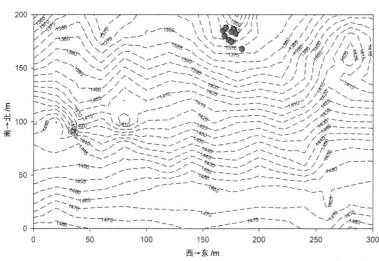

## 日本杜英 *Elaeocarpus japonicus* Sieb. et Zucc.

### 杜英属 *Elaeocarpus*　　杜英科 Elaeocarpaceae

个体数量（Individual number）＝3
最小，平均，最大胸径（Min, Mean, Max DBH）＝1.0 cm, 2.1 cm, 3.1 cm
分布林层（Layer）＝灌木层（Shrub layer）
重要值排序（Importance value rank）＝98/123

| 胸径区间 /cm | 个体数量 | 比例 /% |
|---|---|---|
| [1.0, 2.0) | 1 | 33.34 |
| [2.0, 3.0) | 1 | 33.33 |
| [3.0, 4.0) | 1 | 33.33 |
| [4.0, 5.0) | 0 | 0.00 |
| [5.0, 7.0) | 0 | 0.00 |
| [7.0, 10.0) | 0 | 0.00 |
| [10.0, 15.0) | 0 | 0.00 |

乔木；嫩枝秃净无毛；叶芽有发亮绢毛。叶革质，通常卵形，亦有为椭圆形或倒卵形，长 6-12 cm，宽 3-6 cm，先端尖锐，尖头钝，基部圆形或钝，初时上下两面密被银灰色绢毛，很快变秃净，老叶上面深绿色，发亮，干后仍有光泽，下面无毛，有多数细小黑腺点，侧脉 5-6 对，在下面突起，网脉在上下两面均明显；边缘有疏锯齿；叶柄长 2-6 cm，初时被毛，不久完全秃净。总状花序长 3-6 cm，生于当年枝的叶腋内，花序轴有短柔毛；花柄长 3-4 mm，被微毛；花两性或单性。两性花：萼片 5 片，长圆形，长 4 mm，两面有毛；花瓣长圆形，两面有毛，与萼片等长，先端全缘或有数个浅齿；雄蕊 15 枚，花丝极短，花药长 2 mm，有微毛，顶端无附属物；花盘 10 裂，连合成环；子房有毛，3 室，花柱长 3 mm，有毛。雄花萼片 5-6 片，花瓣 5-6 片，均两面被毛；雄蕊 9-14 枚；退化子房存在或缺。核果椭圆形，长 1-1.3 cm，宽 8 mm，1 室；种子 1 颗，长 8 mm。花期 4-5 月，果期 8-9 月。

恩施州广布，生于山坡林中；分布于我国长江以南各省区。

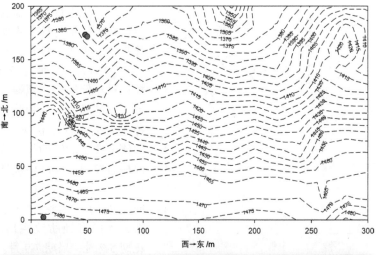

# 粉椴 *Tilia oliveri* Szyszyl.

## 椴树属 *Tilia*　椴树科 Tiliaceae

个体数量（Individual number）＝13
最小，平均，最大胸径（Min, Mean, Max DBH）＝1.6 cm, 7.7 cm, 26.6 cm
分布林层（Layer）＝乔木层（Tree layer）
重要值排序（Importance value rank）＝49/77

| 胸径区间 /cm | 个体数量 | 比例 /% |
|---|---|---|
| [1.0, 2.5) | 4 | 30.77 |
| [2.5, 5.0) | 4 | 30.77 |
| [5.0, 10.0) | 2 | 15.39 |
| [10.0, 20.0) | 1 | 7.69 |
| [20.0, 30.0) | 2 | 15.38 |
| [30.0, 40.0) | 0 | 0.00 |
| [40.0, 60.0) | 0 | 0.00 |

　　乔木，高 8 m，树皮灰白色；嫩枝通常无毛，或偶有不明显微毛，顶芽秃净。叶卵形或阔卵形，长 9-12 cm，宽 6-10 cm，有时较细小，先端急锐尖，基部斜心形或截形，上面无毛，下面被白色星状茸毛，侧脉 7-8 对，边缘密生细锯齿；叶柄长 3-5 cm，近秃净。聚伞花序长 6-9 cm，有花 6-15 朵，花序柄长 5-7 cm，有灰白色星状茸毛，下部 3-4.5 cm 与苞片合生；花柄长 4-6 mm；苞片窄倒披针形，长 6-10 cm，宽 1-2 cm，先端圆，基部钝，有短柄，上面中脉有毛，下面被灰白色星状柔毛；萼片卵状披针形，长 5-6 mm，被白色毛；花瓣长 6-7 mm；退化雄蕊比花瓣短；雄蕊约与萼片等长；子房有星状茸毛，花柱比花瓣短。果实椭圆形，被毛，有棱或仅在下半部有棱突，多少突起。花期 7-8 月，果期 8-9 月。

　　恩施州广布，生于山坡林中；分布于甘肃、陕西、四川、湖北、湖南、江西、浙江。

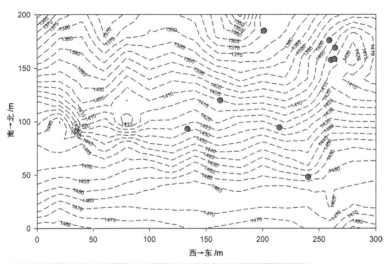

## 椴树 *Tilia tuan* Szyszyl.

### 椴树属 *Tilia* 椴树科 Tiliaceae

个体数量（Individual number）＝12
最小，平均，最大胸径（Min, Mean, Max DBH）＝1.8 cm，15.2 cm，23.4 cm
分布林层（Layer）＝乔木层（Tree layer）
重要值排序（Importance value rank）＝53/77

| 胸径区间 /cm | 个体数量 | 比例 /% |
|---|---|---|
| [1.0, 2.5) | 1 | 8.33 |
| [2.5, 5.0) | 0 | 0.00 |
| [5.0, 10.0) | 2 | 16.67 |
| [10.0, 20.0) | 5 | 41.67 |
| [20.0, 30.0) | 4 | 33.33 |
| [30.0, 40.0) | 0 | 0.00 |
| [40.0, 60.0) | 0 | 0.00 |

乔木，高 20 m，树皮灰色，直裂；小枝近秃净，顶芽无毛或有微毛。叶卵圆形，长 7-14 cm，宽 5.5-9 cm，先端短尖或渐尖，基部单侧心形或斜截形，上面无毛，下面初时有星状茸毛，以后变秃净，在脉腋有毛丛，干后灰色或褐绿色，侧脉 6-7 对，边缘上半部有疏而小的齿突；叶柄长 3-5 cm，近秃净。聚伞花序长 8-13 cm，无毛；花柄长 7-9 mm；苞片狭窄倒披针形，长 10-16 cm，宽 1.5-2.5 cm，无柄，先端钝，基部圆形或楔形，上面通常无毛，下面有星状柔毛，下半部 5-7 cm 与花序柄合生；萼片长圆状披针形，长 5 mm，被茸毛，内面有长茸毛；花瓣长 7-8 mm；退化雄蕊长 6-7 mm；雄蕊长 5 mm；子房有毛，花柱长 4-5 mm。果实球形，宽 8-10 mm，无棱，有小突起，被星状茸毛。花期 7 月，果期 9-10 月。

恩施州广布，生于山坡林中；分布于湖北、四川、云南、贵州、广西、湖南、江西。

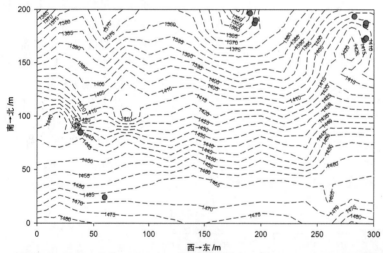

# 软枣猕猴桃 *Actinidia arguta* (Sieb. et Zucc.) Planch. ex Miq.

## 猕猴桃属 *Actinidia* 猕猴桃科 Actinidiaceae

个体数量（Individual number）=18
最小，平均，最大胸径（Min，Mean，Max DBH）=1.2 cm，2.1 cm，3.4 cm
分布林层（Layer）=灌木层（Shrub layer）
重要值排序（Importance value rank）=56/123

| 胸径区间 /cm | 个体数量 | 比例 /% |
|---|---|---|
| [1.0, 2.0) | 9 | 50.00 |
| [2.0, 3.0) | 7 | 38.89 |
| [3.0, 4.0) | 2 | 11.11 |
| [4.0, 5.0) | 0 | 0.00 |
| [5.0, 7.0) | 0 | 0.00 |
| [7.0, 10.0) | 0 | 0.00 |
| [10.0, 15.0) | 0 | 0.00 |

　　落叶藤本；小枝基本无毛或幼嫩时星散地薄被柔软绒毛或茸毛，长7-15 cm，隔年枝灰褐色，洁净无毛或部分表皮呈污灰色皮屑状，皮孔长圆形至短条形，不显著至很不显著；髓白色至淡褐色，片层状。叶膜质或纸质，卵形、长圆形、阔卵形至近圆形，长 6-12 cm，宽 5-10 cm，顶端急短尖，基部圆形至浅心形，等侧或稍不等侧，边缘具繁密的锐锯齿，腹面深绿色，无毛，背面绿色，侧脉腋上有髯毛或连中脉和侧脉下段的两侧沿生少量卷曲柔毛，个别较普遍地被卷曲柔毛，横脉和网状小脉细，不发达，可见或不可见，侧脉稀疏，6-7 对，分叉或不分叉；叶柄长 3-6 cm，无毛或略被微弱的卷曲柔毛。花序腋生或腋外生，为 1-2 回分枝，1-7 花，或厚或薄地被淡褐色短绒毛，花序柄长 7-10 mm，花柄 8-14 mm，苞片线形，长 1-4 mm。花绿白色或黄绿色，芳香，直径 1.2-2 cm；萼片 4-6 枚；卵圆形至长圆形，长 3.5-5 mm，边缘较薄，有不甚显著的缘毛，两面薄被粉末状短茸毛，或外面毛较少或近无毛；花瓣 4-6 片，楔状倒卵形或瓢状倒阔卵形，长 7-9 mm，1 花 4 瓣的其中有 1 片 2 裂至半；花丝丝状，长 1.5-3 mm，花药黑色或暗紫色，长圆形箭头状，长 1.5-2 mm；子房瓶状，长 6-7 mm，洁净无毛，花柱长 3.5-4 mm。果圆球形至柱状长圆形，长 2-3 cm，有喙或喙不显著，无毛，无斑点，不具宿存萼片，成熟时绿黄色或紫红色。种子纵径约 2.5 mm。花期 4 月，果期 9-10 月。

　　产于利川，生于山谷林中；分布于黑龙江、吉林、辽宁、山东、山西、河北、河南、安徽、浙江、云南、湖北等省。

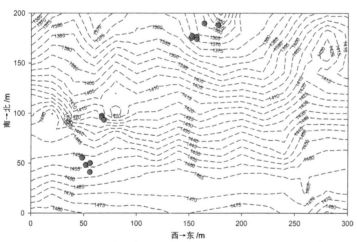

# 中华猕猴桃 *Actinidia chinensis* Planch.

## 猕猴桃属 *Actinidia*　　猕猴桃科 Actinidiaceae

个体数量（Individual number）＝1071
最小，平均，最大胸径（Min, Mean, Max DBH）＝1.0 cm, 2.9 cm, 12.5 cm
分布林层（Layer）＝灌木层（Shrub layer）
重要值排序（Importance value rank）＝4/123

| 胸径区间 /cm | 个体数量 | 比例 /% |
|---|---|---|
| [1.0, 2.0) | 319 | 29.79 |
| [2.0, 3.0) | 279 | 26.05 |
| [3.0, 4.0) | 247 | 23.06 |
| [4.0, 5.0) | 134 | 12.51 |
| [5.0, 7.0) | 79 | 7.38 |
| [7.0, 10.0) | 12 | 1.12 |
| [10.0, 15.0) | 1 | 0.09 |

　　落叶藤本；幼枝或厚或薄地被有灰白色茸毛或褐色长硬毛或铁锈色硬毛状刺毛，老时秃净或留有断损残毛；花枝短的 4-5 cm，长的 15-20 cm；隔年枝完全秃净无毛，直径 5-8 mm，皮孔长圆形，比较显著或不甚显著；髓白色至淡褐色，片层状。叶纸质，倒阔卵形至倒卵形或阔卵形至近圆形，长 6-17 cm，宽 7-15 cm，顶端截平形并中间凹入或具突尖、急尖至短渐尖，基部钝圆形、截平形至浅心形，边缘具脉出的直伸的睫状小齿，腹面深绿色，无毛或中脉和侧脉上有少量软毛或散被短糙毛，背面苍绿色，密被灰白色或淡褐色星状绒毛，侧脉 5-8 对，常在中部以上分歧成叉状，横脉比较发达，易见，网状小脉不易见；叶柄长 3-6 cm，被灰白色茸毛或黄褐色长硬毛或铁锈色硬毛状刺毛。聚伞花序 1-3 花，花序柄长 7-15 mm，花柄长 9-15 mm；苞片小，卵形或钻形，长约 1 mm，均被灰白色丝状绒毛或黄褐色茸毛；花初放时白色，放后变淡黄色，有香气，直径 1.8-3.5 cm；萼片 3-7 片，通常 5 片，阔卵形至卵状长圆形，长 6-10 mm，两面密被压紧的黄褐色绒毛；花瓣 5 片，有时少至 3-4 片或多至 6-7 片，阔倒卵形，有短距，长 10-20 mm，宽 6-17 mm；雄蕊极多，花丝狭条形，长 5-10 mm，花药黄色，长圆形，长 1.5-2 mm，基部叉开或不叉开；子房球形，径约 5 mm，密被金黄色的压紧交织绒毛或不压紧不交织的刷毛状糙毛，花柱狭条形。果黄褐色，近球形、圆柱形、倒卵形或椭圆形，长 4-6 cm，被茸毛、长硬毛或刺毛状长硬毛，成熟时秃净或不秃净，具小而多的淡褐色斑点；宿存萼片反折；种子纵径 2.5 mm。花期 4-5 月，果期 9 月。

　　产于恩施市、利川，生于山地林中；分布于陕西、湖北、湖南、河南、安徽、江苏、浙江、江西、福建、广东和广西等省区。

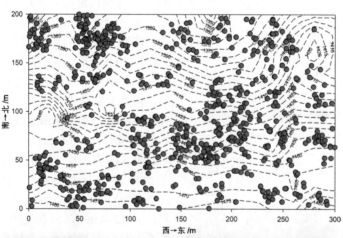

# 油茶 *Camellia oleifera* Abel.

## 山茶属 *Camellia*　　山茶科 Theaceae

个体数量（Individual number）=984
最小，平均，最大胸径（Min, Mean, Max DBH）=1.0 cm, 3.0 cm, 23.5 cm
分布林层（Layer）=亚乔木层（Subtree layer）
重要值排序（Importance value rank）=17/45

| 胸径区间 /cm | 个体数量 | 比例 /% |
|---|---|---|
| [1.0, 2.5) | 458 | 46.55 |
| [2.5, 5.0) | 413 | 41.97 |
| [5.0, 8.0) | 103 | 10.47 |
| [8.0, 11.0) | 8 | 0.81 |
| [11.0, 15.0) | 1 | 0.10 |
| [15.0, 20.0) | 0 | 0.00 |
| [20.0, 30.0) | 1 | 0.10 |

　　灌木或中乔木；嫩枝有粗毛。叶革质，椭圆形，长圆形或倒卵形，先端尖而有钝头，有时渐尖或钝，基部楔形，长 5-7 cm，宽 2-4 cm，有时较长，上面深绿色，发亮，中脉有粗毛或柔毛，下面浅绿色，无毛或中脉有长毛，侧脉在上面能见，在下面不很明显，边缘有细锯齿，有时具钝齿，叶柄长 4-8 mm，有粗毛。花顶生，近于无柄，苞片与萼片约 10 片，由外向内逐渐增大，阔卵形，长 3-12 mm，背面有贴紧柔毛或绢毛，花后脱落，花瓣白色，5-7 片，倒卵形，长 2.5-3 cm，宽 1-2 cm，有时较短或更长，先端凹入或 2 裂，基部狭窄，近于离生，背面有丝毛，至少在最外侧的有丝毛；雄蕊长 1-1.5 cm，外侧雄蕊仅基部略连生，偶有花丝管长达 7 mm 的，无毛，花药黄色，背部着生；子房有黄长毛，3-5 室，花柱长约 1 cm，无毛，先端不同程度 3 裂。蒴果球形或卵圆形，直径 2-4 cm，3 室或 1 室，3 片或 2 片裂开，每室有种子 1 粒或 2 粒，果片厚 3-5 mm，木质，中轴粗厚；苞片及萼片脱落后留下的果柄长 3-5 mm，粗大，有环状短节。花期冬春间，果期 9-10 月。

　　恩施州广泛栽培；从长江流域到华南各地广泛栽培。

# 长瓣短柱茶 *Camellia grijsii* Hance

## 山茶属 *Camellia*　　山茶科 Theaceae

个体数量（Individual number）＝503
最小，平均，最大胸径（Min, Mean, Max DBH）＝1.0 cm, 2.8 cm, 10.7 cm
分布林层（Layer）＝亚乔木层（Subtree layer）
重要值排序（Importance value rank）＝13/45

| 胸径区间/cm | 个体数量 | 比例/% |
|---|---|---|
| [1.0, 2.5) | 282 | 56.06 |
| [2.5, 5.0) | 171 | 34.00 |
| [5.0, 8.0) | 40 | 7.95 |
| [8.0, 11.0) | 10 | 1.99 |
| [11.0, 15.0) | 0 | 0.00 |
| [15.0, 20.0) | 0 | 0.00 |
| [20.0, 30.0) | 0 | 0.00 |

灌木或小乔木，嫩枝较纤细，有短柔毛。叶革质，长圆形，长6-9 cm，宽2.5-3.7 cm，先端渐尖或尾状渐尖，基部阔楔形或略圆，上面干后橄榄绿色，有光泽，无毛，或中脉基部有短毛，下面同色，中脉有稀疏长毛，侧脉6-7对，在上面略陷下，在下面突起，边缘有尖锐锯齿，齿刻相隔1.5-2 mm，叶柄长5-8 mm，有柔毛。花顶生，白色，直径4-5 cm，花梗极短；苞被片9-10片，半圆形至近圆形，最外侧的长2-3 mm，最内侧的长8 mm，革质，无毛，花开后脱落；花瓣5-6片，倒卵形，长2-2.5 cm，宽1.2-2 cm，先端凹入，基部与雄蕊连生约2-5 mm；雄蕊长7-8 mm，基部连合或部分离生，无毛，花药基部着生；子房有黄色长粗毛；花柱长3-4 mm，无毛，先端3浅裂。蒴果球形，直径2-2.5 cm，1-3室，果皮厚1 mm。花期1-3月，果期9-10月。

恩施州广布，生于山坡林中；分布于福建、四川、江西、湖北、广西。

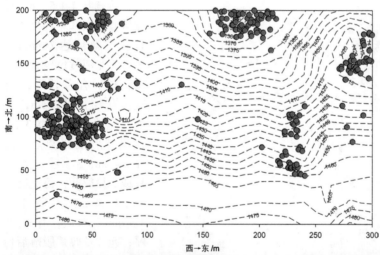

# 山茶 *Camellia japonica* L.

## 山茶属 *Camellia* 山茶科 Theaceae

个体数量（Individual number）＝1
最小，平均，最大胸径（Min, Mean, Max DBH）＝2.2 cm, 2.2 cm, 2.2 cm
分布林层（Layer）＝灌木层（Shrub layer）
重要值排序（Importance value rank）＝116/123

| 胸径区间/cm | 个体数量 | 比例/% |
|---|---|---|
| [1.0, 2.0) | 0 | 0.00 |
| [2.0, 3.0) | 1 | 100.00 |
| [3.0, 4.0) | 0 | 0.00 |
| [4.0, 5.0) | 0 | 0.00 |
| [5.0, 7.0) | 0 | 0.00 |
| [7.0, 10.0) | 0 | 0.00 |
| [10.0, 15.0) | 0 | 0.00 |

　　灌木或小乔木，高 9 m，嫩枝无毛。叶革质，椭圆形，长 5-10 cm，宽 2.5-5 cm，先端略尖，或急短尖而有钝尖头，基部阔楔形，上面深绿色，干后发亮，无毛，下面浅绿色，无毛，侧脉 7-8 对，在上下两面均能见，边缘有相隔 2-3.5 cm 的细锯齿。叶柄长 8-15 mm，无毛。花顶生，红色，无柄；苞片及萼片约 10 片，组成长约 2.5-3 cm 的杯状苞被，半圆形至圆形，长 4-20 mm，外面有绢毛，脱落；花瓣 6-7 片，外侧 2 片近圆形，几离生，长 2 cm，外面有毛，内侧 5 片基部连生约 8 mm，倒卵圆形，长 3-4.5 cm，无毛；雄蕊 3 轮，长约 2.5-3 cm，外轮花丝基部连生，花丝管长 1.5 cm，无毛；内轮雄蕊离生，稍短，子房无毛，花柱长 2.5 cm，先端 3 裂。蒴果圆球形，直径 2.5-3 cm，2-3 室，每室有种子 1-2 个，3 片裂开，果片厚木质。花期 1-3 月，果期 9-10 月。

　　恩施州广泛栽培；分布于四川、湖北、台湾、山东、江西等省。

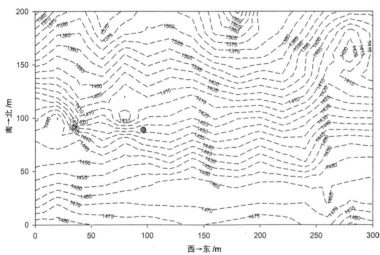

# 尖连蕊茶 *Camellia cuspidata* (Kochs) Wright ex Gard.

## 山茶属 *Camellia*　　山茶科 Theaceae

个体数量（Individual number）=7
最小，平均，最大胸径（Min, Mean, Max DBH）=1.6 cm, 2.9 cm, 5.0 cm
分布林层（Layer）=灌木层（Shrub layer）
重要值排序（Importance value rank）=65/123

| 胸径区间 /cm | 个体数量 | 比例 /% |
|---|---|---|
| [1.0, 2.0) | 2 | 28.57 |
| [2.0, 3.0) | 3 | 42.86 |
| [3.0, 4.0) | 0 | 0.00 |
| [4.0, 5.0) | 1 | 14.28 |
| [5.0, 7.0) | 1 | 14.29 |
| [7.0, 10.0) | 0 | 0.00 |
| [10.0, 15.0) | 0 | 0.00 |

灌木，高达 3 m，嫩枝无毛，或最初开放的新枝有微毛，很快变秃净。叶革质，卵状披针形或椭圆形，长 5-8 cm，宽 1.5-2.5 cm，先端渐尖至尾状渐尖，基部楔形或略圆，上面干后黄绿色，发亮，下面浅绿色，无毛；侧脉 6-7 对，在上面略下陷，在下面不明显；边缘密具细锯齿，齿刻相隔 1-1.5 mm，叶柄长 3-5 mm，略有残留短毛。花单独顶生，花柄长 3 mm，有时稍长；苞片 3-4 片，卵形，长 1.5-2.5 mm，无毛；花萼杯状，长 4-5 mm，萼片 5 片，无毛，不等大，分离至基部，厚革质，阔卵形，先端略尖，薄膜质，花冠白色，长 2-2.4 cm，无毛；花瓣 6-7 片，基部连生约 2-3 mm，并与雄蕊的花丝贴生，外侧 2-3 片较小，革质，长 1.2-1.5 cm，内侧 4 或 5 片长达 2.4 cm；雄蕊比花瓣短，无毛，外轮雄蕊只在基部和花瓣合生，其余部分离生，花药背部着生；雌蕊长 1.8-2.3 cm，子房无毛；花柱长 1.5-2 cm，无毛，顶端 3 浅裂，裂片长约 2 mm。蒴果圆球形，直径 1.5 cm，有宿存苞片和萼片，果皮薄，1 室，种子 1 粒，圆球形。花期 11 月至翌年 3 月，果期 8-11 月。

恩施州广布，生于山坡林中；分布于江西、广西、湖南、贵州、安徽、陕西、湖北、云南、广东、福建。

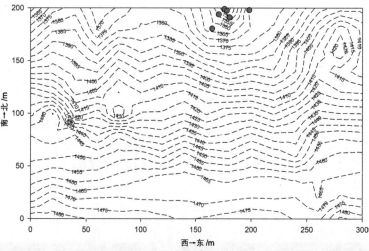

# 木荷 *Schima superba* Gardn. et Champ.

## 木荷属 *Schima*    山茶科 Theaceae

个体数量（Individual number）=5
最小，平均，最大胸径（Min, Mean, Max DBH）=1.1 cm，4.9 cm，15.2 cm
分布林层（Layer）=乔木层（Tree layer）
重要值排序（Importance value rank）=66/77

| 胸径区间<br>/cm | 个体<br>数量 | 比例<br>/% |
|---|---|---|
| [1.0, 2.5) | 3 | 60.00 |
| [2.5, 5.0) | 0 | 0.00 |
| [5.0, 10.0) | 1 | 20.00 |
| [10.0, 20.0) | 1 | 20.00 |
| [20.0, 30.0) | 0 | 0.00 |
| [30.0, 40.0) | 0 | 0.00 |
| [40.0, 60.0) | 0 | 0.00 |

　　大乔木，高 25 m，嫩枝通常无毛。叶革质或薄革质，椭圆形，长 7-12 cm，宽 4-6.5 cm，先端尖锐，有时略钝，基部楔形，上面干后发亮，下面无毛，侧脉 7-9 对，在两面明显，边缘有钝齿；叶柄长 1-2 cm。花生于枝顶叶腋，常多朵排成总状花序，直径 3 cm，白色，花柄长 1-2.5 cm，纤细，无毛；苞片 2 片，贴近萼片，长 4-6 mm，早落；萼片半圆形，长 2-3 mm，外面无毛，内面有绢毛；花瓣长 1-1.5 cm，最外 1 片风帽状，边缘稍被毛；子房有毛。蒴果直径 1.5-2 cm。花期 6-8 月，果期 10-12 月。

　　恩施州广布，生于山坡林中；分布于浙江、福建、台湾、江西、湖北、湖南、广东、海南、广西、贵州。

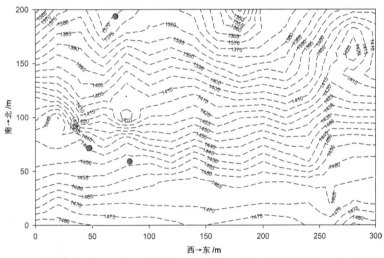

# 翅柃 *Eurya alata* Kobuski

## 柃木属 *Eurya*    山茶科 Theaceae

个体数量（Individual number）＝2398
最小，平均，最大胸径（Min, Mean, Max DBH）＝1.0 cm, 2.8 cm, 14.2 cm
分布林层（Layer）＝灌木层（Shrub layer）
重要值排序（Importance value rank）＝1/123

| 胸径区间 /cm | 个体 数量 | 比例 /% |
|---|---|---|
| [1.0, 2.0) | 847 | 35.32 |
| [2.0, 3.0) | 690 | 28.77 |
| [3.0, 4.0) | 417 | 17.39 |
| [4.0, 5.0) | 242 | 10.09 |
| [5.0, 7.0) | 156 | 6.51 |
| [7.0, 10.0) | 40 | 1.67 |
| [10.0, 15.0) | 6 | 0.25 |

　　灌木，高1-3 m，全株均无毛；嫩枝具显著4棱，淡褐色，小枝灰褐色，常具明显4棱；顶芽披针形，渐尖，长5-8 mm，无毛。叶革质，长圆形或椭圆形，长4-7.5 cm，宽1.5-2.5 cm，顶端窄缩呈短尖，尖头钝，或偶有为长渐尖，基部楔形，边缘密生细锯齿，上面深绿色，有光泽，下面黄绿色，中脉在上面凹下，下面凸起，侧脉6-8对，在上面不甚明显，偶有稍凹下，在下面通常略隆起；叶柄长约4 mm。花1-3朵簇生于叶腋，花梗长2-3 mm，无毛。雄花小苞片2片，卵圆形；萼片5片，膜质或近膜质，卵圆形，长约2 mm，顶端钝；花瓣5片，白色，倒卵状长圆形，长3-3.5 mm，基部合生；雄蕊约15枚，花药不具分格，退化子房无毛。雌花的小苞片和萼片与雄花同；花瓣5片，长圆形，长约2.5 mm；子房圆球形，3室，无毛，花柱长约1.5 mm，顶端3浅裂。果实圆球形，直径约4 mm，成熟时蓝黑色。花期10-11月，果期翌年6-8月。

　　恩施州广布，生于山谷林中；分布于陕西、安徽、浙江、江西、福建、湖北、湖南、广东、广西、四川、贵州等省区。

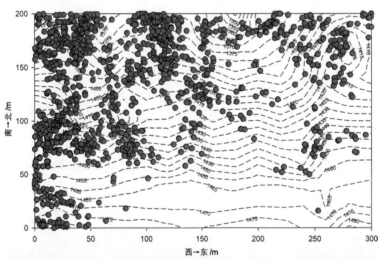

# 杨桐 *Adinandra millettii* (Hook. et Arn.) Benth. et Hook. f. ex Hance

**杨桐属 *Adinandra*     山茶科 Theaceae**

个体数量（Individual number）=7
最小，平均，最大胸径（Min, Mean, Max DBH）=3.0 cm，4.3 cm，5.8 cm
分布林层（Layer）=灌木层（Shrub layer）
重要值排序（Importance value rank）=79/123

| 胸径区间<br>/cm | 个体<br>数量 | 比例<br>/% |
|---|---|---|
| [1.0, 2.0) | 0 | 0.00 |
| [2.0, 3.0) | 0 | 0.00 |
| [3.0, 4.0) | 4 | 57.14 |
| [4.0, 5.0) | 1 | 14.29 |
| [5.0, 7.0) | 2 | 28.57 |
| [7.0, 10.0) | 0 | 0.00 |
| [10.0, 15.0) | 0 | 0.00 |

　　灌木或小乔木，高 2-10 m，树皮灰褐色，枝圆筒形，小枝褐色，无毛，一年生新枝淡灰褐色，初时被灰褐色平伏短柔毛，后变无毛，顶芽被灰褐色平伏短柔毛。叶互生，革质，长圆状椭圆形，长 4.5-9 cm，宽 2-3 cm，顶端短渐尖或近钝形，稀可渐尖，基部楔形，边全缘，极少沿上半部疏生细锯齿，上面亮绿色，无毛，下面淡绿色或黄绿色，初时疏被平伏短柔毛，迅即脱落变无毛或几无毛；侧脉 10-12 对，两面隐约可见；叶柄长 3-5 mm，疏被短柔毛或几无毛。花单朵腋生，花梗纤细，长约 2 cm，疏被短柔毛或几无毛；小苞片 2 片，早落，线状披针形，长 2-3 mm，宽约 1 mm；萼片 5 片，卵状披针形或卵状三角形，长 7-8 mm，宽 4-5 mm，顶端尖，边缘具纤毛和腺点，外面疏被平伏短柔毛或几无毛；花瓣 5 片，白色，卵状长圆形至长圆形，长约 9 mm，宽 4-5 mm，顶端尖，外面全无毛；雄蕊约 25 枚，长 6-7 mm，花丝长约 3 mm，分离或几分离，着生于花冠基部，无毛或仅上半部被毛；花药线状长圆形，长 1.5-2.5 mm，被丝毛，顶端有小尖头；子房圆球形，被短柔毛，3 室，胚珠每室多数，花柱单一，长 7-8 mm，无毛。果圆球形，疏被短柔毛，直径约 1 cm，熟时黑色，宿存花柱长约 8 mm；种子多数，深褐色，有光泽，表面具网纹。花期 5-7 月，果期 8-10 月。

　　产于利川，生于山谷林下；分布于安徽、浙江、江西、福建、湖南、湖北、广东、广西、贵州等省区。

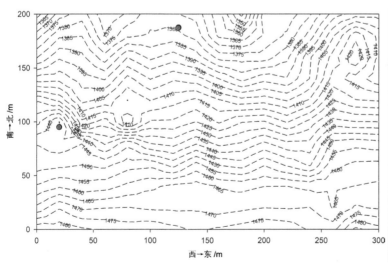

# 山桐子 *Idesia polycarpa* Maxim.

## 山桐子属 *Idesia*　　大风子科 Flacourtiaceae

个体数量（Individual number）＝44
最小，平均，最大胸径（Min, Mean, Max DBH）＝1.0 cm，8.6 cm，31.3 cm
分布林层（Layer）＝乔木层（Tree layer）
重要值排序（Importance value rank）＝31/77

| 胸径区间/cm | 个体数量 | 比例/% |
|---|---|---|
| [1.0, 2.5) | 9 | 20.46 |
| [2.5, 5.0) | 11 | 25.00 |
| [5.0, 10.0) | 11 | 25.00 |
| [10.0, 20.0) | 8 | 18.18 |
| [20.0, 30.0) | 4 | 9.09 |
| [30.0, 40.0) | 1 | 2.27 |
| [40.0, 60.0) | 0 | 0.00 |

　　落叶乔木，高 8-21 m；树皮淡灰色，不裂；小枝圆柱形，细而脆，黄棕色，有明显的皮孔，枝条平展，近轮生，树冠长圆形，当年生枝条紫绿色，有淡黄色的长毛；冬芽有淡褐色毛，有 4-6 片锥状鳞片。叶薄革质或厚纸质，卵形或心状卵形，或为宽心形，长 13-16 cm，稀达 20 cm，宽 12-15 cm，先端渐尖或尾状，基部通常心形，边缘有粗的齿，齿尖有腺体，上面深绿色，光滑无毛，下面有白粉，沿脉有疏柔毛，脉腋有丛毛，基部脉腋更多，通常 5 基出脉，第二对脉斜升到叶片的 3/5 处；叶柄长 6-12 cm，或更长，圆柱状，无毛，下部有 2-4 个紫色、扁平腺体，基部稍膨大。花单性，雌雄异株或杂性，黄绿色，有芳香，花瓣缺，排列成顶生下垂的圆锥花序，花序梗有疏柔毛，长 10-20 cm；雄花比雌花稍大，直径约 1.2 cm；萼片 3-6 片，通常 6 片，覆瓦状排列，长卵形，长约 6 mm，宽约 3 mm，有密毛；花丝丝状，被软毛，花药椭圆形，基部着生，侧裂，有退化子房；雌花比雄花稍小，直径约 9 mm；萼片 3-6 片，通常 6 片，卵形，长约 4 mm，宽约 2.5 mm，外面有密毛，内面有疏毛；子房上位，圆球形，无毛，花柱 5 或 6 根，向外平展，柱头倒卵圆形，退化雄蕊多数，花丝短或缺。浆果成熟期紫红色，扁圆形，长 3-5 mm，直径 5-7 mm，宽过于长，果梗细小，长 0.6-2 cm；种子红棕色，圆形。花期 4-5 月，果期 10-11 月。

　　恩施州广布，生于山坡林中；分布于我国甘肃南部以南广大地区。

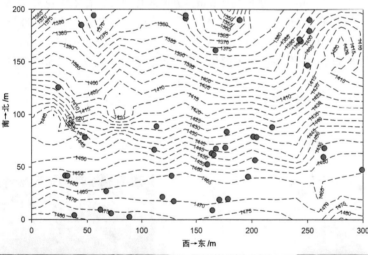

# 中国旌节花 *Stachyurus chinensis* Franch.

## 旌节花属 *Stachyurus*　　旌节花科 Stachyuraceae

个体数量（Individual number）=288
最小，平均，最大胸径（Min，Mean，Max DBH）=1.0 cm，2.4 cm，8.7 cm
分布林层（Layer）=灌木层（Shrub layer）
重要值排序（Importance value rank）=15/123

| 胸径区间<br>/cm | 个体<br>数量 | 比例<br>/% |
|---|---|---|
| [ 1.0，2.0 ) | 121 | 42.01 |
| [ 2.0，3.0 ) | 99 | 34.38 |
| [ 3.0，4.0 ) | 42 | 14.58 |
| [ 4.0，5.0 ) | 18 | 6.25 |
| [ 5.0，7.0 ) | 6 | 2.08 |
| [ 7.0，10.0 ) | 2 | 0.70 |
| [ 10.0，15.0 ) | 0 | 0.00 |

落叶灌木，高 2-4 m。树皮光滑紫褐色或深褐色；小枝粗壮，圆柱形，具淡色椭圆形皮孔。叶于花后发出，互生，纸质至膜质，卵形，长圆状卵形至长圆状椭圆形，长 5-12 cm，宽 3-7 cm，先端渐尖至短尾状渐尖，基部钝圆至近心形，边缘为圆齿状锯齿，侧脉 5-6 对，在两面均凸起，细脉网状，上面亮绿色，无毛，下面灰绿色，无毛或仅沿主脉和侧脉疏被短柔毛，后很快脱落；叶柄长 1-2 cm，通常暗紫色。穗状花序腋生，先于叶开放，长 5-10 cm，无梗；花黄色，长约 7 mm，近无梗或有短梗；苞片 1 枚，三角状卵形，顶端急尖，长约 3 mm；小苞片 2 枚，卵形，长约 2 cm；萼片 4 枚，黄绿色，卵形，长约 3-5 mm，顶端钝；花瓣 4 枚，卵形，长约 6.5 mm，顶端圆形；雄蕊 8 枚，与花瓣等长，花药长圆形，纵裂，2 室；子房瓶状，连花柱长约 6 mm，被微柔毛，柱头头状，不裂。果实圆球形，直径 6-7 cm，无毛，近无梗，基部具花被的残留物。花期 3-4 月，果期 5-7 月。

恩施州广布，生于山谷林中；分布于河南、陕西、西藏、浙江、安徽、江西、湖南、湖北、四川、贵州、福建、广东、广西、云南。

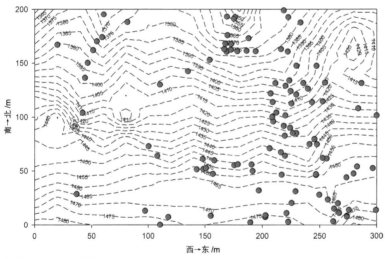

# 蔓胡颓子 *Elaeagnus glabra* Thunb.

## 胡颓子属 *Elaeagnus*　　胡颓子科 Elaeagnaceae

个体数量（Individual number）＝8
最小，平均，最大胸径（Min, Mean, Max DBH）＝1.0 cm, 1.7 cm, 3.9 cm
分布林层（Layer）＝灌木层（Shrub layer）
重要值排序（Importance value rank）＝77/123

| 胸径区间/cm | 个体数量 | 比例/% |
|---|---|---|
| [1.0, 2.0) | 5 | 62.50 |
| [2.0, 3.0) | 2 | 25.00 |
| [3.0, 4.0) | 1 | 12.50 |
| [4.0, 5.0) | 0 | 0.00 |
| [5.0, 7.0) | 0 | 0.00 |
| [7.0, 10.0) | 0 | 0.00 |
| [10.0, 15.0) | 0 | 0.00 |

　　常绿蔓生或攀援灌木，高达 5 m，无刺，稀具刺；幼枝密被锈色鳞片，老枝鳞片脱落，灰棕色。叶革质或薄革质，卵形或卵状椭圆形，稀长椭圆形，长 4-12 cm，宽 2.5-5 cm，顶端渐尖或长渐尖、基部圆形，稀阔楔形，边缘全缘，微反卷，上面幼时具褐色鳞片，成熟后脱落，深绿色，具光泽，干燥后褐绿色，下面灰绿色或铜绿色，被褐色鳞片，侧脉 6-8 对，与中脉开展成 50°-60° 的角，上面明显或微凹下，下面凸起；叶柄棕褐色，长 5-8 mm。花淡白色，下垂，密被银白色和散生少数褐色鳞片，常 3-7 朵花密生于叶腋短小枝上成伞形总状花序；花梗锈色，长 2-4 mm；萼筒漏斗形，质较厚，长 4.5-5.5 mm，在裂片下面扩展，向基部渐窄狭，在子房上不明显收缩，裂片宽卵形，长 2.5-3 mm，顶端急尖，内面具白色星状柔毛，包围子房的萼管椭圆形，长 2 mm；雄蕊的花丝长不超过 1 mm，花药长椭圆形，长 1.8 mm；花柱细长，无毛，顶端弯曲。果实矩圆形，稍有汁，长 14-19 mm，被锈色鳞片，成熟时红色；果梗长 3-6 mm。花期 9-11 月，果期翌年 4-5 月。

　　恩施州广布，生于山坡林中；分布于江苏、浙江、福建、台湾、安徽、江西、湖北、湖南、四川、贵州、广东、广西。

# 胡颓子 *Elaeagnus pungens* Thunb.

## 胡颓子属 *Elaeagnus*　　胡颓子科 Elaeagnaceae

个体数量（Individual number）＝138
最小，平均，最大胸径（Min, Mean, Max DBH）＝1.0 cm, 2.4 cm, 14.0 cm
分布林层（Layer）＝灌木层（Shrub layer）
重要值排序（Importance value rank）＝23/123

| 胸径区间<br>/cm | 个体<br>数量 | 比例<br>/% |
|---|---|---|
| [1.0, 2.0) | 64 | 46.38 |
| [2.0, 3.0) | 39 | 28.26 |
| [3.0, 4.0) | 19 | 13.77 |
| [4.0, 5.0) | 8 | 5.80 |
| [5.0, 7.0) | 7 | 5.07 |
| [7.0, 10.0) | 0 | 0.00 |
| [10.0, 15.0) | 1 | 0.72 |

　　常绿直立灌木，高 3-4 m，具刺，刺顶生或腋生，长 20-40 mm，有时较短，深褐色；幼枝微扁棱形，密被锈色鳞片，老枝鳞片脱落，黑色，具光泽。叶革质，椭圆形或阔椭圆形，稀矩圆形，长 5-10 cm，宽 1.8-5 cm，两端钝形或基部圆形，边缘微反卷或皱波状，上面幼时具银白色和少数褐色鳞片，成熟后脱落，具光泽，干燥后褐绿色或褐色，下面密被银白色和少数褐色鳞片，侧脉 7-9 对，与中脉开展成 50°-60° 的角，近边缘分叉而互相连接，上面显著凸起，下面不甚明显，网状脉在上面明显，下面不清晰；叶柄深褐色，长 5-8 mm。花白色或淡白色，下垂，密被鳞片，1-3 花生于叶腋锈色短小枝上；花梗长 3-5 mm；萼筒圆筒形或漏斗状圆筒形，长 5-7 mm，在子房上骤收缩，裂片三角形或矩圆状三角形，长 3 mm，顶端渐尖，内面疏生白色星状短柔毛；雄蕊的花丝极短，花药矩圆形，长 1.5 mm；花柱直立，无毛，上端微弯曲，超过雄蕊。果实椭圆形，长 12-14 mm，幼时被褐色鳞片，成熟时红色，果核内面具白色丝状棉毛；果梗长 4-6 mm。花期 9-12 月，果期翌年 4-6 月。

　　产于鹤峰，生于山坡林中；分布于江苏、浙江、福建、安徽、江西、湖北、湖南、贵州、广东、广西。

# 宜昌胡颓子 *Elaeagnus henryi* **Warb. Apud Diels**

## 胡颓子属 *Elaeagnus*　　胡颓子科 **Elaeagnaceae**

个体数量（Individual number）＝57
最小，平均，最大胸径（Min, Mean, Max DBH）＝1.1 cm, 2.2 cm, 4.8 cm
分布林层（Layer）＝灌木层（Shrub layer）
重要值排序（Importance value rank）＝34/123

| 胸径区间<br>/cm | 个体<br>数量 | 比例<br>/% |
|---|---|---|
| [1.0, 2.0) | 28 | 49.12 |
| [2.0, 3.0) | 18 | 31.58 |
| [3.0, 4.0) | 6 | 10.53 |
| [4.0, 5.0) | 5 | 8.77 |
| [5.0, 7.0) | 0 | 0.00 |
| [7.0, 10.0) | 0 | 0.00 |
| [10.0, 15.0) | 0 | 0.00 |

常绿直立灌木，高 3-5 m，具刺，刺生叶腋，长 8-20 mm，略弯曲；幼枝淡褐色，被鳞片，老枝鳞片脱落，黑色或灰黑色。叶革质至厚革质，阔椭圆形或倒卵状阔椭圆形，长 6-15 cm，宽 3-6 cm，顶端渐尖或急尖，尖头三角形，基部钝形或阔楔形，稀圆形，边缘有时稍反卷，上面幼时被褐色鳞片，成熟后脱落，深绿色，干燥后黄绿色或黄褐色，下面银白色、密被白色和散生少数褐色鳞片，侧脉 5-7 对，近边缘分叉而互相连接或消失，上面不甚明显，下面甚凸起；叶柄粗壮，长 8-15 mm，黄褐色。花淡白色；质厚，密被鳞片，1-5 花生于叶腋短小枝上成短总状花序，花枝锈色，长 3-6 mm；花梗长 2-5 mm；萼筒圆筒状漏斗形，长 6-8 mm，在裂片下面扩展，向下渐窄狭，在子房上略收缩，裂片三角形，长 1.2-3 mm，顶端急尖，内面密被白色星状柔毛和少数褐色鳞片；雄蕊的花丝极短，花药矩圆形，长约 1.5 mm；花柱直立或稍弯曲，无毛，连柱头长 7-8 mm，略超过雄蕊。果实矩圆形，多汁，长 18 mm，幼时被银白色和散生少数褐色鳞片，淡黄白色或黄褐色，成熟时红色；果核内面具丝状棉毛；果梗长 5-8 mm，下弯。花期 10-11 月，果期翌年 4 月。

恩施州广布，生于灌丛中；分布于陕西、浙江、安徽、江西、湖北、湖南、四川、云南、贵州、福建、广东、广西。

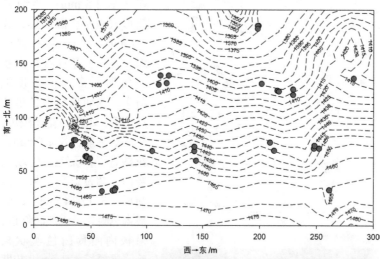

# 银果牛奶子 *Elaeagnus magna* Rehd.

**胡颓子属 *Elaeagnus*** **胡颓子科 Elaeagnaceae**

个体数量（Individual number）＝30
最小，平均，最大胸径（Min, Mean, Max DBH）＝1.0 cm, 2.0 cm, 5.6 cm
分布林层（Layer）＝灌木层（Shrub layer）
重要值排序（Importance value rank）＝47/123

| 胸径区间 /cm | 个体数量 | 比例 /% |
|---|---|---|
| [1.0, 2.0) | 15 | 50.00 |
| [2.0, 3.0) | 12 | 40.00 |
| [3.0, 4.0) | 2 | 6.67 |
| [4.0, 5.0) | 0 | 0.00 |
| [5.0, 7.0) | 1 | 3.33 |
| [7.0, 10.0) | 0 | 0.00 |
| [10.0, 15.0) | 0 | 0.00 |

　　落叶直立散生灌木，高 1-3 m，通常具刺，稀无刺；幼枝淡黄白色，被银白色鳞片，老枝鳞片脱落，灰黑色；芽黄色或黄褐色，锥形，具 4 片鳞片，内面具星状柔毛。叶纸质或膜质，倒卵状矩圆形或倒卵状披针形，长 4-10 cm，宽 1.5-3.7 cm，顶端钝尖或钝形，基部阔楔形，稀圆形，全缘，上面幼时具互相不重叠的白色鳞片，成熟后部分脱落，下面灰白色，密被银白色和散生少数淡黄色鳞片，有光泽，侧脉 7-10 对，不甚明显；叶柄密被淡白色鳞片，长 4-8 mm。花银白色，密被鳞片，1-3 朵花着生新枝基部，单生叶腋；花梗极短或几无，长 1-2 mm；萼筒圆筒形，长 8-10 mm，在裂片下面稍扩展，在子房上骤收缩，裂片卵形或卵状三角形，长 3-4 mm，顶端渐尖，内面几无毛，包围子房的萼管细长，窄椭圆形，长 3-4 mm；雄蕊的花丝极短，花药矩圆形，长 2 mm，黄色；花柱直立，无毛或具白色星状柔毛，柱头偏向一边膨大，长 2-3 mm，超过雄蕊。果实矩圆形或长椭圆形，长 12-16 mm，密被银白色和散生少数褐色鳞片，成熟时粉红色；果梗直立，粗壮，银白色，长 4-6 mm。花期 4-5 月，果期 6 月。

　　恩施州广布，生于山坡林中；分布于江西、湖北、湖南、四川、贵州、广东、广西。

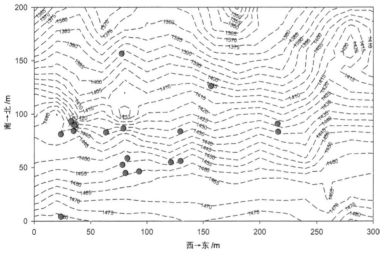

# 珙桐 *Davidia involucrata* Baill.

## 珙桐属 *Davidia*     蓝果树科 Nyssaceae

个体数量（Individual number）＝7
最小，平均，最大胸径（Min，Mean，Max DBH）＝2.1 cm，9.8 cm，25.3 cm
分布林层（Layer）＝乔木层（Tree layer）
重要值排序（Importance value rank）＝69/77

| 胸径区间/cm | 个体数量 | 比例/% |
|---|---|---|
| [1.0, 2.5) | 1 | 14.29 |
| [2.5, 5.0) | 2 | 28.57 |
| [5.0, 10.0) | 2 | 28.57 |
| [10.0, 20.0) | 0 | 0.00 |
| [20.0, 30.0) | 2 | 28.57 |
| [30.0, 40.0) | 0 | 0.00 |
| [40.0, 60.0) | 0 | 0.00 |

　　落叶乔木，高 15-20 m；树皮深灰色或深褐色，常裂成不规则的薄片而脱落。幼枝圆柱形，当年生枝紫绿色，无毛，多年生枝深褐色或深灰色；冬芽锥形，具 4-5 对卵形鳞片，常成覆瓦状排列。叶纸质，互生，无托叶，常密集于幼枝顶端，阔卵形或近圆形，长 9-15 cm，宽 7-12 cm，顶端急尖或短急尖，具微弯曲的尖头，基部深心形至浅心形，边缘有三角形而尖端锐尖的粗锯齿，上面亮绿色，初被很稀疏的长柔毛，渐老时无毛，下面密被淡黄色或淡白色丝状粗毛，中脉和 8-9 对侧脉均在上面显著，在下面凸起；叶柄圆柱形，长 4-5 cm，稀达 7 cm，幼时被稀疏的短柔毛。两性花与雄花同株，由多数的雄花与 1 个雌花或两性花呈近球形的头状花序，直径约 2 cm，着生于幼枝的顶端，两性花位于花序的顶端，雄花环绕于其周围，基部具纸质、矩圆状卵形或矩圆状倒卵形花瓣状的苞片 2-3 枚，长 7-15 cm，稀达 20 cm，宽 3-5 cm，稀达 10 cm，初淡绿色，继变为乳白色，后变为棕黄色而脱落。雄花无花萼及花瓣，有雄蕊 1-7 枚，长 6-8 mm，花丝纤

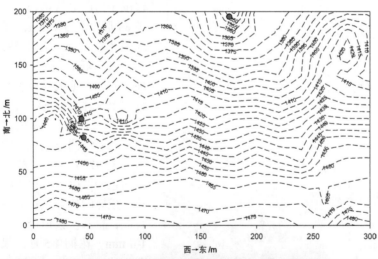

细，无毛，花药椭圆形，紫色；雌花或两性花具下位子房，6-10 室，与花托合生，子房的顶端具退化的花被及短小的雄蕊，花柱粗壮，分成 6-10 枝，柱头向外平展，每室有 1 枚胚珠，常下垂。果实为长卵圆形核果，长 3-4 cm，直径 15-20 mm，紫绿色具黄色斑点，外果皮很薄，中果皮肉质，内果皮骨质具沟纹，种子 3-5 粒；果梗粗壮，圆柱形。花期 4 月，果期 10 月。

　　恩施州广布，生于山地林中；分布于湖北、湖南、四川、贵州、云南。按国务院 1999 年批准的国家重点保护野生植物名录（第一批），本种属于国家一级保护植物。

# 蓝果树 *Nyssa sinensis* Oliv.

## 蓝果树属 *Nyssa*    蓝果树科 Nyssaceae

个体数量（Individual number）＝22
最小，平均，最大胸径（Min, Mean, Max DBH）＝2.5 cm, 16.9 cm, 27.3 cm
分布林层（Layer）＝乔木层（Tree layer）
重要值排序（Importance value rank）＝40/77

| 胸径区间 /cm | 个体数量 | 比例 /% |
|---|---|---|
| [1.0, 2.5) | 0 | 0.00 |
| [2.5, 5.0) | 3 | 13.64 |
| [5.0, 10.0) | 1 | 4.55 |
| [10.0, 20.0) | 9 | 40.91 |
| [20.0, 30.0) | 9 | 40.90 |
| [30.0, 40.0) | 0 | 0.00 |
| [40.0, 60.0) | 0 | 0.00 |

　　落叶乔木，高达20余米，树皮淡褐色或深灰色，粗糙，常裂成薄片脱落；小枝圆柱形，无毛，当年生枝淡绿色，多年生枝褐色；皮孔显著，近圆形；冬芽淡紫绿色，锥形，鳞片覆瓦状排列。叶纸质或薄革质，互生，椭圆形或长椭圆形，稀卵形或近披针形，长12-15 cm，宽5-6 cm，稀达8 cm，顶端短急锐尖，基部近圆形，边缘略呈浅波状，上面无毛，深绿色，干燥后深紫色，下面淡绿色，有很稀疏的微柔毛，中脉和6-10对侧脉均在上面微现，在下面显著；叶柄淡紫绿色，长1.5-2 cm，上面稍扁平或微呈沟状，下面圆形。花序伞形或短总状，总花梗长3-5 cm，幼时微被长疏毛，其后无毛；花单性；雄花着生于叶已脱落的老枝上，花梗长5 mm；花萼的裂片细小；花瓣早落，窄矩圆形，较花丝短；雄蕊5-10枚，生于肉质花盘的周围。雌花生于具叶的幼枝

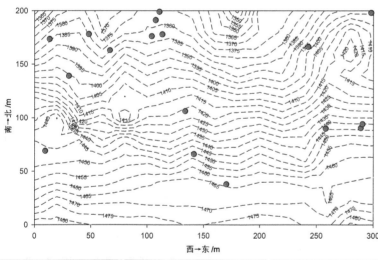

上，基部有小苞片，花梗长1-2 mm；花萼的裂片近全缘；花瓣鳞片状，约长1.5 mm，花盘垫状，肉质；子房下位，和花托合生，无毛或基部微有粗毛。核果矩圆状椭圆形或长倒卵圆形，稀长卵圆形，微扁，长1-1.2 cm，宽6 mm，厚4-5 mm，幼时紫绿色，成熟时深蓝色，后变深褐色，常3-4枚；果梗长3-4 mm，总果梗长3-5 cm。种子外壳坚硬，骨质，稍扁，有5-7条纵沟纹。花期4月下旬，果期9月。

　　恩施州广布，生于山谷溪边；分布于江苏、浙江、安徽、江西、湖北、四川、湖南、贵州、福建、广东、广西、云南等省区。

# 八角枫 *Alangium chinense* (Lour.) Harms

## 八角枫属 *Alangium*　　八角枫科 Alangiaceae

个体数量（Individual number）＝90
最小，平均，最大胸径（Min, Mean, Max DBH）＝1.0 cm, 5.1 cm, 31.2 cm
分布林层（Layer）＝乔木层（Tree layer）
重要值排序（Importance value rank）＝27/77

| 胸径区间/cm | 个体数量 | 比例/% |
|---|---|---|
| [1.0, 2.5) | 32 | 35.55 |
| [2.5, 5.0) | 24 | 26.67 |
| [5.0, 10.0) | 24 | 26.67 |
| [10.0, 20.0) | 9 | 10.00 |
| [20.0, 30.0) | 0 | 0.00 |
| [30.0, 40.0) | 1 | 1.11 |
| [40.0, 60.0) | 0 | 0.00 |

落叶乔木或灌木，高 3-5 m，稀达 15 m；小枝略呈"之"字形，幼枝紫绿色，无毛或有稀疏的疏柔毛，冬芽锥形，生于叶柄的基部内，鳞片细小。叶纸质，近圆形或椭圆形、卵形，顶端短锐尖或钝尖，基部两侧常不对称，一侧微向下扩张，另一侧向上倾斜，阔楔形、截形、心形，长 13-26 cm，宽 9-22 cm，不分裂或 3-9 裂，裂片短锐尖或钝尖，叶上面深绿色，无毛，下面淡绿色，除脉腋有丛状毛外，其余部分近无毛；基出脉 3-7，成掌状，侧脉 3-5 对；叶柄长 2.5-3.5 cm，紫绿色或淡黄色，幼时有微柔毛，后无毛。聚伞花序腋生，长 3-4 cm，被稀疏微柔毛，有 7-30 朵花，花梗长 5-15 mm；小苞片线形或披针形，长 3 mm，常早落；总花梗长 1-1.5 cm，常分节；花冠圆筒形，长 1-1.5 cm，花萼长 2-3 mm，顶端分裂为 5-8 枚齿状萼片，长 0.5-1 mm，宽 2.5-3.5 mm；花瓣 6-8 片，线形，长 1-1.5 cm，宽 1 mm，基部黏合，上部开花后反卷，外面有微柔毛，初为白色，后变黄色；雄蕊和花瓣同数而近等长，花丝略扁，长 2-3 mm，有短柔毛，花药长 6-8 mm，药隔无毛，外面有时有褶皱；花盘近球形；子房 2 室，花柱无毛，疏生短柔毛，柱头头状，常 2-4 裂。核果卵圆形，长约 5-7 mm，直径 5-8 mm，幼时绿色，成熟后黑色，顶端有宿存的萼齿和花盘，种子 1 粒。花期 5-7 月和 9-10 月，果期 7-11 月。

恩施州广布，生于山地林中；分布于河南、陕西、甘肃、江苏、浙江、安徽、福建、台湾、江西、湖北、湖南、四川、贵州、云南、广东、广西、西藏。

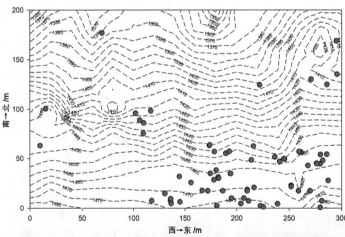

# 常春藤（变种）*Hedera nepalensis* var. *sinensis* (Tobl.) Rehd.

## 常春藤属 *Hedera*　　五加科 Araliaceae

个体数量（Individual number）＝14
最小，平均，最大胸径（Min, Mean, Max DBH）＝1.0 cm，1.5 cm，2.2 cm
分布林层（Layer）＝灌木层（Shrub layer）
重要值排序（Importance value rank）＝54/123

| 胸径区间<br>/cm | 个体<br>数量 | 比例<br>/% |
|---|---|---|
| [1.0, 2.0) | 13 | 92.86 |
| [2.0, 3.0) | 1 | 7.14 |
| [3.0, 4.0) | 0 | 0.00 |
| [4.0, 5.0) | 0 | 0.00 |
| [5.0, 7.0) | 0 | 0.00 |
| [7.0, 10.0) | 0 | 0.00 |
| [10.0, 15.0) | 0 | 0.00 |

常绿攀援灌木；茎长 3-20 m，灰棕色或黑棕色，有气生根；一年生枝疏生锈色鳞片，鳞片通常有 10-20 条辐射肋。叶片革质，在不育枝上通常为三角状卵形或三角状长圆形，稀三角形或箭形，长 5-12 cm，宽 3-10 cm，先端短渐尖，基部截形，稀心形，边缘全缘或 3 裂，花枝上的叶片通常为椭圆状卵形至椭圆状披针形，略歪斜而带菱形，稀卵形或披针形，极稀为阔卵形、圆卵形或箭形，长 5-16 cm，宽 1.5-10.5 cm，先端渐尖或长渐尖，基部楔形或阔楔形，稀圆形，全缘或有 1-3 浅裂，上面深绿色，有光泽，下面淡绿色或淡黄绿色，无毛或疏生鳞片，侧脉和网脉两面均明显；叶柄细长，长 2-9 cm，有鳞片，无托叶。伞形花序单个顶生，或 2-7 个总状排列或伞房状排列成圆锥花序，直径 1.5-2.5 cm，有花 5-40 朵；总花梗长 1-3.5 cm，通常有鳞片；苞片小，三角形，长 1-2 mm；花梗长 0.4-1.2 cm；花淡黄白色或淡绿白色，芳香；萼密生棕色鳞片，长 2 mm，边缘近全缘；花瓣 5 片，三角状卵形，长 3-3.5 mm，外面有鳞片；雄蕊 5 枚，花丝长 2-3 mm，花药紫色；子房 5 室；花盘隆起，黄色；花柱全部合生成柱状。果实球形，红色或黄色，直径 7-13 mm；宿存花柱长 1-1.5 mm。花期 9-11 月，果期次年 3-5 月。

恩施州广布，生于山谷林中；我国各省区均有分布。

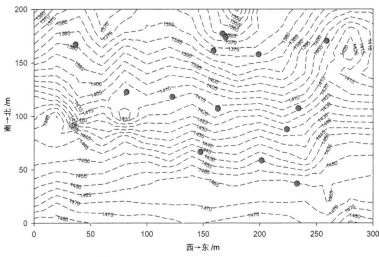

# 吴茱萸五加 *Gamblea ciliata* var. *evodiifolia* (Franch.) C. B. Shang et al.

## 五加属 *Eleutherococcus* 五加科 Araliaceae

个体数量（Individual number）＝18
最小，平均，最大胸径（Min, Mean, Max DBH）＝1.0 cm, 5.1 cm, 16.6 cm
分布林层（Layer）＝亚乔木层（Subtree layer）
重要值排序（Importance value rank）＝26/45

| 胸径区间 /cm | 个体数量 | 比例 /% |
|---|---|---|
| [1.0, 2.5) | 8 | 44.44 |
| [2.5, 5.0) | 5 | 27.78 |
| [5.0, 8.0) | 0 | 0.00 |
| [8.0, 11.0) | 1 | 5.55 |
| [11.0, 15.0) | 3 | 16.67 |
| [15.0, 20.0) | 1 | 5.56 |
| [20.0, 30.0) | 0 | 0.00 |

灌木或乔木，高 2-12 m；老枝暗色，无刺；新枝红棕色，无毛，无刺。叶有 3 小叶，在长枝上互生，在短枝上簇生；叶柄长 5-10 cm，密生淡棕色短柔毛，不久毛即脱落，仅叶柄先端和小叶柄相连处有锈色簇毛；小叶片纸质至革质，长 6-12 cm，宽 3-6 cm，中央小叶片椭圆形至长圆状倒披针形，或卵形，先端短渐尖或长渐尖，基部楔形或狭楔形，两侧小叶片基部歪斜，较小，上面无毛，下面脉腋有簇毛，边缘全缘或有锯齿，齿有或长或短的刺尖，侧脉 6-8 对，两面明显，网脉明显；小叶无柄或有短柄。伞形花序有多数或少数花，通常几个组成顶生复伞形花序，稀单生；总花梗长 2-8 cm，无毛；花梗长 0.8-1.5 cm，花后延长，无毛；萼长 1-1.5 mm，无毛，边缘全缘；花瓣 5 片，长卵形，长约 2 mm，开花时反曲；雄蕊 5 枚，花丝长约 2 mm；子房 4-2 室，花盘略扁平；花柱 4-2，基部合生，中部以上离生，反曲。果实球形或略长，直径 5-7 mm，黑色，有 4-2 浅棱，宿存花柱长约 2 mm。花期 5-7 月，果期 8-10 月。

产于鹤峰、恩施市，生于林中；全国各地均有分布。

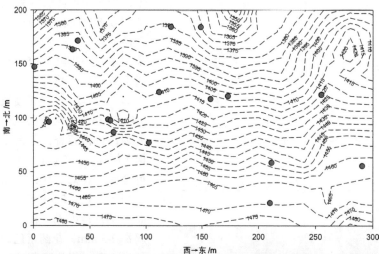

# 短序鹅掌柴 *Schefflera bodinieri* (Lévl.) Rehd.

## 鹅掌柴属 *Schefflera* 五加科 Araliaceae

个体数量（Individual number）＝1
最小，平均，最大胸径（Min, Mean, Max DBH）＝2.5 cm, 2.5 cm, 2.5 cm
分布林层（Layer）＝灌木层（Shrub layer）
重要值排序（Importance value rank）＝123/123

| 胸径区间 /cm | 个体数量 | 比例 /% |
|---|---|---|
| [1.0, 2.0) | 0 | 0.00 |
| [2.0, 3.0) | 1 | 100.00 |
| [3.0, 4.0) | 0 | 0.00 |
| [4.0, 5.0) | 0 | 0.00 |
| [5.0, 7.0) | 0 | 0.00 |
| [7.0, 10.0) | 0 | 0.00 |
| [10.0, 15.0) | 0 | 0.00 |

　　灌木或小乔木，高 1-5 m；小枝棕紫色或红紫色，被很快脱净星状短柔毛。叶有小叶 6-9 片，稀 11 片；叶柄长 9-18 cm，无毛；小叶片膜质、薄纸质或坚纸质，长圆状椭圆形、披针状椭圆形、披针形以至线状披针形，长 11-15 cm，宽 1-5 cm，先端长渐尖，尖头有时镰刀状，基部阔楔形至钝形，两面均无毛，或下面有极稀疏白色星状短柔毛，边缘疏生细锯齿或波状钝齿，稀全缘，中脉仅下面隆起，侧脉 5-16 对，上面隐约可见，下面较清晰，网脉不明显；小叶柄长 0.2-6 cm，中央的较长，两侧的较短，无毛。圆锥花序顶生，长不超过 15 cm，主轴和分枝有灰白色星状短柔毛，不久毛脱稀变几无毛；伞形花序单个顶生或数个总状排列在分枝上，有花约 20 朵；苞片早落；总花梗长 1-2 cm，花梗长 4-5 mm，均疏生灰白色星状短柔毛；小苞片线状长圆形，长约 3 mm，外面有毛，宿存；花白色；萼长 2-2.5 mm，有灰白色星状短柔毛，边缘有 5 齿；花瓣 5 片，长约 3 mm，有羽状脉纹，外面有灰白色星状短柔毛，毛很快脱净；雄蕊 5 枚，略露出于花瓣之外；子房 5 室；花柱合生成柱状，长约 1 mm，结果时长至 2 mm 以上；花盘略隆起。果实球形或近球形，几无毛，红色，直径 4-5 mm。花期 11 月，果期次年 4 月。

　　恩施州广布，生于林中；分布于四川、湖北、贵州、云南和广西。

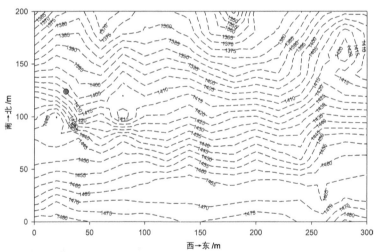

## 穗序鹅掌柴 *Schefflera delavayi* (Franch.) Harms ex Diels

### 鹅掌柴属 *Schefflera*　　五加科 Araliaceae

个体数量（Individual number）＝64
最小，平均，最大胸径（Min, Mean, Max DBH）＝1.6 cm, 4.9 cm, 11.2 cm
分布林层（Layer）＝亚乔木层（Subtree layer）
重要值排序（Importance value rank）＝21/45

| 胸径区间/cm | 个体数量 | 比例/% |
|---|---|---|
| [1.0, 2.5) | 7 | 10.94 |
| [2.5, 5.0) | 27 | 42.19 |
| [5.0, 8.0) | 24 | 37.50 |
| [8.0, 11.0) | 4 | 6.25 |
| [11.0, 15.0) | 2 | 3.12 |
| [15.0, 20.0) | 0 | 0.00 |
| [20.0, 30.0) | 0 | 0.00 |

乔木或灌木，高 3-8 m；小枝粗壮，幼时密生黄棕色星状绒毛，不久毛即脱净；髓白色，薄片状。叶有小叶 4-7 片；叶柄长 4-16 cm，最长可至 70 cm，幼时密生星状绒毛，成长后除基部外无毛；小叶片纸质至薄革质，稀革质，有椭圆状长圆形、卵状长圆形、卵状披针形或长圆状披针形，稀线状长圆形，长 6-20 cm，最长可达 35 cm，宽 2-8 cm 或稍宽，先端急尖至短渐尖，基部钝形至圆形，有时截形，上面无毛，下面密生灰白色或黄棕色星状绒毛，老时变稀，边缘全缘或疏生不规则锯齿，有时有不规则缺刻或羽状分裂，中脉下面隆起，侧脉 8-12 对，有时多至 15 对以上，上面平坦或微隆起，下面稍隆起，网脉上面稍下陷，稀平坦，下面为绒毛掩盖而不明显；小叶柄粗壮，不等长，中央的较长，两侧的较短，被毛和叶柄一样。花无梗，密集成穗状花序，再组成长 40 cm 以上的大圆锥花序；主轴和分枝幼时均密生星状绒毛，后毛渐脱稀；苞片及小苞片三角形，均密生星状绒毛；花白色；萼长 1.5-2 mm，疏生星状短柔毛，有 5 齿；花瓣 5 片，三角状卵形，无毛；花丝长约 3 mm；子房 4-5 室；花柱合生成柱状，长不及 1 mm，柱头不明显；花盘隆起。果实球形，紫黑色，直径约 4 mm，几无毛；宿存花柱长 1.5-2 mm，柱头头状。花期 10-11 月，果期次年 1 月。

恩施州广布，生于山谷林中；广布于云南、贵州、四川、湖北、湖南、广西、广东、江西、福建。

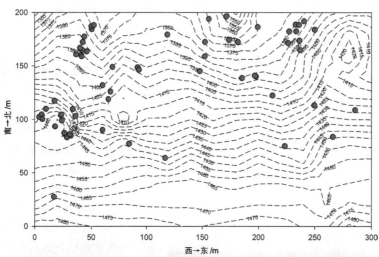

# 楤木 *Aralia elata* (Miq.) Seem.

## 楤木属 *Aralia* 五加科 Araliaceae

个体数量（Individual number）＝81
最小，平均，最大胸径（Min, Mean, Max DBH）＝1.0 cm，4.3 cm，19.4 cm
分布林层（Layer）＝亚乔木层（Subtree layer）
重要值排序（Importance value rank）＝20/45

| 胸径区间/cm | 个体数量 | 比例/% |
|---|---|---|
| [1.0, 2.5) | 22 | 27.16 |
| [2.5, 5.0) | 36 | 44.44 |
| [5.0, 8.0) | 17 | 20.99 |
| [8.0, 11.0) | 2 | 2.47 |
| [11.0, 15.0) | 2 | 2.47 |
| [15.0, 20.0) | 2 | 2.47 |
| [20.0, 30.0) | 0 | 0.00 |

　　灌木或乔木，高 2-5 m，稀达 8 m，胸径达 10-15 cm；树皮灰色，疏生粗壮直刺；小枝通常淡灰棕色，有黄棕色绒毛，疏生细刺。叶为二回或三回羽状复叶，长 60-110 cm；叶柄粗壮，长可达 50 cm；托叶与叶柄基部合生，纸质，耳廓形，长 1.5 cm 或更长，叶轴无刺或有细刺；羽片有小叶 5-11 片，稀 13 片，基部有小叶 1 对；小叶片纸质至薄革质，卵形、阔卵形或长卵形，长 5-12 cm，稀长达 19 cm，宽 3-8 cm，先端渐尖或短渐尖，基部圆形，上面粗糙，疏生糙毛，下面有淡黄色或灰色短柔毛，脉上更密，边缘有锯齿，稀为细锯齿或不整齐粗重锯齿，侧脉 7-10 对，两面均明显，网脉在上面不甚明显，下面明显；小叶无柄或有长 3 mm 的柄，顶生小叶柄长 2-3 cm。圆锥花序大，长 30-60 cm；分枝长 20-35 cm，密生淡黄棕色或灰色短柔毛；伞形花序直径 1-1.5 cm，有花多数；总花梗长 1-4 cm，密生短柔毛；苞片锥形，膜质，长 3-4 mm，外面有毛；花梗长 4-6 mm，密生短柔毛，稀为疏毛；花白色，芳香；萼无毛，长约 1.5 mm，边缘有 5 个三角形小齿；花瓣 5 片，卵状三角形，长 1.5-2 mm；雄蕊 5 枚，花丝长约 3 mm；子房 5 室；花柱 5 枚，离生或基部合生。果实球形，黑色，直径约 3 mm，有 5 棱；宿存花柱长 1.5 mm，离生或合生至中部。花期 6-8 月，果期 9-10 月。

　　恩施州广布，生于山坡林中；我国各省区均有分布。

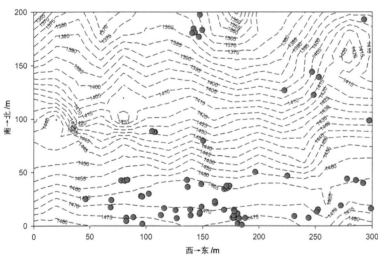

# 异叶梁王茶 *Metapanax davidii* (Franch.) J. Wen & Frodin

## 梁王茶属 *Nothopanax*    五加科 Araliaceae

个体数量（Individual number）= 358
最小，平均，最大胸径（Min, Mean, Max DBH）= 1.0 cm, 2.4 cm, 10.0 cm
分布林层（Layer）= 亚乔木层（Subtree layer）
重要值排序（Importance value rank）= 7/45

| 胸径区间/cm | 个体数量 | 比例/% |
|---|---|---|
| [1.0, 2.5) | 234 | 65.36 |
| [2.5, 5.0) | 103 | 28.77 |
| [5.0, 8.0) | 17 | 4.75 |
| [8.0, 11.0) | 4 | 1.12 |
| [11.0, 15.0) | 0 | 0.00 |
| [15.0, 20.0) | 0 | 0.00 |
| [20.0, 30.0) | 0 | 0.00 |

　　灌木或乔木，高 2-12 m。叶为单叶，稀在同一枝上有 3 片小叶的掌状复叶；叶柄长 5-20 cm；叶片薄革质至厚革质，长圆状卵形至长圆状披针形，或三角形至卵状三角形，不分裂、掌状 2-3 浅裂或深裂，长 6-21 cm，宽 2.5-7 cm，先端长渐尖，基部阔楔形或圆形，有主脉 3 条，上面深绿色，有光泽，下面淡绿色，两面均无毛，边缘疏生细锯齿，有时为锐尖锯齿，侧脉 6-8 对，上面明显，下面不明显，网脉不明显；小叶片披针形，几无小叶柄。圆锥花序顶生，长达 20 cm；伞形花序直径约 2 cm，有花 10 余朵；总花梗长 1.5-2 cm；花梗有关节，长 7-10 mm；花白色或淡黄色，芳香；萼无毛，长约 1.5 mm，边缘有 5 小齿；花瓣 5 片，三角状卵形，长约 1.5 mm；雄蕊 5 枚，花丝长约 1.5 mm；子房 2 室，花盘稍隆起；花柱 2 枚，合生至中部，上部离生，反曲。果实球形，侧扁，直径 5-6 mm，黑色；宿存花柱长 1.5-2 mm。花期 6-8 月，果期 9-11 月。

　　恩施州广布，生于疏林或阳性灌木林中；分布于陕西、湖北、湖南、四川、贵州、云南。

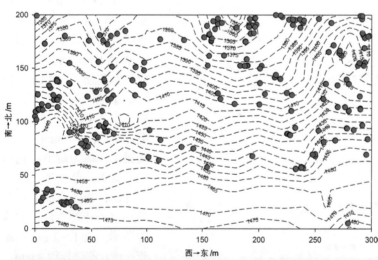

# 树参 *Dendropanax dentiger* (Harms) Merr.

## 树参属 *Dendropanax* 　　五加科 Araliaceae

个体数量（Individual number）＝1
最小，平均，最大胸径（Min, Mean, Max DBH）＝2.0 cm, 2.0 cm, 2.0 cm
分布林层（Layer）＝灌木层（Shrub layer）
重要值排序（Importance value rank）＝110/123

| 胸径区间 /cm | 个体数量 | 比例 /% |
|---|---|---|
| [1.0, 2.0) | 0 | 0.00 |
| [2.0, 3.0) | 1 | 100.00 |
| [3.0, 4.0) | 0 | 0.00 |
| [4.0, 5.0) | 0 | 0.00 |
| [5.0, 7.0) | 0 | 0.00 |
| [7.0, 10.0) | 0 | 0.00 |
| [10.0, 15.0) | 0 | 0.00 |

　　乔木或灌木，高2-8 m。叶片厚纸质或革质，密生粗大半透明红棕色腺点，叶形变异很大，不分裂叶片通常为椭圆形，稀长圆状椭圆形、椭圆状披针形、披针形或线状披针形，长7-10 cm，宽1.5-4.5 cm，有时更大，先端渐尖，基部钝形或楔形，分裂叶片倒三角形，掌状2-3深裂或浅裂，稀5裂，两面均无毛，边缘全缘，或近先端处有不明显细齿一至数个，或有明显疏离的锯齿，基脉三出，侧脉4-6对，网脉两面显著且隆起，有时上面稍下陷，有时下面较不明显；叶柄长0.5-5 cm，无毛。伞形花序顶生，单生或2-5个聚生成复伞形花序，有花20朵以上，有时较少；总花梗粗壮，长1-3.5 cm；苞片卵形，早落，小苞片三角形，宿存；花梗长5-7 mm；萼长2 mm，边缘近全缘或有5小齿；花瓣5片，三角形或卵状三角形，长2-2.5 mm；雄蕊5枚，花丝长2-3 mm；子房5室；花柱5枚，长不及1 mm，基部合生，顶端离生。果实长圆状球形，稀近球形，长5-6 mm，有5棱，每棱又各有纵脊3条；宿存花柱长1.5-2 mm，在上部1/2、1/3或2/3处离生，反曲；果梗长1-3 cm。花期8-10月，果期10-12月。

　　产于宣恩、利川，生于山谷林中；广布于浙江、安徽、湖南、湖北、四川、贵州、云南、广西、广东、江西、福建、台湾。

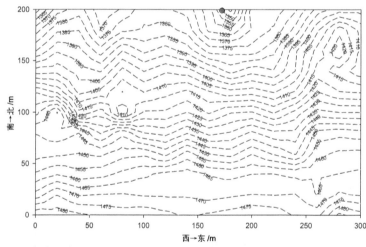

## 桃叶珊瑚 *Aucuba chinensis* Benth.

### 桃叶珊瑚属 *Aucuba*　　山茱萸科 Cornaceae

个体数量（Individual number）＝1
最小，平均，最大胸径（Min, Mean, Max DBH）＝1.3 cm，1.3 cm，1.3 cm
分布林层（Layer）＝灌木层（Shrub layer）
重要值排序（Importance value rank）＝114/123

| 胸径区间<br>/cm | 个体<br>数量 | 比例<br>/% |
|---|---|---|
| [1.0, 2.0) | 1 | 100.00 |
| [2.0, 3.0) | 0 | 0.00 |
| [3.0, 4.0) | 0 | 0.00 |
| [4.0, 5.0) | 0 | 0.00 |
| [5.0, 7.0) | 0 | 0.00 |
| [7.0, 10.0) | 0 | 0.00 |
| [10.0, 15.0) | 0 | 0.00 |

常绿小乔木或灌木，高 3-6 m；小枝粗壮，二歧分枝，绿色，光滑；皮孔白色，长椭圆形或椭圆形，较稀疏；叶痕大，显著。冬芽球状，鳞片 4 对，交互对生，外轮较短，卵形，其余为阔椭圆形，内二轮外侧先端被柔毛。叶革质，椭圆形或阔椭圆形，稀倒卵状椭圆形，长 10-20 cm，宽 3.5-8 cm，先端锐尖或钝尖，基部阔楔形或楔形，稀两侧不对称，边缘微反卷，常具 5-8 对锯齿或腺状齿，有时为粗锯齿；叶上面深绿色，下面淡绿色，中脉在上面微显著，下面突出，侧脉 6-8 对，稀与中脉相交近于直角；叶柄长 2-4 cm，粗壮，光滑。圆锥花序顶生，花序梗被柔毛，雄花序长 5 cm 以上；雄花绿色，花萼先端 4 齿裂，无毛或被疏柔毛；花瓣 4 片，长圆形或卵形，长 3-4 mm，宽 2-2.5 mm，外侧被疏毛或无毛，先端具短尖头；雄蕊 4 枚，长约 3 mm，着生于花盘外侧，花药黄色，2 室；花盘肉质，微 4 棱；花梗长约 3 mm，被柔毛；苞片 1 片，披针形，长 3 mm，外侧被疏柔毛。雌花序较雄花序短，长约 4-5 cm，花萼及花瓣近于雄花，子房圆柱形，花柱粗壮，柱头头状，微偏斜；花盘肉质，微 4 裂；花下具 2 片小苞片，披针形，长约 4-6 mm，边缘具睫毛；花下具关节，被柔毛。幼果绿色，成熟为鲜红色，圆柱状或卵状，长 1.4-1.8 cm，直径 8-10 mm，萼片、花柱及柱头均宿存于核果上端。花期 1-2 月，果期达翌年 2 月，常与一二年生果序同存于枝上。

恩施州广布，生于山谷林中；分布于福建、台湾、广东、海南、广西、湖北等省区。

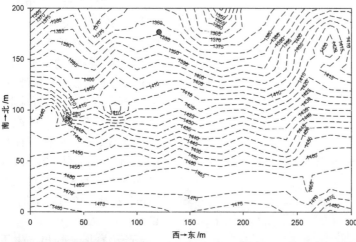

# 青荚叶 *Helwingia japonica* (Thunb.) Dietr.

## 青荚叶属 *Helwingia*      山茱萸科 Cornaceae

个体数量（Individual number）=159
最小，平均，最大胸径（Min，Mean，Max DBH）=1.0 cm，1.4 cm，4.9 cm
分布林层（Layer）=灌木层（Shrub layer）
重要值排序（Importance value rank）=22/123

| 胸径区间<br>/cm | 个体<br>数量 | 比例<br>/% |
|---|---|---|
| [1.0，2.0) | 143 | 89.93 |
| [2.0，3.0) | 14 | 8.81 |
| [3.0，4.0) | 1 | 0.63 |
| [4.0，5.0) | 1 | 0.63 |
| [5.0，7.0) | 0 | 0.00 |
| [7.0，10.0) | 0 | 0.00 |
| [10.0，15.0) | 0 | 0.00 |

　　落叶灌木，高 1-2 m；幼枝绿色，无毛，叶痕显著。叶纸质，卵形、卵圆形，稀椭圆形，长 3.5-18 cm，宽 2-8.5 cm，先端渐尖，极稀尾状渐尖，基部阔楔形或近于圆形，边缘具刺状细锯齿；叶上面亮绿色，下面淡绿色；中脉及侧脉在上面微凹陷，下面微突出；叶柄长 1-6 cm；托叶线状分裂。花淡绿色，3-5 数，花萼小，花瓣长 1-2 mm，镊合状排列；雄花 4-12 朵，呈伞形或密伞花序，常着生于叶上面中脉的 1/2-1/3 处，稀着生于幼枝上部；花梗长 1-2.5 mm；雄蕊 3-5 枚，生于花盘内侧；雌花 1-3 朵，着生于叶上面中脉的 1/2-1/3 处；花梗长 1-5 mm；子房卵圆形或球形，柱头 3-5 裂。浆果幼时绿色，成熟后黑色，分核 3-5 个。花期 4-5 月，果期 8-9 月。

　　恩施州广布，生于山谷林中；广布于我国黄河流域以南各省区。

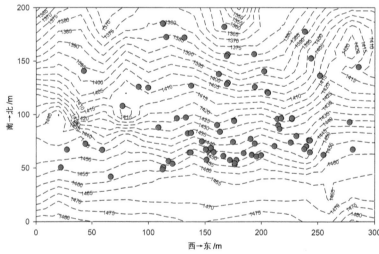

# 灯台树 *Cornus controversa* Hemsl.

## 山茱萸属 *Cornus*　　　山茱萸科 Cornaceae

个体数量（Individual number）=596
最小，平均，最大胸径（Min, Mean, Max DBH）=1.0 cm, 13.9 cm, 45.2 cm
分布林层（Layer）=乔木层（Tree layer）
重要值排序（Importance value rank）=6/77

| 胸径区间 /cm | 个体 数量 | 比例 /% |
|---|---|---|
| [1.0, 2.5) | 82 | 13.76 |
| [2.5, 5.0) | 58 | 9.73 |
| [5.0, 10.0) | 93 | 15.61 |
| [10.0, 20.0) | 208 | 34.90 |
| [20.0, 30.0) | 116 | 19.46 |
| [30.0, 40.0) | 36 | 6.04 |
| [40.0, 60.0) | 3 | 0.50 |

　　落叶乔木，高 6-15 m，稀达 20 m；树皮光滑，暗灰色或带黄灰色；枝开展，圆柱形，无毛或疏生短柔毛，当年生枝紫红绿色，2 年生枝淡绿色，有半月形的叶痕和圆形皮孔。冬芽顶生或腋生，卵圆形或圆锥形，长 3-8 mm，无毛。叶互生，纸质，阔卵形、阔椭圆状卵形或披针状椭圆形，长 6-13 cm，宽 3.5-9 cm，先端突尖，基部圆形或急尖，全缘，上面黄绿色，无毛，下面灰绿色，密被淡白色平贴短柔毛，中脉在上面微凹陷，下面凸出，微带紫红色，无毛，侧脉 6-7 对，弓形内弯，在上面明显，下面凸出，无毛；叶柄紫红绿色，长 2-6.5 cm，无毛，上面有浅沟，下面圆形。伞房状聚伞花序，顶生，宽 7-13 cm，稀生浅褐色平贴短柔毛；总花梗淡黄绿色，长 1.5-3 cm；花小，白色，直径 8 mm，花萼裂片 4 片，三角形，长约 0.5 mm，长于花盘，外侧被短柔毛；花瓣 4 片，长圆披针形，长 4-4.5 mm，宽 1-1.6 mm，先端钝尖，外侧疏生平贴短柔毛；雄蕊 4 枚，着生于花盘外侧，与花瓣互生，长 4-5 mm，稍伸出花外，花丝线形，白色，无毛，长 3-4 mm，花药椭圆形，淡黄色，长约 1.8 mm，2 室，丁字形着生；花盘垫状，无毛，厚约 0.3 mm；花柱圆

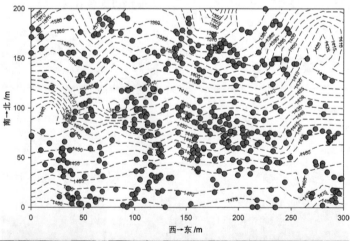

柱形，长 2-3 mm，无毛，柱头小，头状，淡黄绿色；子房下位，花托椭圆形，长 1.5 mm，直径 1 mm，淡绿色，密被灰白色贴生短柔毛；花梗淡绿色，长 3-6 mm，疏被贴生短柔毛。核果球形，直径 6-7 mm，成熟时紫红色至蓝黑色；核骨质，球形，直径 5-6 mm，略有 8 条肋纹，顶端有一个方形孔穴；果梗长约 2.5-4.5 mm，无毛。花期 5-6 月，果期 7-8 月。

　　恩施州广布，生于山地林中；分布于河南及长江以南各省区。

# 梾木 *Cornus macrophylla* Wallich

## 山茱萸属 *Cornus* 山茱萸科 Cornaceae

个体数量（Individual number）＝464
最小，平均，最大胸径（Min, Mean, Max DBH）＝1.0 cm, 9.2 cm, 33.8 cm
分布林层（Layer）＝乔木层（Tree layer）
重要值排序（Importance value rank）＝9/77

| 胸径区间 /cm | 个体数量 | 比例 /% |
|---|---|---|
| [1.0, 2.5) | 105 | 22.63 |
| [2.5, 5.0) | 73 | 15.73 |
| [5.0, 10.0) | 93 | 20.04 |
| [10.0, 20.0) | 159 | 34.27 |
| [20.0, 30.0) | 31 | 6.68 |
| [30.0, 40.0) | 3 | 0.65 |
| [40.0, 60.0) | 0 | 0.00 |

乔木，高3-15 m；树皮灰褐色或灰黑色；幼枝粗壮，灰绿色，有棱角，微被灰色贴生短柔毛，不久变为无毛，老枝圆柱形，疏生灰白色椭圆形皮孔及半环形叶痕。冬芽顶生或腋生，狭长圆锥形，长4-10 mm，密被黄褐色的短柔毛。叶对生，纸质，阔卵形或卵状长圆形，稀近于椭圆形，长9-16 cm，宽3.5-8.8 cm，先端锐尖或短渐尖，基部圆形，稀宽楔形，有时稍不对称，边缘略有波状小齿，上面深绿色，幼时疏被平贴小柔毛，后即近于无毛，下面灰绿色，密被或有时疏被白色平贴短柔毛，沿叶脉有淡褐色平贴小柔毛，中脉在上面明显，下面凸出，侧脉5-8对，弓形内弯，在上面明显，下面稍凸起；叶柄长1.5-3 cm，淡黄绿色，老后变为无毛，上面有浅沟，下面圆形，基部稍宽，略呈鞘状。伞房状聚伞花序顶生，宽8-12 cm，疏被短柔毛；总花梗红色，长2.4-4 cm；花白色，有香味，直径8-10 mm；花萼裂片4片，宽三角形，稍长于花盘，外侧疏被灰色短柔毛，长0.4-0.5 mm；花瓣4片，质地稍厚，舌状长圆形或卵状长圆形，长3-5 mm，宽0.9-1.8 mm，先端钝尖或短渐尖，上面无毛，背面被贴生小柔毛；雄蕊4枚，与花瓣等长或稍伸出花外，花丝略粗，线形，长2.5-5 mm，花药倒卵状长圆形，2室，长1.3-2 mm，丁字形着生；花盘垫状，无毛，边缘波状，厚约0.3-0.4 mm；花柱圆柱形，长2-4 mm，略被贴生小柔毛，顶端粗壮而略呈棍棒形，柱头扁平，略有浅裂，子房下位，花托倒卵形或倒圆锥形，直径约1.2 mm，密被灰白色的平贴短柔毛；花梗圆柱形，长0.3-4 mm，疏被灰褐色短柔毛。核果近于球形，直径4.5-6 mm，成熟时黑色，近于无毛；核骨质，扁球形，直径3-4 mm，两侧各有1条浅沟及6条脉纹。花期5月，果期9月。

恩施州广布，生于山谷林中；分布于山西、陕西、甘肃、山东、西藏及长江以南各省区。

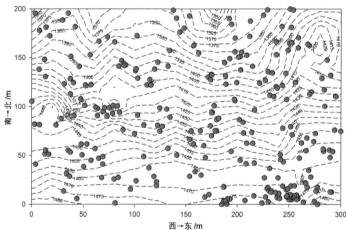

# 尖叶四照花 *Cornus elliptica* (Pojarkova) Q. Y. Xiang & Boufford

## 山茱萸属 *Cornus*　　山茱萸科 Cornaceae

个体数量（Individual number）=1332
最小，平均，最大胸径（Min, Mean, Max DBH）=1.0 cm，3.9 cm，25.4 cm
分布林层（Layer）=乔木层（Tree layer）
重要值排序（Importance value rank）=5/77

| 胸径区间 /cm | 个体数量 | 比例 /% |
|---|---|---|
| [1.0, 2.5) | 605 | 45.42 |
| [2.5, 5.0) | 392 | 29.43 |
| [5.0, 10.0) | 260 | 19.52 |
| [10.0, 20.0) | 73 | 5.48 |
| [20.0, 30.0) | 2 | 0.15 |
| [30.0, 40.0) | 0 | 0.00 |
| [40.0, 60.0) | 0 | 0.00 |

　　常绿乔木或灌木，高 4-12 m；树皮灰色或灰褐色，平滑；幼枝灰绿色，被白贴生短柔毛，老枝灰褐色，近于无毛。冬芽小，圆锥形，密被白色细毛。叶对生，革质，长圆椭圆形，稀卵状椭圆形或披针形，长 7-9 cm，宽 2.5-4.2 cm，先端渐尖形，具尖尾，基部楔形或宽楔形，稀钝圆形，上面深绿色，嫩时被白色细伏毛，老后无毛，下面灰绿色，密被白色贴生短柔毛，中脉在上面明显，下面微凸起，侧脉通常 3-4 对，弓形内弯，有时脉腋有簇生白色细毛；叶柄细圆柱形，长 8-12 mm，嫩时被细毛，渐老则近于无毛。头状花序球形，约由 55-80 朵花聚集而成，直径 8 mm；总苞片 4 片，长卵形至倒卵形，长 2.5-5 cm，宽 9-22 mm，先端渐尖或微突尖形，基部狭窄，初为淡黄色，后变为白色，两面微被白色贴生短柔毛；总花梗纤细，长 5.5-8 cm，密被白色细伏毛；花萼管状，长 0.7 mm，上部 4 裂，裂片钝圆或钝尖形，有时截形，外侧有白色细伏毛，内侧上半部密被白色短柔毛；花瓣 4 片，卵圆形，长 2.8 mm，宽 1.5 mm，先端渐尖，基部狭窄，下面有白色贴生短柔毛；雄蕊 4 枚，较花瓣短，花丝长 1.5 mm，花药椭圆形，长约 1 mm；花盘环状，略有 4 浅裂，原约 0.4 mm；花柱长约 1 mm，密被白色丝状毛。果序球形，直径 2.5 cm，成熟时红色，被白色细伏毛；总果梗纤细，长 6-10.5 cm，紫绿色，微被毛。花期 6-7 月，果期 10-11 月。

　　恩施州广布，生于山地林中；分布于陕西、甘肃、浙江、安徽、江西、福建、湖北、湖南、广东、广西、四川、贵州、云南等省区。

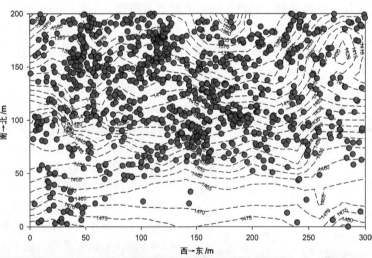

# 四照花（亚种）*Cornus kousa* subsp. *chinensis* (Osborn) Q. Y. Xiang

**山茱萸属 *Cornus***　　　**山茱萸科 Cornaceae**

个体数量（Individual number）＝2658
最小，平均，最大胸径（Min, Mean, Max DBH）＝1.0 cm, 3.6 cm, 26.3 cm
分布林层（Layer）＝乔木层（Tree layer）
重要值排序（Importance value rank）＝3/77

| 胸径区间 /cm | 个体数量 | 比例 /% |
|---|---|---|
| [1.0, 2.5) | 1249 | 46.99 |
| [2.5, 5.0) | 820 | 30.85 |
| [5.0, 10.0) | 484 | 18.21 |
| [10.0, 20.0) | 100 | 3.76 |
| [20.0, 30.0) | 5 | 0.19 |
| [30.0, 40.0) | 0 | 0.00 |
| [40.0, 60.0) | 0 | 0.00 |

　　落叶小乔木；小枝纤细，幼时淡绿色，微被灰白色贴生短柔毛，老时暗褐色。叶对生，纸质或厚纸质，卵形或卵状椭圆形，长 5.5-12 cm，宽 3.5-7 cm，先端渐尖，有尖尾，基部宽楔形或圆形，边缘全缘或有明显的细齿，上面绿色，疏生白色细伏毛，下面粉绿色，被白色贴生短柔毛，脉腋具黄色的绢状毛，中脉在上面明显，下面凸出，侧脉 4-5 对，在上面稍显明或微凹下，在下面微隆起；叶柄细圆柱形，长 5-10 mm，被白色贴生短柔毛，上面有浅沟，下面圆形。头状花序球形，约由 40-50 朵花聚集而成；总苞片 4 片，白色，卵形或卵状披针形，先端渐尖，两面近于无毛；总花梗纤细，被白色贴生短柔毛；花小，花萼管状，上部 4 裂，裂片钝圆形或钝尖形，外侧被白色细毛，内侧有一圈褐色短柔毛；花瓣和雄蕊未详；花盘垫状；子房下位，花柱圆柱形，密被白色粗毛。果序球形，成熟时红色，微被白色细毛；总果梗纤细，长 5.5-6.5 cm，近于无毛。花期 5-7 月，果期 9-10 月。

　　恩施州广布，生于山谷林中；分布于内蒙古、山西、陕西、甘肃、江苏、安徽、浙江、江西、福建、台湾、河南、湖北、湖南、四川、贵州、云南等省区。

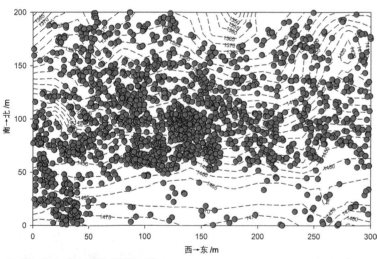

# 城口桤叶树 *Clethra fargesii* Franch.

## 桤叶树属 *Clethra*　　山柳科 Clethraceae

个体数量（Individual number）=86
最小，平均，最大胸径（Min, Mean, Max DBH）=1.0 cm, 4.4 cm, 11.0 cm
分布林层（Layer）=亚乔木层（Subtree layer）
重要值排序（Importance value rank）=24/45

| 胸径区间<br>/cm | 个体<br>数量 | 比例<br>/% |
|---|---|---|
| [1.0, 2.5) | 18 | 20.93 |
| [2.5, 5.0) | 37 | 43.02 |
| [5.0, 8.0) | 24 | 27.91 |
| [8.0, 11.0) | 6 | 6.98 |
| [11.0, 15.0) | 1 | 1.16 |
| [15.0, 20.0) | 0 | 0.00 |
| [20.0, 30.0) | 0 | 0.00 |

　　落叶灌木或小乔木，高 2-7 m；小枝圆柱形，黄褐色，嫩时密被星状绒毛及混杂于其中成簇微硬毛，有时杂有单毛，老时无毛。叶硬纸质，披针状椭圆形或卵状披针形或披针形，长 6-14 cm，宽 2.5-5 cm，先端尾状渐尖或渐尖，基部钝或近于圆形，稀为宽楔形，两侧稍不对称，嫩叶两面疏被星状柔毛，其后上面无毛，下面沿脉疏被长柔毛及星状毛或变为无毛，侧脉腋内有白色髯毛，边缘具锐尖锯齿，齿尖稍向内弯，中脉及侧脉在上面微下凹，下面凸起，侧脉 14-17 对，细网脉仅在下面微显著；叶柄长 10-20 mm，最初密被星状柔毛及长柔毛，其后仅于下面疏被长柔毛或近于无毛。总状花序 3-7 枝，成近似伞形圆锥花序；花序轴和花梗均密被灰白色，有时灰黄色星状绒毛及杂于其中成簇伸展长柔毛；苞片锥形，长于花梗，脱落；花梗细，在花期长 5-10 mm；萼 5 深裂，裂片卵状披针形，长 3-4.5 mm，宽 1.2-1.5 mm，渐尖头，外具肋，密被灰黄色星状绒毛，边缘具纤毛；花瓣 5 片，白色，倒卵形，长 5-6 mm，顶端近于截平，稍具流苏状缺刻，外侧无毛，内侧近基部疏被疏柔毛，雄蕊 10 枚，长于花瓣，花丝近基部疏被长柔毛，花药倒卵形，长 1.5-2 mm，基部锐尖，顶端略分叉；子房密被灰白色，有时淡黄色星状绒毛及绢状长柔毛，花柱长 3-4 mm，无毛，顶端 3 深裂。蒴果近球形，直径 2.5-3 mm，下弯，疏被短柔毛，向顶部有长毛，宿存花柱长 5-6 mm；果梗长 10-13 mm；种子黄褐色，不规则卵圆形，有时具棱，长 1-1.5 mm，种皮上有网状浅凹槽。花期 7-8 月，果期 9-10 月。

　　恩施州广布，生于山地林中；分布于江西、湖北、湖南、四川、贵州。

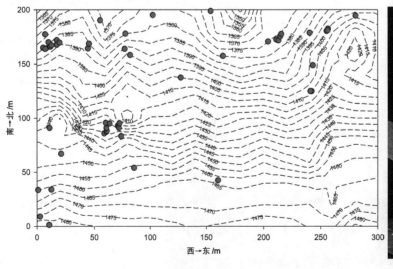

# 无梗越橘 *Vaccinium henryi* Hemsl.

## 越橘属 *Vaccinium*        杜鹃花科 Ericaceae

个体数量（Individual number）=51
最小，平均，最大胸径（Min, Mean, Max DBH）=1.1 cm，3.8 cm，11.5 cm
分布林层（Layer）=灌木层（Shrub layer）
重要值排序（Importance value rank）=39/123

| 胸径区间 /cm | 个体数量 | 比例 /% |
|---|---|---|
| [1.0, 2.0) | 5 | 9.81 |
| [2.0, 3.0) | 13 | 25.49 |
| [3.0, 4.0) | 16 | 31.37 |
| [4.0, 5.0) | 9 | 17.65 |
| [5.0, 7.0) | 5 | 9.80 |
| [7.0, 10.0) | 1 | 1.96 |
| [10.0, 15.0) | 2 | 3.92 |

　　落叶灌木，高 1-3 m；茎多分枝，幼枝淡褐色，密被短柔毛，生花的枝条细而短，呈左右曲折，老枝褐色，渐变无毛。叶多数，散生枝上，生花的枝条上叶较小，向上愈加变小，营养枝上的叶向上部变大，叶片纸质，卵形、卵状长圆形或长圆形，长 3-7 cm，宽 1.5-3 cm，顶端锐尖或急尖，明显具小短尖头，基部楔形、宽楔形至圆形，边缘全缘，通常被短纤毛，两面沿中脉有时连同侧脉密被短柔毛，叶脉在两面略微隆起；叶柄长 1-2 mm，密被短柔毛。花单生叶腋，有时由于枝条上部叶片渐变小而呈苞片状，在枝端形成假总状花序；花梗极短，长 1 mm 或近于无梗，密被毛；小苞片 2 片，花期宽三角形，长不及 1 mm，顶端具短尖头，结果时通常变披针形，长 2-3 mm，明显有 1 条脉，或有时早落；萼筒无毛，萼齿 5 片，宽三角形，长 0.5-1 mm，外面被毛或有时无毛；花冠黄绿色，钟状，长 3-4.5 mm，外面无毛，5 浅裂，裂片三角形，顶端反折；雄蕊 10 枚，短于花冠，长 3-3.5 mm，花丝扁平，长 1.5-2 mm，被柔毛，药室背部无距，药管与药室近等长。浆果球形，略呈扁压状，直径 7-9 mm，熟时紫黑色。花期 6-7 月，果期 9-10 月。

　　恩施州广布，生于山坡灌丛中；分布于陕西、甘肃、安徽、浙江、江西、福建、湖北、湖南、四川、贵州等省。

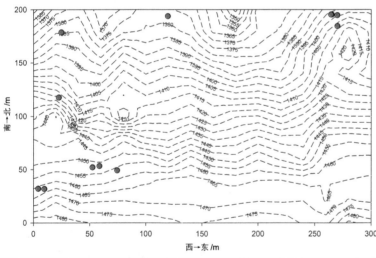

# 满山红 *Rhododendron mariesii* Hemsl. et Wils.

## 杜鹃花属 *Rhododendron*　　杜鹃花科 Ericaceae

个体数量（Individual number）＝761
最小，平均，最大胸径（Min，Mean，Max DBH）＝1.0 cm，2.6 cm，12.3 cm
分布林层（Layer）＝灌木层（Shrub layer）
重要值排序（Importance value rank）＝6/123

| 胸径区间 /cm | 个体数量 | 比例 /% |
|---|---|---|
| [1.0, 2.0) | 293 | 38.50 |
| [2.0, 3.0) | 210 | 27.60 |
| [3.0, 4.0) | 151 | 19.84 |
| [4.0, 5.0) | 77 | 10.11 |
| [5.0, 7.0) | 25 | 3.29 |
| [7.0, 10.0) | 4 | 0.53 |
| [10.0, 15.0) | 1 | 0.13 |

　　落叶灌木，高 1-4 m；枝轮生，幼时被淡黄棕色柔毛，成长时无毛。叶厚纸质或近于革质，常 2-3 片集生枝顶，椭圆形，卵状披针形或三角状卵形，长 4-7.5 cm，宽 2-4 cm，先端锐尖，具短尖头，基部钝或近于圆形，边缘微反卷，初时具细钝齿，后不明显，上面深绿色，下面淡绿色，幼时两面均被淡黄棕色长柔毛，后无毛或近于无毛，叶脉在上面凹陷，下面凸出，细脉与中脉或侧脉间的夹角近于 90°；叶柄长 5-7 mm，近于无毛。花芽卵球形，鳞片阔卵形，顶端钝尖，外面沿中脊以上被淡黄棕色绢状柔毛，边缘具睫毛。花通常 2 朵顶生，先花后叶，出自同一顶生花芽；花梗直立，常为芽鳞所包，长 7-10 mm，密被黄褐色柔毛；花萼环状，5 浅裂，密被黄褐色柔毛；花冠漏斗形，淡紫红色或紫红色，长 3-3.5 cm，花冠管长约 1 cm，基部径 4 mm，裂片 5 片，深裂，长圆形，先端钝圆，上方裂片具紫红色斑点，两面无毛；雄蕊 8-10 枚，不等长，比花冠短或与花冠等长，花丝扁平，无毛，花药紫红色；子房卵球形，密被淡黄棕色长柔毛，花柱比雄蕊长，无毛。蒴果椭圆状卵球形，长 6-9 mm，稀达 1.8 cm，密被亮棕褐色长柔毛。花期 4-5 月，果期 6-11 月。

　　恩施州广布，生于山坡林中；分布于河北、陕西、江苏、安徽、浙江、江西、福建、台湾、河南、湖北、湖南、广东、广西、四川和贵州。

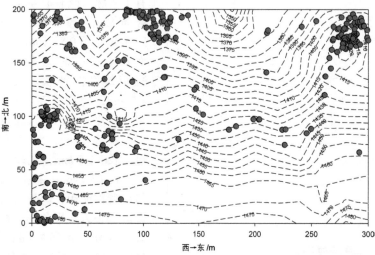

# 杜鹃 *Rhododendron simsii* Planch.

## 杜鹃花属 *Rhododendron*　　　杜鹃花科 Ericaceae

个体数量（Individual number）=146
最小，平均，最大胸径（Min, Mean, Max DBH）=1.0 cm, 2.2 cm, 6.4 cm
分布林层（Layer）=灌木层（Shrub layer）
重要值排序（Importance value rank）=24/123

| 胸径区间 /cm | 个体数量 | 比例 /% |
|---|---|---|
| [1.0, 2.0) | 67 | 45.89 |
| [2.0, 3.0) | 53 | 36.30 |
| [3.0, 4.0) | 16 | 10.96 |
| [4.0, 5.0) | 6 | 4.11 |
| [5.0, 7.0) | 4 | 2.74 |
| [7.0, 10.0) | 0 | 0.00 |
| [10.0, 15.0) | 0 | 0.00 |

　　落叶灌木，高 2-5 m；分枝多而纤细，密被亮棕褐色扁平糙伏毛。叶革质，常集生枝端，卵形、椭圆形或卵状椭圆形，长 1.5-5 cm，宽 0.5-3 cm，先端短渐尖，基部楔形或宽楔形，边缘微反卷，具细齿，上面深绿色，疏被糙伏毛，下面淡白色，密被褐色糙伏毛，中脉在上面凹陷，下面凸出；叶柄长 2-6 mm，密被亮棕褐色扁平糙伏毛。花芽卵球形，鳞片外面中部以上被糙伏毛，边缘具睫毛。花 2-6 朵簇生枝顶；花梗长 8 mm，密被亮棕褐色糙伏毛；花萼 5 深裂，裂片三角状长卵形，长 5 mm，被糙伏毛，边缘具睫毛；花冠阔漏斗形，玫瑰色、鲜红色或暗红色，长 3.5-4 cm，宽 1.5-2 cm，裂片 5 片，倒卵形，长 2.5-3 cm，上部裂片具深红色斑点；雄蕊 10 枚，长约与花冠相等，花丝线状，中部以下被微柔毛；子房卵球形，10 室，密被亮棕褐色糙伏毛，花柱伸出花冠外，无毛。蒴果卵球形，长达 1 cm，密被糙伏毛；花萼宿存。花期 4-5 月，果期 6-8 月。

　　恩施州广布，生于灌丛中；分布于江苏、安徽、浙江、江西、福建、台湾、湖北、湖南、广东、广西、四川、贵州和云南。

## 耳叶杜鹃 *Rhododendron auriculatum* Hemsl.

### 杜鹃花属 *Rhododendron*  杜鹃花科 Ericaceae

个体数量（Individual number）＝113
最小，平均，最大胸径（Min, Mean, Max DBH）＝1.0 cm, 6.2 cm, 23.0 cm
分布林层（Layer）＝亚乔木层（Subtree layer）
重要值排序（Importance value rank）＝22/45

| 胸径区间 /cm | 个体数量 | 比例 /% |
|---|---|---|
| [1.0, 2.5) | 21 | 18.58 |
| [2.5, 5.0) | 37 | 32.74 |
| [5.0, 8.0) | 25 | 22.12 |
| [8.0, 11.0) | 16 | 14.16 |
| [11.0, 15.0) | 4 | 3.54 |
| [15.0, 20.0) | 9 | 7.97 |
| [20.0, 30.0) | 1 | 0.89 |

常绿灌木或小乔木，高 5-10 m；树皮灰色；幼枝密被长腺毛，老枝无毛。冬芽大，顶生，尖卵圆形，长 3.5-5.5 cm，外面鳞片狭长形，长 3.5 cm，先端渐尖，有较长的渐尖头，无毛。叶革质，长圆形、长圆状披针形或倒披针形，长 9-22 cm，宽 3-6.5 cm，先端钝，有短尖头，基部稍不对称，圆形或心形，上面绿色，无毛，中脉凹下，下面凸起，侧脉 20-22 对，下面淡绿色，幼时密被柔毛，老后仅在中脉上有柔毛；叶柄稍粗壮，长 1.8-3 cm，密被腺毛。顶生伞形花序大，疏松，有花 7-15 朵；总轴长 2-3 cm，密被腺体；花梗长 2-3 cm，密被长柄腺体；花萼小，长 2-4 mm，盘状，裂片 6 片，不整齐，膜质，外面具稀疏的有柄腺体；花冠漏斗形，长 6-10 cm，直径 6 cm，银白色，有香味，筒状部外面有长柄腺体，裂片 7 片，卵形，开展，长 2 cm，宽 1.8 cm；雄蕊 14-16 枚，不等长，长 2.5-4 cm，花丝纤细，无毛，花药长倒卵圆形，长 5.5 mm；子房椭圆状卵球形，

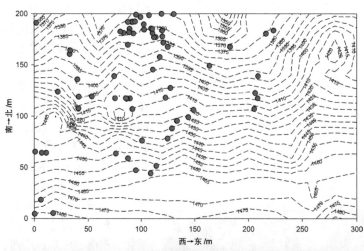

长 6 mm，有肋纹，密被腺体，花柱粗壮，长约 3 cm，密被短柄腺体，柱头盘状，有 8 枚浅裂片，宽 4.2 mm。蒴果长圆柱形，微弯曲，长 3-4 cm，8 室，有腺体残迹。花期 7-8 月，果期 9-10 月。

恩施州广布，生于山坡林中或栽培；分布于陕西、湖北、四川、贵州。

# 粉白杜鹃 *Rhododendron hypoglaucum* Hemsl.

## 杜鹃花属 *Rhododendron* 杜鹃花科 Ericaceae

个体数量（Individual number）=4
最小，平均，最大胸径（Min, Mean, Max DBH）=1.0 cm, 1.3 cm, 1.8 cm
分布林层（Layer）=灌木层（Shrub layer）
重要值排序（Importance value rank）=91/123

| 胸径区间<br>/cm | 个体<br>数量 | 比例<br>/% |
|---|---|---|
| [1.0, 2.0) | 4 | 100.00 |
| [2.0, 3.0) | 0 | 0.00 |
| [3.0, 4.0) | 0 | 0.00 |
| [4.0, 5.0) | 0 | 0.00 |
| [5.0, 7.0) | 0 | 0.00 |
| [7.0, 10.0) | 0 | 0.00 |
| [10.0, 15.0) | 0 | 0.00 |

常绿大灌木，高约3-10 m；树皮灰白色，有裂纹及层状剥落；幼枝淡绿色，光滑无毛。叶常4-7片密生于枝顶，革质，椭圆状披针形或倒卵状披针形，长6-10 cm，宽2-3.5 cm，先端急尖，有短尖尾，基部楔形，边缘质薄向下反卷，上面绿色，光滑无毛，下面被银白色薄层毛被，紧贴而有光泽，中脉在上面微下陷，呈浅沟纹，在下面显著隆起，侧脉10-14对，在两面均不明显；叶柄长约1-2 cm，在上面有沟槽，下面圆柱状，无毛。总状伞形花序，有花4-9朵；总轴长0.5-1.5 cm，初有淡黄色疏柔毛，以后无毛；花梗长2-3 cm，淡红色，无毛；花萼小，5裂，萼片膜质，卵状三角形，长约2 mm；花冠乳白色稀粉红色，漏斗状钟形，长2.5-3.5 cm，管口直径3 cm，基部狭窄，有深红色至紫红色斑点，5裂，裂片近圆形，长约1 cm，宽约1.5 cm，顶端微凹缺；雄蕊10枚，长1.5-3 cm，不等长；花丝线形，基部较宽，有开展的白色绒毛；花药卵圆形，长约3 mm，黄色；子房圆柱状，长4-5 mm，无毛或仅顶端有少许腺毛，花柱长2-2.5 cm，无毛，柱头微膨大。蒴果圆柱形，长2-2.5 cm，直径6 mm，无毛，成熟后常6瓣开裂。花期4-5月，果期7-9月。

恩施州广布，生于山坡林中；分布于陕西、湖北、四川。

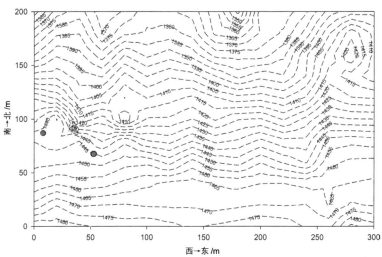

## 喇叭杜鹃 *Rhododendron discolor* Franch.

### 杜鹃花属 *Rhododendron*　　杜鹃花科 Ericaceae

个体数量（Individual number）=18
最小，平均，最大胸径（Min, Mean, Max DBH）=1.5 cm, 4.7 cm, 9.0 cm
分布林层（Layer）=亚乔木层（Subtree layer）
重要值排序（Importance value rank）=33/45

| 胸径区间 /cm | 个体数量 | 比例 /% |
|---|---|---|
| [1.0, 2.5) | 4 | 22.22 |
| [2.5, 5.0) | 8 | 44.45 |
| [5.0, 8.0) | 2 | 11.11 |
| [8.0, 11.0) | 4 | 22.22 |
| [11.0, 15.0) | 0 | 0.00 |
| [15.0, 20.0) | 0 | 0.00 |
| [20.0, 30.0) | 0 | 0.00 |

常绿灌木或小乔木，高 1.5-8 m；树皮褐色；枝粗壮，无毛。腋芽卵形，黄褐色，无毛，长 4-6 mm。叶革质，长圆状椭圆形至长圆状披针形，长 9.5-18 cm，宽 2.4-5.4 cm 或更宽，先端钝，基部楔形，稀略近心形，边缘反卷，上面深绿色，下面淡黄白色，无毛，中脉在上面凹下，下面凸起，侧脉约 21 对，在上面稍凹入，下面不显明；叶柄粗壮，长 1.5-2.5 cm，无毛。顶生短总状花序，有花 6-10 朵；总轴长 1.5-3 cm，具散生腺体；花梗长 2-2.5 cm，无毛或略有腺体；花萼小，长 2-5 mm，裂片 7 片，波状三角形或卵形，有稀疏的腺体，边缘有纤毛及短柄腺体；花冠漏斗状钟形，长 5.5 cm，宽约 6 cm，淡红色至白色，内面无毛，裂片 7 片，近于圆形，长 2 cm，宽 2.5 cm，顶端有缺刻；雄蕊 14-16 枚，不等长，长 3-3.8 cm，花丝白色，无毛，花药长圆形，白色，长 3.2-3.8 mm；子房卵状圆锥形，长 7 mm，直径 4.8 mm，密被淡黄白色短柄腺体，花柱细圆柱形，通体被淡黄白色短柄腺体，柱头小，头状，宽约 3 mm。蒴果长圆柱形，微弯曲，长 4-5 cm，直径约 1.5 cm，9-10 室，有肋纹及腺体残迹。花期 6-7 月，果期 9-10 月。

恩施州广布，生于山坡林中；分布于陕西、安徽、浙江、江西、湖北、湖南、广西、四川、贵州和云南。

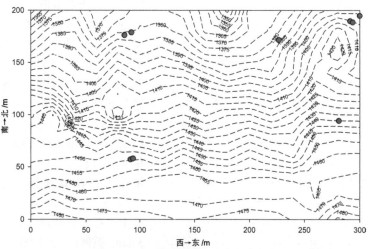

# 长蕊杜鹃 *Rhododendron stamineum* Franch.

## 杜鹃花属 *Rhododendron*　　杜鹃花科 Ericaceae

个体数量（Individual number）＝169
最小，平均，最大胸径（Min, Mean, Max DBH）＝1.0 cm，4.0 cm，21.1 cm
分布林层（Layer）＝亚乔木层（Subtree layer）
重要值排序（Importance value rank）＝23/45

| 胸径区间<br>/cm | 个体<br>数量 | 比例<br>/% |
|---|---|---|
| [1.0, 2.5) | 78 | 46.16 |
| [2.5, 5.0) | 43 | 25.44 |
| [5.0, 8.0) | 29 | 17.16 |
| [8.0, 11.0) | 10 | 5.92 |
| [11.0, 15.0) | 8 | 4.73 |
| [15.0, 20.0) | 0 | 0.00 |
| [20.0, 30.0) | 1 | 0.59 |

　　常绿灌木或小乔木，高约 3-7 m；幼枝纤细，无毛。叶常轮生枝顶，革质，椭圆形或长圆状披针形，长 6.5-8 cm，稀达 10 cm 以上，宽 2-3.5 cm，先端渐尖或斜渐尖，基部楔形，边缘微反卷，上面深绿色，具光泽，下面苍白绿色，两面无毛，稀干时具白粉，中脉在上面凹陷，下面凸出，侧脉不明显；叶柄长 8-12 mm，无毛。花芽圆锥状，鳞片卵形，覆瓦状排列，仅边缘和先端被柔毛。花常 3-5 朵簇生枝顶叶腋；花梗长 2-2.5 cm，无毛；花萼小，微 5 裂，裂片三角形；花冠白色，有时蔷薇色，漏斗形，长 3-3.3 cm，5 深裂，裂片倒卵形或长圆状倒卵形，长 2-2.5 cm，上方裂片内侧具黄色斑点，花冠管筒状，长 1.3 cm，向基部渐狭；雄蕊 10 枚，细长，伸出于花冠外很长，花丝下部被微柔毛或近于无毛；子房圆柱形，长 4 mm，无毛，花柱长 4-5 cm，超过雄蕊，无毛，柱头头状。蒴果圆柱形，长 2-4 cm，微拱弯，具 7 条纵肋，先端渐尖，无毛。花期 4-5 月，果期 7-10 月。

　　恩施州广布，生于山坡林中；分布于安徽、浙江、江西、湖北、湖南、广东、广西、陕西、四川、贵州和云南。

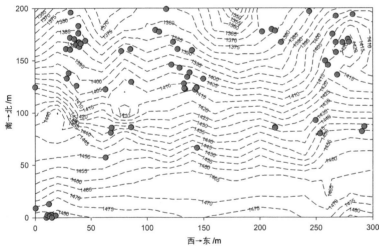

## 腺萼马银花 *Rhododendron bachii* Lévl.

### 杜鹃花属 *Rhododendron* 杜鹃花科 Ericaceae

个体数量（Individual number）＝192
最小，平均，最大胸径（Min, Mean, Max DBH）＝1.0 cm, 3.3 cm, 8.3 cm
分布林层（Layer）＝灌木层（Shrub layer）
重要值排序（Importance value rank）＝18/123

| 胸径区间 /cm | 个体数量 | 比例 /% |
|---|---|---|
| [1.0, 2.0) | 41 | 21.35 |
| [2.0, 3.0) | 47 | 24.48 |
| [3.0, 4.0) | 40 | 20.83 |
| [4.0, 5.0) | 42 | 21.88 |
| [5.0, 7.0) | 19 | 9.90 |
| [7.0, 10.0) | 3 | 1.56 |
| [10.0, 15.0) | 0 | 0.00 |

常绿灌木，高2-8 m；小枝灰褐色，被短柔毛和稀疏的腺头刚毛。叶散生，薄革质，卵形或卵状椭圆形，长3-5.5 cm，宽1.5-2.5 cm，先端凹缺，具短尖头，基部宽楔形或近于圆形，边缘浅波状，除上面中脉被短柔毛外，两面均无毛；叶柄长约5 mm，被短柔毛和腺毛。花芽圆锥形，鳞片长圆状倒卵形，外面密被白色短柔毛。花1朵侧生于上部枝条叶腋；花梗长1.2-1.6 cm，被短柔毛和腺头毛；花萼5深裂，裂片卵形或倒卵形，钝头，具条纹，长3-5 mm，宽3-4 mm，外面被微柔毛，边缘密被短柄腺毛；花冠淡紫色、淡紫红色或淡紫白色，辐状，5深裂，裂片阔倒卵形，长1.8-

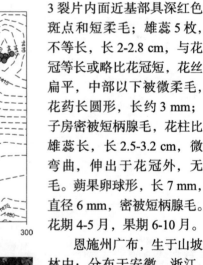

2.1 cm，宽达1.4 cm，上方3裂片内面近基部具深红色斑点和短柔毛；雄蕊5枚，不等长，长2-2.8 cm，与花冠等长或略比花冠短，花丝扁平，中部以下被微柔毛，花药长圆形，长约3 mm；子房密被短柄腺毛，花柱比雄蕊长，长2.5-3.2 cm，微弯曲，伸出于花冠外，无毛。蒴果卵球形，长7 mm，直径6 mm，密被短柄腺毛。花期4-5月，果期6-10月。

恩施州广布，生于山坡林中；分布于安徽、浙江、江西、湖北、湖南、广东、广西、四川和贵州。

# 马银花 *Rhododendron ovatum* (Lindl.) Planch.

## 杜鹃花属 *Rhododendron*　　　杜鹃花科 Ericaceae

个体数量（Individual number）＝308
最小，平均，最大胸径（Min, Mean, Max DBH）＝1.0 cm，2.7 cm，8.6 cm
分布林层（Layer）＝灌木层（Shrub layer）
重要值排序（Importance value rank）＝13/123

| 胸径区间 /cm | 个体数量 | 比例 /% |
|---|---|---|
| [1.0, 2.0) | 107 | 34.74 |
| [2.0, 3.0) | 80 | 25.98 |
| [3.0, 4.0) | 65 | 21.10 |
| [4.0, 5.0) | 34 | 11.04 |
| [5.0, 7.0) | 17 | 5.52 |
| [7.0, 10.0) | 5 | 1.62 |
| [10.0, 15.0) | 0 | 0.00 |

　　常绿灌木，高 2-4 m；小枝灰褐色，被短柄腺体和短柔毛。叶革质，卵形或椭圆状卵形，长 3.5-5 cm，宽 1.9-2.5 cm，先端急尖或钝，具短尖头，基部圆形，稀宽楔形，上面深绿色，有光泽，中脉和细脉凸出，沿中脉被短柔毛，下面仅中脉凸出，侧脉和细脉不明显，无毛；叶柄长 8 mm，具狭翅，被短柔毛。花芽圆锥状，具鳞片数枚，外面的鳞片三角形，内面的鳞片长圆状倒卵形，长 1 cm，宽 0.8 cm，先端钝或圆形，边缘反卷，具细睫毛，外面被短柔毛。花单生枝顶叶腋；花梗长 0.8-1.8 cm，密被灰褐色短柔毛和短柄腺毛；花萼 5 深裂，裂片卵形或长卵形，长 4-5 mm，宽 3-4 mm，外面基部密被灰褐色短柔毛和疏腺毛，边缘无毛；花冠淡紫色、紫色或粉红色，辐状，5 深裂，裂片长圆状倒卵形或阔倒卵形，长 1.6-2.3 cm，内面具粉红色斑点，外面无毛，筒部内面被短柔毛；雄蕊 5 枚，不等长，稍比花冠短，长 1.5-2.1 cm，花丝扁平，中部以下被柔毛；子房卵球形，密被短腺毛；花柱长 2.4 cm，伸出于花冠外，无毛。蒴果阔卵球形，长 8 mm，直径 6 mm，密被灰褐色短柔毛和疏腺体，且为增大而宿存的花萼所包围。花期 4-5 月，果期 7-10 月。

　　产于利川、巴东，生于灌丛中；分布于江苏、安徽、浙江、江西、福建、台湾、湖北、湖南、广东、广西、四川和贵州。

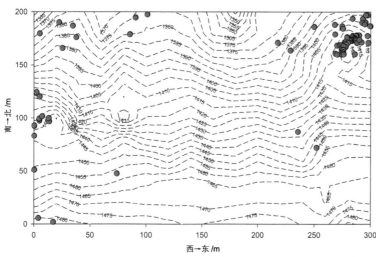

# 珍珠花 *Lyonia ovalifolia* (Wall.) Drude

**珍珠花属 *Lyonia***      杜鹃花科 Ericaceae

个体数量（Individual number）= 627
最小，平均，最大胸径（Min, Mean, Max DBH）= 1.0 cm, 5.0 cm, 15.4 cm
分布林层（Layer）= 亚乔木层（Subtree layer）
重要值排序（Importance value rank）= 5/45

| 胸径区间 /cm | 个体数量 | 比例 /% |
|---|---|---|
| [1.0, 2.5) | 118 | 18.82 |
| [2.5, 5.0) | 203 | 32.38 |
| [5.0, 8.0) | 220 | 35.09 |
| [8.0, 11.0) | 74 | 11.80 |
| [11.0, 15.0) | 11 | 1.75 |
| [15.0, 20.0) | 1 | 0.16 |
| [20.0, 30.0) | 0 | 0.00 |

灌木或小乔木，高 8-16 m；枝淡灰褐色，无毛；冬芽长卵圆形，淡红色，无毛。叶革质，卵形或椭圆形，长 8-10 cm，宽 4-5.8 cm，先端渐尖，基部钝圆或心形，表面深绿色，无毛，背面淡绿色，近于无毛，中脉在表面下陷，在背面凸起，侧脉羽状，在表面明显，脉上被毛；叶柄长 4-9 mm，无毛。总状花序长 5-10 cm，着生叶腋，近基部有 2-3 枚叶状苞片，小苞片早落；花序轴上微被柔毛；花梗长约 6 mm，近于无毛；花萼深 5 裂，裂片长椭圆形，长约 2.5 mm，宽约 1 mm，外面近于无毛；花冠圆筒状，长约 8 mm，径约 4.5 mm，外面疏被柔毛，上部浅 5 裂，裂片向外反折，先端钝圆；雄蕊 10 枚，花丝线形，长约 4 mm，顶端有 2 枚芒状附属物，中下部疏被白色长柔毛；子房近球形，无毛，花柱长约 6 mm，柱头头状，略伸出花冠外。蒴果球形，直径 4-5 mm，缝线增厚；种子短线形，无翅。花期 5-6 月，果期 7-9 月。

产于利川、咸丰，生于山坡林中；分布于台湾、福建、湖南、湖北、广东、广西、四川、贵州、云南、西藏等省区。

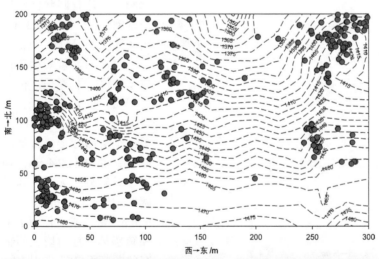

# 齿缘吊钟花 *Enkianthus serrulatus* (Wils.) Schneid.

## 吊钟花属 *Enkianthus* 杜鹃花科 Ericaceae

个体数量（Individual number）＝265
最小，平均，最大胸径（Min, Mean, Max DBH）＝1.0 cm, 3.2 cm, 8.2 cm
分布林层（Layer）＝亚乔木层（Subtree layer）
重要值排序（Importance value rank）＝18/45

| 胸径区间 /cm | 个体数量 | 比例 /% |
|---|---|---|
| [1.0, 2.5) | 101 | 38.11 |
| [2.5, 5.0) | 130 | 49.06 |
| [5.0, 8.0) | 33 | 12.45 |
| [8.0, 11.0) | 1 | 0.38 |
| [11.0, 15.0) | 0 | 0.00 |
| [15.0, 20.0) | 0 | 0.00 |
| [20.0, 30.0) | 0 | 0.00 |

　　落叶灌木或小乔木，高 2.6-6 m。小枝光滑，无毛；芽鳞 12-15 枚，宿存。叶密集枝顶，厚纸质，长圆形或长卵形，长 6-8 cm，宽 3.0-4 cm，先端短渐尖或渐尖，基部宽楔形或钝圆，边缘具细锯齿，不反卷，表面无毛，或中脉有微柔毛，背面中脉下部被白色柔毛，中脉、侧脉及网脉在两面明显，在背面隆起；叶柄较纤细，长 6-15 mm，无毛。伞形花序顶生。每花序上有花 2-6 朵，花下垂；花梗长 1-1.5 cm，结果时直立，变粗壮，长可达 3 cm；花萼绿色，萼片 5 片，三角形；花冠钟形，白绿色，长约 1 cm，口部 5 浅裂，裂片反卷；雄蕊 10 枚，花丝白色，长约 5 mm，下部宽扁并具白色柔毛，花药具 2 个反折的芒；子房圆柱形，5 室，每室有胚珠 10-15 枚，花柱长约 5 mm，无毛。蒴果椭圆形，长约 1 cm，直径 6-8 mm，干后黄褐色，无毛，具棱，顶端有宿存花柱，5 裂，每室有种子数粒；种子瘦小，长约 2 mm，具 2 膜质翅。花期 4 月，果期 5-7 月。

　　恩施州广布，生于山坡林中；分布于浙江、江西、福建、湖北、湖南、广东、广西、四川、贵州、云南。

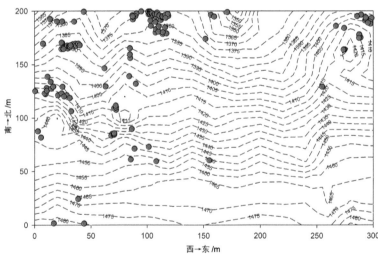

## 美丽马醉木 *Pieris formosa* (Wall.) D. Don

### 马醉木属 *Pieris*　　杜鹃花科 Ericaceae

个体数量（Individual number）＝86
最小，平均，最大胸径（Min, Mean, Max DBH）＝1.0 cm, 4.1 cm, 10.5 cm
分布林层（Layer）＝亚乔木层（Subtree layer）
重要值排序（Importance value rank）＝27/45

| 胸径区间/cm | 个体数量 | 比例/% |
|---|---|---|
| [1.0, 2.5) | 32 | 37.21 |
| [2.5, 5.0) | 26 | 30.23 |
| [5.0, 8.0) | 17 | 19.77 |
| [8.0, 11.0) | 11 | 12.79 |
| [11.0, 15.0) | 0 | 0.00 |
| [15.0, 20.0) | 0 | 0.00 |
| [20.0, 30.0) | 0 | 0.00 |

　　常绿灌木或小乔木，高 2-4 m；小枝圆柱形，无毛，枝上有叶痕；冬芽较小，卵圆形，鳞片外面无毛。叶革质，披针形至长圆形，稀倒披针形，长 4-10 cm，宽 1.5-3 cm，先端渐尖或锐尖，边缘具细锯齿，基部楔形至钝圆形，表面深绿色，背面淡绿色，中脉显著，幼时在表面微被柔毛，老时脱落，侧脉在表面下陷，在背面不明显；叶柄长 1-1.5 cm，腹面有沟纹，背面圆形。总状花序簇生于枝顶的叶腋，或有时为顶生圆锥花序，长 4-10 cm，稀达 20 cm 以上；花梗被柔毛；萼片宽披针形，长约 3 mm；花冠白色，坛状，外面有柔毛，上部浅 5 裂，裂片先端钝圆；雄蕊 10 枚，花丝线形，长约 4 mm，有白色柔毛，花药黄色；子房扁球形，无毛，花柱长约 5 mm，柱头小，头状。蒴果卵圆形，直径约 4 mm；种子黄褐色，纺锤形。花期 5-6 月，果期 7-9 月。

　　恩施州广布，生于山坡林中；分布于浙江、江西、湖北、湖南、广东、广西、四川、贵州、云南等省区。

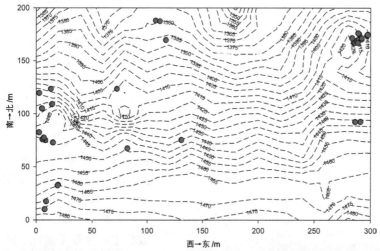

# 君迁子 *Diospyros lotus* L.

## 柿属 *Diospyros*　　柿科 Ebenaceae

个体数量（Individual number）＝459
最小，平均，最大胸径（Min，Mean，Max DBH）＝1.0 cm，8.5 cm，31.0 cm
分布林层（Layer）＝乔木层（Tree layer）
重要值排序（Importance value rank）＝15/77

| 胸径区间/cm | 个体数量 | 比例/% |
|---|---|---|
| [1.0, 2.5) | 98 | 21.35 |
| [2.5, 5.0) | 100 | 21.79 |
| [5.0, 10.0) | 108 | 23.53 |
| [10.0, 20.0) | 110 | 23.97 |
| [20.0, 30.0) | 41 | 8.93 |
| [30.0, 40.0) | 2 | 0.43 |
| [40.0, 60.0) | 0 | 0.00 |

　　落叶乔木，高可达 30 m；树冠近球形或扁球形；树皮灰黑色或灰褐色，深裂或不规则的厚块状剥落；小枝褐色或棕色，有纵裂的皮孔；嫩枝通常淡灰色，有时带紫色，平滑或有时有黄灰色短柔毛。冬芽狭卵形，带棕色，先端急尖。叶近膜质，椭圆形至长椭圆形，长 5-13 cm，宽 2.5-6 cm，先端渐尖或急尖，基部钝，宽楔形以至近圆形，上面深绿色，有光泽，初时有柔毛，但后渐脱落，下面绿色或粉绿色，有柔毛，且在脉上较多，或无毛，中脉在下面平坦或下陷，有微柔毛，在下面凸起，侧脉纤细，每边 7-10 条，上面稍下陷，下面略凸起，小脉很纤细，连接成不规则的网状；叶柄长 7-15 mm，有时有短柔毛，上面有沟。雄花 1-3 朵腋生，簇生，近无梗，长约 6 mm；花萼钟形，4 裂，偶有 5 裂，裂片卵形，先端急尖，内面有绢毛，边缘有睫毛；花冠壶形，带红色或淡黄色，长约 4 mm，无毛或近无毛，4 裂，裂片近圆形，边缘有睫毛；雄蕊 16 枚，每 2 枚连生成对，腹面 1 枚较短，无毛；花药披针形，长约 3 mm，先端渐尖，药隔两面都有长毛；子房退化；雌花单生，几无梗，淡绿色或带红色；花瓣 4 裂，深裂至中部，外面下部有伏粗毛，内面基部有棕色绢毛，裂片卵形，长约 4 mm，先端急尖，边缘有睫毛；花冠壶形，长约 6 mm，4 裂，偶有 5 裂，裂片近圆形，长约 3 mm，反曲；退化雄蕊 8 枚，着生花冠基部，长约 2 mm，有白色

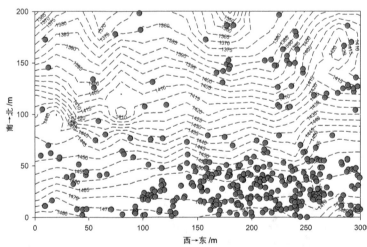

粗毛；子房除顶端外无毛，8 室；花柱 4 根，有时基部有白色长粗毛。果近球形或椭圆形，直径 1-2 cm，初熟时为淡黄色，后则变为蓝黑色，常被有白色薄蜡层，8 室；种子长圆形，长约 1 cm，宽约 6 mm，褐色，侧扁，背面较厚；宿存萼 4 裂，深裂至中部，裂片卵形，长约 6 mm，先端钝圆。花期 5-6 月，果期 10-11 月。

　　恩施州广布，生于山坡林中；分布于山东、辽宁、河南、河北、山西、陕西、甘肃、江苏、浙江、安徽、江西、湖南、湖北、贵州、四川、云南、西藏等省区。

# 薄叶山矾 *Symplocos anomala* Brand

## 山矾属 *Symplocos*　　山矾科 Symplocaceae

个体数量（Individual number）＝74
最小，平均，最大胸径（Min, Mean, Max DBH）＝1.0 cm, 2.8 cm, 8.4 cm
分布林层（Layer）＝灌木层（Shrub layer）
重要值排序（Importance value rank）＝35/123

| 胸径区间/cm | 个体数量 | 比例/% |
|---|---|---|
| [1.0, 2.0) | 31 | 41.89 |
| [2.0, 3.0) | 12 | 16.22 |
| [3.0, 4.0) | 13 | 17.57 |
| [4.0, 5.0) | 8 | 10.81 |
| [5.0, 7.0) | 9 | 12.16 |
| [7.0, 10.0) | 1 | 1.35 |
| [10.0, 15.0) | 0 | 0.00 |

　　小乔木或灌木；顶芽、嫩枝被褐色柔毛；老枝通常黑褐色。叶薄革质，狭椭圆形、椭圆形或卵形，长 5-7 cm，宽 1.5-3 cm，先端渐尖，基部楔形，全缘或具锐锯齿，叶面有光泽，中脉和侧脉在叶面均凸起，侧脉每边 7-10 条，叶柄长 4-8 mm。总状花序腋生，长 8-15 mm，有时基部有 1-3 分枝，被柔毛，苞片与小苞片同为卵形，长 1-1.2 mm，先端尖，有缘毛；花萼长 2-2.3 mm，被微柔毛，5 裂，裂片半圆形，与萼筒等长，有缘毛；花冠白色，有桂花香，长 4-5 mm，5 深裂几达基部；雄蕊约 30 枚，花丝基部稍合生；花盘环状，被柔毛；子房 3 室。核果褐色，长圆形，长 7-10 mm，被短柔毛，有明显的纵棱，3 室，顶端宿萼裂片直立或向内伏。花、果期 4-12 月，边开花边结果。

　　恩施州广布，生于山地林中；分布于我国长江以南各省区。

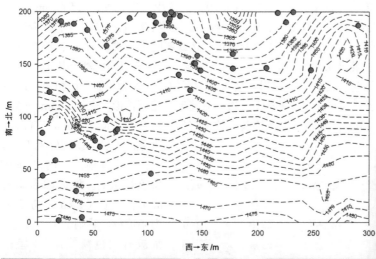

# 光亮山矾 *Symplocos lucida* (Thunb.) Sieb. & Zucc.

## 山矾属 *Symplocos* 　　　山矾科 Symplocaceae

个体数量（Individual number）＝6
最小，平均，最大胸径（Min, Mean, Max DBH）＝1.3 cm，4.1 cm，6.6 cm
分布林层（Layer）＝灌木层（Shrub layer）
重要值排序（Importance value rank）＝81/123

| 胸径区间 /cm | 个体数量 | 比例 /% |
|---|---|---|
| [1.0, 2.0) | 1 | 16.66 |
| [2.0, 3.0) | 1 | 16.67 |
| [3.0, 4.0) | 1 | 16.67 |
| [4.0, 5.0) | 0 | 0.00 |
| [5.0, 7.0) | 3 | 50.00 |
| [7.0, 10.0) | 0 | 0.00 |
| [10.0, 15.0) | 0 | 0.00 |

　　小乔木，小枝略有棱，无毛。叶薄革质，长圆形或狭椭圆形，长7-13 cm，宽2-5 cm，先端渐尖或长渐尖，基部楔形，边缘具尖锯齿，中脉在叶面凸起；叶柄长5-10 mm。穗状花序与叶柄等长或稍短呈团伞状；苞片阔倒卵形，宽约2 mm，背面有白色长柔毛或柔毛；花萼长约3 mm，裂片长圆形，长约2 mm，背面有白色长柔毛或微柔毛，萼筒短，长约1 mm；花冠长3-4 mm，5深裂几达基部；雄蕊30-40枚，花丝长短不一，伸出花冠外，长4-5 mm，花丝基部稍联合成5体雄蕊或不联合，花盘有白色长柔毛或微柔毛，花柱长约3 mm；子房3室。核果卵圆形或长圆形，长5-8 mm，顶端具直立的宿萼裂片，基部有宿存的苞片；核骨质，3个分核。花期6-11月，果期12月至翌年5月。

　　恩施州广布，生于山坡林中；分布于台湾、福建、浙江、江苏、安徽、江西、湖南、广西、湖北、陕西、西藏、云南、贵州、四川。

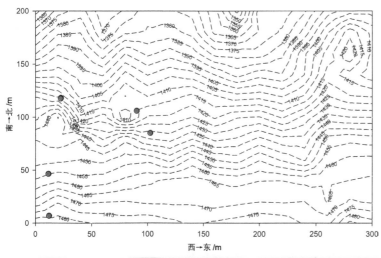

# 白檀 *Symplocos paniculata* (Thunb.) Miq.

## 山矾属 *Symplocos*　　山矾科 Symplocaceae

个体数量（Individual number）＝4
最小，平均，最大胸径（Min, Mean, Max DBH）＝1.0 cm, 2.4 cm, 3.9 cm
分布林层（Layer）＝灌木层（Shrub layer）
重要值排序（Importance value rank）＝89/123

| 胸径区间/cm | 个体数量 | 比例/% |
|---|---|---|
| [1.0, 2.0) | 1 | 25.00 |
| [2.0, 3.0) | 2 | 50.00 |
| [3.0, 4.0) | 1 | 25.00 |
| [4.0, 5.0) | 0 | 0.00 |
| [5.0, 7.0) | 0 | 0.00 |
| [7.0, 10.0) | 0 | 0.00 |
| [10.0, 15.0) | 0 | 0.00 |

　　落叶灌木或小乔木；嫩枝有灰白色柔毛，老枝无毛。叶膜质或薄纸质，阔倒卵形、椭圆状倒卵形或卵形，长 3-11 cm，宽 2-4 cm，先端急尖或渐尖，基部阔楔形或近圆形，边缘有细尖锯齿，叶面无毛或有柔毛，叶背通常有柔毛或仅脉上有柔毛；中脉在叶面凹下，侧脉在叶面平坦或微凸起，每边 4-8 条；叶柄长 3-5 mm。圆锥花序长 5-8 cm，通常有柔毛；苞片早落，通常条形，有褐色腺点；花萼长 2-3 mm，萼筒褐色，无毛或有疏柔毛，裂片半圆形或卵形，稍长于萼筒，淡黄色，有纵脉纹，边缘有毛；花冠白色，长 4-5 mm，5 深裂几达基部；雄蕊 40-60 枚，子房 2 室，花盘具 5 个凸起的腺点。核果熟时蓝色，卵状球形，稍偏斜，长 5-8 mm，顶端宿萼裂片直立。花期 4-6 月，果期 9-11 月。

　　恩施州广布，生于山地林中；广布于我国各省区。

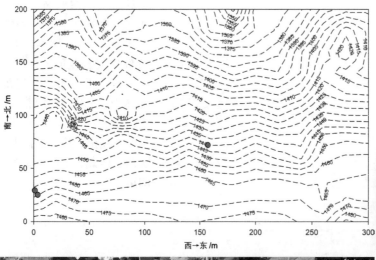

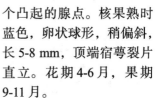

# 山矾 *Symplocos sumuntia* Buch.-Ham. ex D. Don

## 山矾属 *Symplocos*　　　山矾科 Symplocaceae

个体数量（Individual number）＝282
最小，平均，最大胸径（Min，Mean，Max DBH）＝1.0 cm，2.9 cm，24.5 cm
分布林层（Layer）＝乔木层（Tree layer）
重要值排序（Importance value rank）＝24/77

| 胸径区间<br>/cm | 个体<br>数量 | 比例<br>/% |
|---|---|---|
| [1.0, 2.5) | 143 | 50.71 |
| [2.5, 5.0) | 105 | 37.24 |
| [5.0, 10.0) | 32 | 11.35 |
| [10.0, 20.0) | 1 | 0.35 |
| [20.0, 30.0) | 1 | 0.35 |
| [30.0, 40.0) | 0 | 0.00 |
| [40.0, 60.0) | 0 | 0.00 |

　　乔木，嫩枝褐色。叶薄革质，卵形、狭倒卵形、倒披针状椭圆形，长 3.5-8 cm，宽 1.5-3 cm，先端常呈尾状渐尖，基部楔形或圆形，边缘具浅锯齿或波状齿，有时近全缘；中脉在叶面凹下，侧脉和网脉在两面均凸起，侧脉每边 4-6 条；叶柄长 0.5-1 cm。总状花序长 2.5-4 cm，被展开的柔毛；苞片早落，阔卵形至倒卵形，长约 1 mm，密被柔毛，小苞片与苞片同形；花萼长 2-2.5 mm，萼筒倒圆锥形，无毛，裂片三角状卵形，与萼筒等长或稍短于萼筒，背面有微柔毛；花冠白色，5 深裂几达基部，长 4-4.5 mm，裂片背面有微柔毛；雄蕊 25-35 枚，花丝基部稍合生；花盘环状，无毛；子房 3 室。核果卵状坛形，长 7-10 mm，外果皮薄而脆，顶端宿萼裂片直立，有时脱落。花期 2-3 月，果期 6-7 月。

　　恩施州广布，生于山地林中；分布于江苏、浙江、福建、台湾、广东、广西、江西、湖南、湖北、四川、贵州、云南。

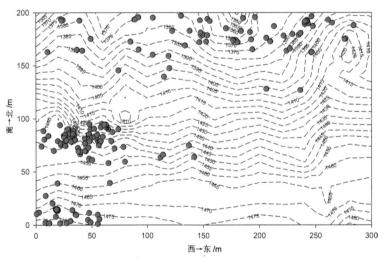

# 光叶山矾 *Symplocos lancifolia* Sieb. et Zucc.

### 山矾属 *Symplocos*　　　山矾科 Symplocaceae

个体数量（Individual number）＝204
最小，平均，最大胸径（Min, Mean, Max DBH）＝1.0 cm, 2.4 cm, 23.0 cm
分布林层（Layer）＝亚乔木层（Subtree layer）
重要值排序（Importance value rank）＝11/45

| 胸径区间 /cm | 个体数量 | 比例 /% |
|---|---|---|
| [1.0, 2.5) | 132 | 64.71 |
| [2.5, 5.0) | 61 | 29.90 |
| [5.0, 8.0) | 10 | 4.90 |
| [8.0, 11.0) | 0 | 0.00 |
| [11.0, 15.0) | 0 | 0.00 |
| [15.0, 20.0) | 0 | 0.00 |
| [20.0, 30.0) | 1 | 0.49 |

　　小乔木；芽、嫩枝、嫩叶背面脉上、花序均被黄褐色柔毛，小枝细长，黑褐色，无毛。叶纸质或近膜质，干后有时呈红褐色，卵形至阔披针形，长 3-9 cm，宽 1.5-3.5 cm，先端尾状渐尖，基部阔楔形或稍圆，边缘具稀疏的浅钝锯齿；中脉在叶面平坦，侧脉纤细，每边 6-9 条；叶柄长约 5 mm。穗状花序长 1-4 cm；苞片椭圆状卵形，长约 2 mm，小苞片三角状阔卵形，长 1.5 mm，宽 2 mm，背面均被短柔毛，有缘毛；花萼长 1.6-2 mm，5 裂，裂片卵形，顶端圆，背面被微柔毛，与萼筒等长或稍长于萼筒，萼筒无毛；花冠淡黄色，5 深裂几达基部，裂片椭圆形，长 2.5-4 mm；雄蕊约 25 枚，花丝基部稍合生；子房 3 室，花盘无毛。核果近球形，直径约 4 mm，顶端宿萼裂片直立。花期 3-11 月，果期 6-12 月；边开花边结果。

　　恩施州广布，生于山坡林中；分布于浙江、台湾、福建、广东、海南、广西、江西、湖南、湖北、四川、贵州、云南。

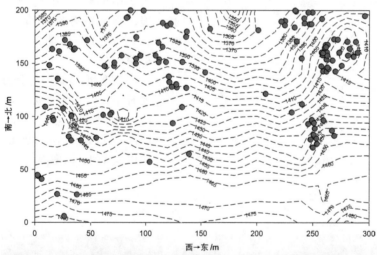

# 白辛树 *Pterostyrax psilophyllus* Diels ex Perk.

## 白辛树属 *Pterostyrax*　　安息香科 Styracaceae

个体数量（Individual number）＝3
最小，平均，最大胸径（Min, Mean, Max DBH）＝1.3 cm，7.0 cm，18.0 cm
分布林层（Layer）＝乔木层（Tree layer）
重要值排序（Importance value rank）＝71/77

| 胸径区间/cm | 个体数量 | 比例/% |
|---|---|---|
| [1.0, 2.5) | 2 | 66.67 |
| [2.5, 5.0) | 0 | 0.00 |
| [5.0, 10.0) | 0 | 0.00 |
| [10.0, 20.0) | 1 | 33.33 |
| [20.0, 30.0) | 0 | 0.00 |
| [30.0, 40.0) | 0 | 0.00 |
| [40.0, 60.0) | 0 | 0.00 |

乔木，高达 15 m，胸径达 45 cm；树皮灰褐色，呈不规则开裂；嫩枝被星状毛。叶硬纸质，长椭圆形、倒卵形或倒卵状长圆形，长 5-15 cm，宽 5-9 cm，顶端急尖或渐尖，基部楔形，少近圆形，边缘具细锯齿，近顶端有时具粗齿或 3 深裂，上面绿色，下面灰绿色，嫩叶上面被黄色星状柔毛，以后无毛，下面密被灰色星状绒毛，侧脉每边 6-11 条，近平行，在两面均明显隆起，中脉在上面平坦或稍凹陷，下面隆起，第三级小脉彼此近平行；叶柄长 1-2 cm，密被星状柔毛，上面具沟槽。圆锥花序顶生或腋生，二次分枝近穗状，长 10-15 cm；花序梗、花梗和花萼均密被黄色星状绒毛；花白色，长 12-14 mm；花梗长约 2 mm；苞片和小苞片早落；花萼钟状，高约 2 mm，5 脉，萼齿披针形，长约 1 mm，顶端渐尖；花瓣长椭圆形或椭圆状匙形，长约 6 mm，宽约 2.5 mm，顶端钝或短尖；雄蕊 10 枚，近等长，伸出，花丝宽扁，两面均被疏柔毛，花药长圆形，稍弯，子房密被灰白色粗毛，柱头稍 3 裂。果近纺锤形，中部以下渐狭，连喙长约 2.5 cm，5-10 棱或有时相间的 5 棱不明显，密被灰黄色疏展、丝质长硬毛。花期 4-5 月，果期 8-10 月。

恩施州广布，生于山谷林中；分布于湖南、湖北、四川、贵州、广西和云南。

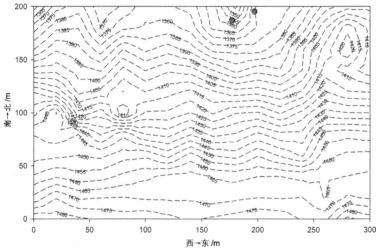

## 野茉莉 *Styrax japonicus* Sieb. et Zucc.

### 安息香属 *Styrax*　　安息香科 Styracaceae

个体数量（Individual number）＝31
最小，平均，最大胸径（Min, Mean, Max DBH）＝1.0 cm，4.4 cm，17.7 cm
分布林层（Layer）＝亚乔木层（Subtree layer）
重要值排序（Importance value rank）＝30/45

| 胸径区间 /cm | 个体数量 | 比例 /% |
|---|---|---|
| [1.0, 2.5) | 12 | 38.71 |
| [2.5, 5.0) | 10 | 32.26 |
| [5.0, 8.0) | 4 | 12.90 |
| [8.0, 11.0) | 2 | 6.45 |
| [11.0, 15.0) | 2 | 6.45 |
| [15.0, 20.0) | 1 | 3.23 |
| [20.0, 30.0) | 0 | 0.00 |

灌木或小乔木，高 4-8 m，树皮暗褐色或灰褐色，平滑；嫩枝稍扁，开始时被淡黄色星状柔毛，以后脱落变为无毛，暗紫色，圆柱形。叶互生，纸质或近革质，椭圆形或长圆状椭圆形至卵状椭圆形，长 4-10 cm，宽 2-5 cm，顶端急尖或钝渐尖，常稍弯，基部楔形或宽楔形，边近全缘或仅于上半部具疏离锯齿，上面除叶脉疏被星状毛外，其余无毛而稍粗糙，下面除主脉和侧脉汇合处有白色长髯毛外无毛，侧脉每边 5-7 条，第三级小脉网状，较密，两面均明显隆起；叶柄长 5-10 mm，上面有凹槽，疏被星状短柔毛。总状花序顶生，有花 5-8 朵，长 5-8 cm；有时下部的花生于叶腋；花序梗无毛；花白色，长 2-3 cm，花梗纤细，开花时下垂，长 2.5-3.5 cm，无毛；小苞片线形或线状披针形，长 4-5 mm，无毛，易脱落；花萼漏斗状，膜质，高 4-5 mm，宽 3-5 mm，无毛，萼齿短而不规则；花冠裂片卵形、倒卵形或椭圆形，长 1.6-2.5 mm，宽 5-7 mm，两面均被星状细柔毛，花蕾时作覆瓦状排列，花冠管长 3-5 mm；花丝扁平，下部联合成管，上部分离，分离部分的下部被白色长柔毛，上部无毛，花药长圆形，边缘被星状毛，长约 5 mm。果实卵形，长 8-14 mm，直径 8-10 mm，顶端具短尖头，外面密被灰色星状绒毛，有不规则皱纹；种子褐色，有深皱纹。花期 4-7 月，果期 9-11 月。

恩施州广布，生于山地林中；广布于我国各省区。

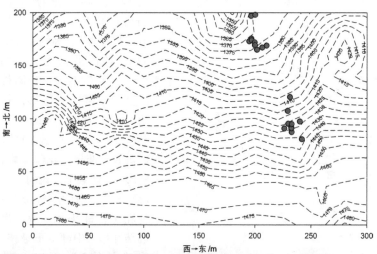

# 苦枥木 *Fraxinus insularis* Hemsl.

**梣属 *Fraxinus***     **木犀科 Oleaceae**

个体数量（Individual number）＝62
最小，平均，最大胸径（Min, Mean, Max DBH）＝1.0 cm，4.3 cm，19.8 cm
分布林层（Layer）＝乔木层（Tree layer）
重要值排序（Importance value rank）＝30/77

| 胸径区间 /cm | 个体 数量 | 比例 /% |
|---|---|---|
| [1.0, 2.5) | 25 | 40.23 |
| [2.5, 5.0) | 18 | 29.03 |
| [5.0, 10.0) | 15 | 24.19 |
| [10.0, 20.0) | 4 | 6.45 |
| [20.0, 30.0) | 0 | 0.00 |
| [30.0, 40.0) | 0 | 0.00 |
| [40.0, 60.0) | 0 | 0.00 |

　　落叶大乔木，高 20-30 m；树皮灰色，平滑。芽狭三角状圆锥形，密被黑褐色绒毛，干后变黑色光亮，芽鳞紧闭，内侧密被黄色曲柔毛。嫩枝扁平，细长而直，棕色至褐色，皮孔细小，点状凸起，白色或淡黄色，节膨大。羽状复叶长 10-30 cm；叶柄长 5-8 cm，基部稍增厚，变黑色；叶轴平坦，具不明显浅沟；小叶 3-7 枚，嫩时纸质，后期变硬纸质或革质，长圆形或椭圆状披针形，长 6-13 cm，宽 2-4.5 cm，顶生小叶与侧生小叶近等大，先端急尖、渐尖以至尾尖，基部楔形至钝圆，

两侧不等大，叶缘具浅锯齿，或中部以下近全缘，两面无毛，上面深绿色，下面色淡白，散生微细腺点，中脉在上面平坦，下面凸起，侧脉 7-11 对，细脉网结甚明显；小叶柄纤细，长 1-1.5 cm。圆锥花序生于当年生枝端，顶生及侧生叶腋，长 20-30 cm，分枝细长，多花，叶后开放；花序梗扁平而短，基部有时具叶状苞片，无毛或被细柔毛；花梗丝状，长约 3 mm；花芳香；花萼钟状，齿截平，上方膜质，长 1 mm，宽 1.5 mm；花冠白色，裂片匙形，长约 2 mm，宽 1 mm；雄蕊伸出花冠外，花药长 1.5 mm，顶端钝，花丝细长；雌蕊长约 2 mm，花柱与柱头近等长，柱头 2 裂。翅果红色至褐色，长匙形，长 2-4 cm，宽 3.5-5 mm，先端钝圆，微凹头并具短尖，翅下延至坚果上部，坚果近扁平；花萼宿存。花期 4-5 月，果期 7-9 月。

　　恩施州广布，生于山坡林中；分布于长江以南各省区。

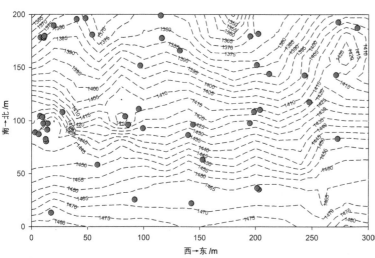

## 蜡子树 *Ligustrum leucanthum* (S. Moore) P. S. Green
### 女贞属 *Ligustrum*　　木犀科 Oleaceae

个体数量（Individual number）＝7
最小，平均，最大胸径（Min, Mean, Max DBH）＝1.2 cm, 4.2 cm, 8.1 cm
分布林层（Layer）＝灌木层（Shrub layer）
重要值排序（Importance value rank）＝69/123

| 胸径区间 /cm | 个体数量 | 比例 /% |
|---|---|---|
| [1.0, 2.0) | 2 | 28.57 |
| [2.0, 3.0) | 1 | 14.28 |
| [3.0, 4.0) | 1 | 14.29 |
| [4.0, 5.0) | 0 | 0.00 |
| [5.0, 7.0) | 2 | 28.57 |
| [7.0, 10.0) | 1 | 14.29 |
| [10.0, 15.0) | 0 | 0.00 |

　　落叶灌木或小乔木，高 1.5 m；树皮灰褐色。小枝通常呈水平开展，被硬毛、柔毛、短柔毛至无毛。叶片纸质或厚纸质，椭圆形、椭圆状长圆形至狭披针形、宽披针形，或为椭圆状卵形，大小较不一致，小的长 2.5-6 cm，宽 1.5-2.5 cm，大的长 6-10 cm，宽 2.5-4.5 cm，先端锐尖、短渐尖而具微凸头，或钝，基部楔形、宽楔形至近圆形，上面疏被短柔毛至无毛，或仅沿中脉被短柔毛，下面疏被柔毛或硬毛至无毛，常沿中脉被硬毛或柔毛，侧脉 4-9 对，在下面略凸起，近叶缘处不明显网结；叶柄长 1-3 mm，被硬毛、柔毛或无毛。圆锥花序着生于小枝顶端，长 1.5-4 cm，宽 1.5-2.5 cm；花序轴被硬毛、柔毛、短柔毛至无毛；花梗长 0-2 mm，被微柔毛或无毛；

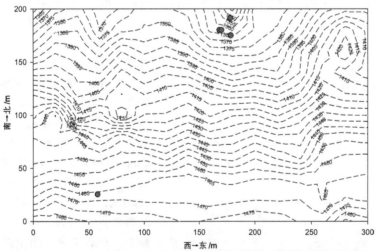

花萼被微柔毛或无毛，长 1.5-2 mm，截形或萼齿呈宽三角形，先端尖或钝；花冠管长 4-7 mm，裂片卵形，长 2-4 mm，稀具睫毛，近直立；花药宽披针形，长约 3 mm，达花冠裂片 1/2-2/3 处。果近球形至宽长圆形，长 0.5-1 cm，径 5-8 mm，呈蓝黑色。花期 6-7 月，果期 8-11 月。

　　恩施州广布，生于山坡林下；分布于陕西、甘肃、江苏、安徽、浙江、江西、福建、湖北、湖南、四川。

# 小叶女贞 *Ligustrum quihoui* Carr.

## 女贞属 *Ligustrum* 　　　木犀科 Oleaceae

个体数量（Individual number）＝1
最小，平均，最大胸径（Min, Mean, Max DBH）＝1.0 cm, 1.0 cm, 1.0 cm
分布林层（Layer）＝灌木层（Shrub layer）
重要值排序（Importance value rank）＝122/123

| 胸径区间<br>/cm | 个体<br>数量 | 比例<br>/% |
|---|---|---|
| [1.0, 2.0) | 1 | 100.00 |
| [2.0, 3.0) | 0 | 0.00 |
| [3.0, 4.0) | 0 | 0.00 |
| [4.0, 5.0) | 0 | 0.00 |
| [5.0, 7.0) | 0 | 0.00 |
| [7.0, 10.0) | 0 | 0.00 |
| [10.0, 15.0) | 0 | 0.00 |

　　落叶灌木，高 1-3 m。小枝淡棕色，圆柱形，密被微柔毛，后脱落。叶片薄革质，形状和大小变异较大，披针形、长圆状椭圆形、椭圆形、倒卵状长圆形至倒披针形或倒卵形，长 1-4 cm，宽 0.5-3 cm，先端锐尖、钝或微凹，基部狭楔形至楔形，叶缘反卷，上面深绿色，下面淡绿色，常具腺点，两面无毛，稀沿中脉被微柔毛，中脉在上面凹入，下面凸起，侧脉 2-6 对，不明显，在上面微凹入，下面略凸起，近叶缘处网结不明显；叶柄长 0-5 mm，无毛或被微柔毛。圆锥花序顶生，近圆柱形，长 4-22 cm，宽 2-4 cm，分枝处常有 1 对叶状苞片；小苞片卵形，具睫毛；花萼无毛，长 1.5-2 mm，萼齿宽卵形或钝三角形；花冠长 4-5 mm，花冠管长 2.5-3 mm，裂片卵形或椭圆形，长 1.5-3 mm，先端钝；雄蕊伸出裂片外，花丝与花冠裂片近等长或稍长。果倒卵形、宽椭圆形或近球形，长 5-9 mm，径 4-7 mm，呈紫黑色。花期 5-7 月，果期 8-11 月。

　　产于巴东，生于山坡林中；分布于陕西、山东、江苏、安徽、浙江、江西、河南、湖北、四川、贵州、云南、西藏。

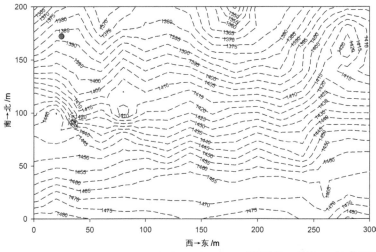

# 女贞 *Ligustrum lucidum* Ait.

## 女贞属 *Ligustrum*　　　木犀科 Oleaceae

个体数量（Individual number）＝6
最小，平均，最大胸径（Min, Mean, Max DBH）＝1.0 cm, 1.4 cm, 1.9 cm
分布林层（Layer）＝灌木层（Shrub layer）
重要值排序（Importance value rank）＝58/123

| 胸径区间<br>/cm | 个体<br>数量 | 比例<br>/% |
|---|---|---|
| [1.0, 2.0) | 6 | 100.00 |
| [2.0, 3.0) | 0 | 0.00 |
| [3.0, 4.0) | 0 | 0.00 |
| [4.0, 5.0) | 0 | 0.00 |
| [5.0, 7.0) | 0 | 0.00 |
| [7.0, 10.0) | 0 | 0.00 |
| [10.0, 15.0) | 0 | 0.00 |

灌木或乔木，高可达 25 m；树皮灰褐色。枝黄褐色、灰色或紫红色，圆柱形，疏生圆形或长圆形皮孔。叶片常绿，革质，卵形、长卵形或椭圆形至宽椭圆形，长 6-17 cm，宽 3-8 cm，先端锐尖至渐尖或钝，基部圆形或近圆形，有时宽楔形或渐狭，叶缘平坦，上面光亮，两面无毛，中脉在上面凹入，下面凸起，侧脉 4-9 对，两面稍凸起或有时不明显；叶柄长 1-3 cm，上面具沟，无毛。圆锥花序顶生，长 8-20 cm，宽 8-25 cm；花序梗长 0-3 cm；花序轴及分枝轴无毛，紫色或黄棕色，果时具棱；花序基部苞片常与叶同型，小苞片披针形或线形，长 0.5-6 cm，宽 0.2-1.5 cm，凋落；花无梗或近无梗，长不超过 1 mm；花萼无毛，长 1.5-2 mm，齿不明显或近截形；花冠长 4-5 mm，花冠管长 1.5-3 mm，裂片长 2-2.5 mm，反折；花丝长 1.5-3 mm，花药长圆形，长 1-1.5 mm；花柱长 1.5-2 mm，柱头棒状。果肾形或近肾形，长 7-10 mm，径 4-6 mm，深蓝黑色，成熟时呈红黑色，被白粉；果梗长 0-5 mm。花期 5-7 月，果期 7 月至翌年 5 月。

恩施州广布，生于山坡林中；分布于长江以南各省区。

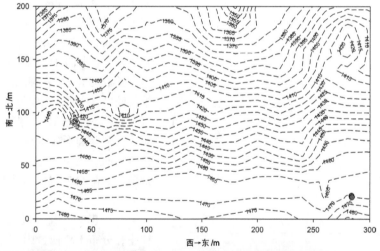

# 网脉木犀 *Osmanthus reticulatus* P. S. Green

## 木犀属 *Osmanthus*    木犀科 Oleaceae

个体数量（Individual number）＝7
最小，平均，最大胸径（Min, Mean, Max DBH）＝1.3 cm, 2.4 cm, 4.1 cm
分布林层（Layer）＝灌木层（Shrub layer）
重要值排序（Importance value rank）＝68/123

| 胸径区间<br>/cm | 个体<br>数量 | 比例<br>/% |
|---|---|---|
| [1.0, 2.0) | 3 | 42.85 |
| [2.0, 3.0) | 2 | 28.57 |
| [3.0, 4.0) | 1 | 14.29 |
| [4.0, 5.0) | 1 | 14.29 |
| [5.0, 7.0) | 0 | 0.00 |
| [7.0, 10.0) | 0 | 0.00 |
| [10.0, 15.0) | 0 | 0.00 |

　　常绿灌木或小乔木，高 3-8 m。枝灰白色，小枝黄白色，具较多皮孔。叶片革质，椭圆形或狭卵形，长 6-9 cm，宽 2-3.5 cm，先端渐尖，略呈尾状，基部圆形或宽楔形，全缘或有锯齿 15-30 对，齿端具锐尖头，腺点在两面均极明显，中脉在上面凹入，下面凸起，幼时上面被柔毛，侧脉 6-9 对，与小脉连成网状，在两面均明显凸起；叶柄长 0.5-2 cm，无毛。花序簇生于叶腋；苞片无毛，或被少数柔毛，长 2-3 mm；花梗长 3-5 mm，无毛；花萼长约 1 mm，具不等的短裂片；花冠白色，长 3.5-4 mm，花冠管长约 2 mm，裂片长 1.5-2 mm；雄蕊着生在花冠管中部，花丝长约 1 mm，花药长 1-1.5 mm，药隔明显延伸成一小尖头；雌蕊长约 2 mm，子房圆锥形，花柱长约 0.8 mm，柱头头状，2 裂，极浅。果长约 1 cm，呈紫黑色。花期 10-11 月，果期翌年 10-11 年。

　　产于宣恩、咸丰，属湖北省新记录，生于山坡林中；分布于湖北、湖南、广东、广西、贵州、四川等省区。

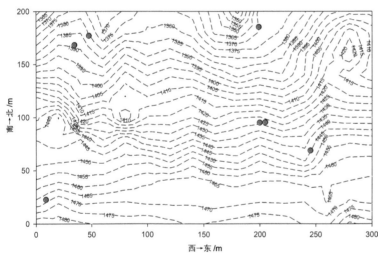

## 华紫珠 *Callicarpa cathayana* H. T. Chang
### 紫珠属 *Callicarpa*　　马鞭草科 Verbenaceae

个体数量（Individual number）＝1
最小，平均，最大胸径（Min, Mean, Max DBH）＝1.1 cm, 1.1 cm, 1.1 cm
分布林层（Layer）＝灌木层（Shrub layer）
重要值排序（Importance value rank）＝95/123

| 胸径区间/cm | 个体数量 | 比例/% |
|---|---|---|
| [1.0, 2.0) | 1 | 100.00 |
| [2.0, 3.0) | 0 | 0.00 |
| [3.0, 4.0) | 0 | 0.00 |
| [4.0, 5.0) | 0 | 0.00 |
| [5.0, 7.0) | 0 | 0.00 |
| [7.0, 10.0) | 0 | 0.00 |
| [10.0, 15.0) | 0 | 0.00 |

灌木，高 1.5-3 m；小枝纤细，幼嫩稍有星状毛，老后脱落。叶片椭圆形或卵形，长 4-8 cm，宽 1.5-3 cm，顶端渐尖，基部楔形，两面近于无毛，而有显著的红色腺点，侧脉 5-7 对，在两面均稍隆起，细脉和网脉下陷，边缘密生细锯齿；叶柄长 4-8 mm。聚伞花序细弱，宽约 1.5 cm，3-4 次分歧，略有星状毛，花序梗长 4-7 mm，苞片细小；花萼杯状，具星状毛和红色腺点，萼齿不明显或钝三角形；花冠紫色，疏生星状毛，有红色腺点，花丝等于或稍长于花冠，花药长圆形，长约 1.2 mm，药室孔裂；子房无毛，花柱略长于雄蕊。果实球形，紫色，直径约 2 mm。花期 5-7 月，果期 8-11 月。

产于巴东，生于山坡灌丛中；分布于河南、江苏、湖北、安徽、浙江、江西、福建、广东、广西、云南。

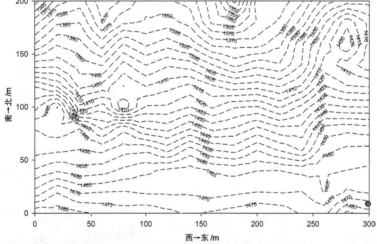

# 紫珠 *Callicarpa bodinieri* Lévl.

## 紫珠属 *Callicarpa* 马鞭草科 Verbenaceae

个体数量（Individual number）＝14
最小，平均，最大胸径（Min, Mean, Max DBH）＝1.1 cm, 2.0 cm, 4.0 cm
分布林层（Layer）＝灌木层（Shrub layer）
重要值排序（Importance value rank）＝53/123

| 胸径区间 /cm | 个体数量 | 比例 /% |
|---|---|---|
| [1.0, 2.0) | 9 | 64.29 |
| [2.0, 3.0) | 3 | 21.43 |
| [3.0, 4.0) | 1 | 7.14 |
| [4.0, 5.0) | 1 | 7.14 |
| [5.0, 7.0) | 0 | 0.00 |
| [7.0, 10.0) | 0 | 0.00 |
| [10.0, 15.0) | 0 | 0.00 |

　　灌木，高约 2 m；小枝、叶柄和花序均被粗糠状星状毛。叶片卵状长椭圆形至椭圆形，长 7-18 cm，宽 4-7 cm，顶端长渐尖至短尖，基部楔形，边缘有细锯齿，表面干后暗棕褐色，有短柔毛，背面灰棕色，密被星状柔毛，两面密生暗红色或红色细粒状腺点；叶柄长 0.5-1 cm。聚伞花序宽 3-4.5 cm，4-5 次分歧，花序梗长不超过 1 cm；苞片细小，线形；花柄长约 1 mm；花萼长约 1 mm，外被星状毛和暗红色腺点，萼齿钝三角形；花冠紫色，长约 3 mm，被星状柔毛和暗红色腺点；雄蕊长约 6 mm，花药椭圆形，细小，长约 1 mm，药隔有暗红色腺点，药室纵裂；子房有毛。果实球形，熟时紫色，无毛，径约 2 mm。花期 6-7 月，果期 8-11 月。

　　恩施州广布，生于山地林中；分布于河南、江苏、安徽、浙江、江西、湖南、湖北、广东、广西、四川、贵州、云南。

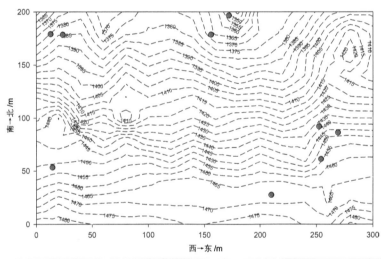

# 钩藤 *Uncaria rhynchophylla* (Miq.) Miq. ex Havil.

## 钩藤属 *Uncaria*　　茜草科 Rubiaceae

个体数量（Individual number）＝279
最小，平均，最大胸径（Min, Mean, Max DBH）＝1.0 cm, 3.1 cm, 13.5 cm
分布林层（Layer）＝灌木层（Shrub layer）
重要值排序（Importance value rank）＝19/123

| 胸径区间 /cm | 个体数量 | 比例 /% |
|---|---|---|
| [1.0, 2.0) | 83 | 29.75 |
| [2.0, 3.0) | 83 | 29.75 |
| [3.0, 4.0) | 58 | 20.79 |
| [4.0, 5.0) | 21 | 7.52 |
| [5.0, 7.0) | 20 | 7.17 |
| [7.0, 10.0) | 8 | 2.87 |
| [10.0, 15.0) | 6 | 2.15 |

藤本；嫩枝较纤细，方柱形或略有4棱角，无毛。叶纸质，椭圆形或椭圆状长圆形，长5-12 cm，宽3-7 cm，两面均无毛，干时褐色或红褐色，下面有时有白粉，顶端短尖或骤尖，基部楔形至截形，有时稍下延；侧脉4-8对，脉腋窝陷有黏液毛；叶柄长5-15 mm，无毛；托叶狭三角形，深2裂达全长2/3，外面无毛，里面无毛或基部具黏液毛，裂片线形至三角状披针形。头状花序不计花冠直径5-8 mm，单生叶腋，总花梗具一节，苞片微小，或呈单聚伞状排列，总花梗腋生，长5 cm；小苞片线形或线状匙形；花近无梗；花萼管疏被毛，萼裂片近三角形，长0.5 mm，疏被短柔毛，顶端锐尖；花冠管外面无毛，或具疏散的毛，花冠裂片卵圆形，外面无毛或略被粉状短柔毛，边缘有时有纤毛；花柱伸出冠喉外，柱头棒形。果序直径10-12 mm；小蒴果长5-6 mm，被短柔毛，宿存萼裂片近三角形，长1 mm，星状辐射。花果期5-12月。

恩施州广布，生于山谷林中；分布于广东、广西、云南、贵州、福建、湖南、湖北、江西。

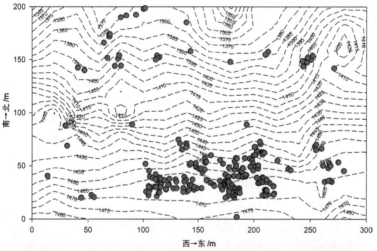

# 香果树 *Emmenopterys henryi* Oliv.

## 香果树属 *Emmenopterys*　茜草科 Rubiaceae

个体数量（Individual number）=6
最小，平均，最大胸径（Min, Mean, Max DBH）=4.3 cm, 16.3 cm, 30.5 cm
分布林层（Layer）=乔木层（Tree layer）
重要值排序（Importance value rank）=68/77

| 胸径区间<br>/cm | 个体<br>数量 | 比例<br>/% |
|---|---|---|
| [1.0, 2.5) | 0 | 0.00 |
| [2.5, 5.0) | 1 | 16.67 |
| [5.0, 10.0) | 0 | 0.00 |
| [10.0, 20.0) | 4 | 66.66 |
| [20.0, 30.0) | 0 | 0.00 |
| [30.0, 40.0) | 1 | 16.67 |
| [40.0, 60.0) | 0 | 0.00 |

　　落叶大乔木，高达 30 m，胸径达 1 m；树皮灰褐色，鳞片状；小枝有皮孔，粗壮。叶纸质或革质，阔椭圆形、阔卵形或卵状椭圆形，长 6-30 cm，宽 3.5-14.5 cm，顶端短尖或骤然渐尖，稀钝，基部短尖或阔楔形，全缘，上面无毛或疏被糙伏毛，下面较苍白，被柔毛或仅沿脉上被柔毛，或无毛而脉腋内常有簇毛；侧脉 5-9 对，在下面凸起；叶柄长 2-8 cm，无毛或有柔毛；托叶大，三角状卵形，早落。圆锥状聚伞花序顶生；花芳香，花梗长约 4 mm；萼管长约 4 mm，裂片近圆形，具缘毛，脱落，变态的叶状萼裂片白色、淡红色或淡黄色，纸质或革质，匙状卵形或广椭圆形，长 1.5-8 cm，宽 1-6 cm，有纵平行脉数条，有长 1-3 cm 的柄；花冠漏斗形，白色或黄色，长 2-3 cm，被黄白色绒毛，裂片近圆形，长约 7 mm，宽约 6 mm；花丝被绒毛。蒴果长圆状卵形或近纺锤形，长 3-5 cm，径 1-1.5 cm，无毛或有短柔毛，有纵细棱；种子多数，小而有阔翅。花期 4-5 月，果期 8-11 月。

　　恩施州广布，生于山谷林中；分布于陕西、甘肃、江苏、安徽、浙江、江西、福建、河南、湖北、湖南、广西、四川、贵州、云南。

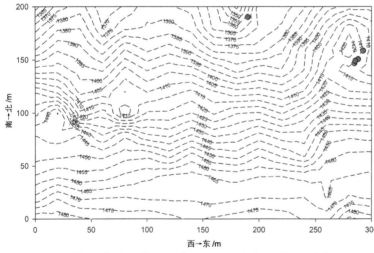

# 球核荚蒾 *Viburnum propinquum* Hemsl.

## 荚蒾属 *Viburnum*　　忍冬科 Caprifoliaceae

个体数量（Individual number）＝1
最小，平均，最大胸径（Min, Mean, Max DBH）＝4.0 cm，4.0 cm，4.0 cm
分布林层（Layer）＝灌木层（Shrub layer）
重要值排序（Importance value rank）＝119/123

| 胸径区间/cm | 个体数量 | 比例/% |
|---|---|---|
| [1.0, 2.0) | 0 | 0.00 |
| [2.0, 3.0) | 0 | 0.00 |
| [3.0, 4.0) | 0 | 0.00 |
| [4.0, 5.0) | 1 | 100 |
| [5.0, 7.0) | 0 | 0.00 |
| [7.0, 10.0) | 0 | 0.00 |
| [10.0, 15.0) | 0 | 0.00 |

常绿灌木，高达 2 m，全体无毛；当年小枝红褐色，光亮，具凸起的小皮孔，2 年生小枝变灰色。幼叶带紫色，成长后革质，卵形至卵状披针形或椭圆形至椭圆状矩圆形，长 4-11 cm，顶端渐尖，基部狭窄至近圆形，两侧稍不对称，边缘通常疏生浅锯齿，基部以上两侧各有 1-2 枚腺体，具离基三出脉，脉延伸至叶中部或中部以上，近缘前互相网结，有时脉腋有集聚簇状毛，中脉和侧脉上面凹陷，下面凸起；叶柄纤细，长 1-2 cm。聚伞花序直径 4-5 cm，果时可达 7 cm，总花梗纤细，长 1.5-4 cm，第一级辐射枝通常 7 条，花生于第三级辐射枝上，有细花梗；萼筒长约 0.6 mm，萼齿宽三角状卵形，顶钝，长约 0.4 mm；花冠绿白色，辐状，直径约 4 mm，内面基部被长毛，裂片宽卵形，顶端圆形，长约 1 mm，约与筒等长；雄蕊常稍高出花冠，花药近圆形。果实蓝黑色，有光泽，近圆形或卵圆形，长 3-6 mm，直径 3.5-4 mm；核有 1 条极细的浅腹沟或无沟。花期 3-5 月，果期 5-10 月。

恩施州广布，生于山谷林下；分布于陕西、甘肃、浙江、江西、福建、台湾、湖北、湖南、广东、广西、四川、贵州、云南。

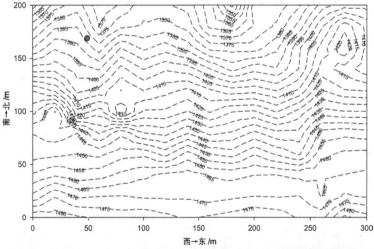

# 蝴蝶戏珠花 *Viburnum plicatum* f. *tomentosum* (Miq.) Rehder

## 荚蒾属 *Viburnum*　　忍冬科 Caprifoliaceae

个体数量（Individual number）＝14
最小，平均，最大胸径（Min, Mean, Max DBH）＝1.0 cm，1.6 cm，3.5 cm
分布林层（Layer）＝灌木层（Shrub layer）
重要值排序（Importance value rank）＝52/123

| 胸径区间<br>/cm | 个体<br>数量 | 比例<br>/% |
|---|---|---|
| [1.0, 2.0) | 12 | 85.72 |
| [2.0, 3.0) | 1 | 7.14 |
| [3.0, 4.0) | 1 | 7.14 |
| [4.0, 5.0) | 0 | 0.00 |
| [5.0, 7.0) | 0 | 0.00 |
| [7.0, 10.0) | 0 | 0.00 |
| [10.0, 15.0) | 0 | 0.00 |

　　叶较狭，宽卵形或矩圆状卵形，有时椭圆状倒卵形，两端有时渐尖，下面常带绿白色，侧脉 10-17 对。花序直径 4-10 cm，外围有 4-6 朵白色、木型的不孕花，具长花梗，花冠直径达 4 cm，不整齐 4-5 裂；中央可孕花直径约 3 mm，萼筒长约 15 mm，花冠辐状，黄白色，裂片宽卵形，长约等于筒，雄蕊高出花冠，花药近圆形。果实先红色后变黑色，宽卵圆形或倒卵圆形，长 5-6 mm，直径约 4 mm；核扁，两端钝形，有 1 条上宽下窄的腹沟，背面中下部还有 1 条短的隆起之脊。花期 4- 月，果期 8-9 月。

　　恩施州广布，生于山坡路边；分布于陕西、安徽、浙江、江西、福建、台湾、河南、湖北、湖南、广东、广西、四川、贵州、云南。

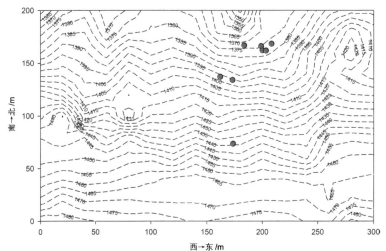

# 巴东荚蒾 *Viburnum henryi* Hemsl.

## 荚蒾属 *Viburnum*　　　忍冬科 Caprifoliaceae

个体数量（Individual number）＝95
最小，平均，最大胸径（Min, Mean, Max DBH）＝1.0 cm, 1.9 cm, 6.1 cm
分布林层（Layer）＝亚乔木层（Subtree layer）
重要值排序（Importance value rank）＝16/45

| 胸径区间 /cm | 个体数量 | 比例 /% |
|---|---|---|
| [1.0, 2.5) | 74 | 77.89 |
| [2.5, 5.0) | 18 | 18.95 |
| [5.0, 8.0) | 3 | 3.16 |
| [8.0, 11.0) | 0 | 0.00 |
| [11.0, 15.0) | 0 | 0.00 |
| [15.0, 20.0) | 0 | 0.00 |
| [20.0, 30.0) | 0 | 0.00 |

　　灌木或小乔木，常绿或半常绿，高达 7 m，全株无毛或近无毛；当年小枝带紫褐色或绿色，2 年生小枝灰褐色，稍有纵裂缝。冬芽有 1 对外被黄色簇状毛的鳞片。叶亚革质，倒卵状矩圆形至矩圆形或狭矩圆形，长 6-10 cm，顶端尖至渐尖，基部楔形至圆形，边缘中部以上有浅的锐锯齿，齿常具硬凸头，两面无毛或下面脉上散生少数簇状毛，侧脉 5-7 对，至少部分直达齿端，连同中脉下面凸起，脉腋有趾蹼状小孔和少数集聚簇状毛；叶柄长 1-2 cm。圆锥花序顶生，长 4-9 cm，宽 5-8 cm，总花梗纤细，长 2-4 cm；苞片和小苞片迟落或宿存而显著，条状披针形，绿白色；花芳香，生于序轴的第二至第三级分枝上；萼筒筒状至倒圆锥筒状，长约 2 mm，萼檐波状或具宽三角形的齿，长约 1 mm；花冠白色，辐状，直径约 6 mm，筒长约 1 mm，裂片卵圆形，长约 2 mm；雄蕊与花冠裂片等长或略超出，花药黄白色，矩圆形；花柱与萼齿几等长，柱头头状。果实红色，后变紫黑色，椭圆形；核稍扁，椭圆形，长 7-8 mm，直径 4 mm，有 1 条深腹沟，背沟常不存。花期 6 月，果期 8-10 月。

恩施州广布，生于山谷林下；分布于陕西、浙江、江西、福建、湖北、广西、四川、贵州。

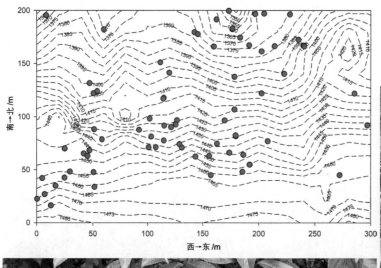

# 水红木 *Viburnum cylindricum* Buch.-Ham. ex D. Don

### 荚蒾属 *Viburnum* 忍冬科 Caprifoliaceae

个体数量（Individual number）＝167
最小，平均，最大胸径（Min, Mean, Max DBH）＝1.0 cm, 5.0 cm, 23.9 cm
分布林层（Layer）＝亚乔木层（Subtree layer）
重要值排序（Importance value rank）＝10/45

| 胸径区间/cm | 个体数量 | 比例/% |
|---|---|---|
| [1.0, 2.5) | 69 | 41.32 |
| [2.5, 5.0) | 35 | 20.96 |
| [5.0, 8.0) | 33 | 19.75 |
| [8.0, 11.0) | 14 | 8.38 |
| [11.0, 15.0) | 11 | 6.59 |
| [15.0, 20.0) | 3 | 1.80 |
| [20.0, 30.0) | 2 | 1.20 |

　　常绿灌木或小乔木，高达 8-15 m；枝带红色或灰褐色，散生小皮孔，小枝无毛或初时被簇状短毛。冬芽有 1 对鳞片。叶革质，椭圆形至矩圆形或卵状矩圆形，长 8-24 cm，顶端渐尖或急渐尖，基部渐狭至圆形，全缘或中上部疏生少数钝或尖的不整齐浅齿，通常无毛，下面散生带红色或黄色微小腺点，近基部两侧各有 1 至数个腺体，侧脉 3-18 对，弧形；叶柄长 1-5 cm，无毛或被簇状短毛。聚伞花序伞形式，顶圆形，直径 4-18 cm，无毛或散生簇状微毛，连同萼和花冠有时被微细鳞腺，总花梗长 1-6 cm，第一级辐射枝通常 7 条，苞片和小苞片早落，花通常生于第三级辐射枝上；萼筒卵圆形或倒圆锥形，长约 1.5 mm，有微小腺点，萼齿极小而不显著；花冠白色或有红晕，钟状，长 4-6 mm，有微细鳞腺，裂片圆卵形，直立，长约 1 mm；雄蕊高出花冠约 3 mm，花药紫色，矩圆形，长 1-1.8 mm。果实先红色后变蓝黑色，卵圆形，长约 5 mm；核卵圆形，扁，长约 4 mm；直径 3.5-4 mm，有 1 条浅腹沟和 2 条浅背沟。花期 6-10 月，果期 6-8 月。

　　恩施州广布，生于山坡林中；分布于甘肃、湖北、湖南、广东、广西、四川、贵州、云南、西藏。

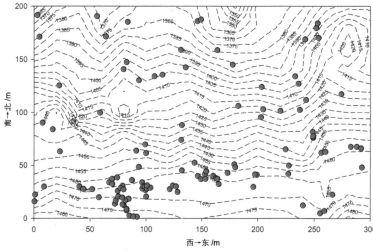

## 荚蒾 *Viburnum dilatatum* Thunb.

### 荚蒾属 *Viburnum*　　忍冬科 Caprifoliaceae

个体数量（Individual number）＝36
最小，平均，最大胸径（Min, Mean, Max DBH）＝1.0 cm, 1.7 cm, 2.8 cm
分布林层（Layer）＝灌木层（Shrub layer）
重要值排序（Importance value rank）＝42/123

| 胸径区间 /cm | 个体数量 | 比例 /% |
|---|---|---|
| [1.0, 2.0) | 28 | 77.78 |
| [2.0, 3.0) | 8 | 22.22 |
| [3.0, 4.0) | 0 | 0.00 |
| [4.0, 5.0) | 0 | 0.00 |
| [5.0, 7.0) | 0 | 0.00 |
| [7.0, 10.0) | 0 | 0.00 |
| [10.0, 15.0) | 0 | 0.00 |

　　落叶灌木，高 1.5-3 m；当年小枝连同芽、叶柄和花序均密被土黄色或黄绿色开展的小刚毛状粗毛及簇状短毛，老时毛可弯伏，毛基有小瘤状突起，2 年生小枝暗紫褐色，被疏毛或几无毛，有凸起的垫状物。叶纸质，宽倒卵形、倒卵形或宽卵形，长 3-13 cm，顶端急尖，基部圆形至钝形或微心形，有时楔形，边缘有牙齿状锯齿，齿端突尖，上面被叉状或简单伏毛，下面被带黄色叉状或簇状毛，脉上毛尤密，脉腋集聚簇状毛，有带黄色或近无色的透亮腺点，虽脱落仍留有痕迹，近基部两侧有少数腺体，侧脉 6-8 对，直达齿端，上面凹陷，下面明显凸起；叶柄长 5-15 mm；无托叶。复伞形式聚伞花序稠密，生于具 1 对叶的短枝之顶，直径 4-10 cm，总花梗长 1-3 cm，第 一级辐射枝 5 条，花生于第三至第四级辐射枝上，萼和花冠外面均有簇状糙毛；萼筒狭筒状，长约 1 mm，有暗红色微细腺点，萼齿卵形；花冠白色，辐状，直径约 5 mm，裂片圆卵形；雄蕊明显高出花冠，花药小，乳白色，宽椭圆形；花柱高出萼齿。果实红色，椭圆状卵圆形，长 7-8 mm；核扁，卵形，长 6-8 mm，直径 5-6 mm，有 3 条浅腹沟和 2 条浅背沟。花期 5-6月，果期 9-11月。

　　恩施州广布，生于山坡林中；分布于河北、陕西、江苏、安徽、浙江、江西、福建、台湾、河南、湖北、湖南、广东、广西、四川、贵州、云南。

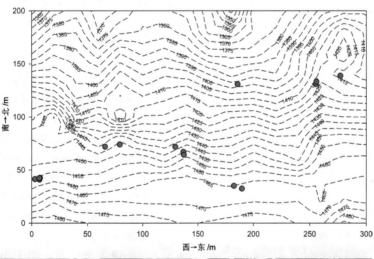

# 茶荚蒾 *Viburnum setigerum* Hance

## 荚蒾属 *Viburnum*　　忍冬科 Caprifoliaceae

个体数量（Individual number）=1362
最小，平均，最大胸径（Min, Mean, Max DBH）=1.0 cm, 2.0 cm, 8.9 cm
分布林层（Layer）=灌木层（Shrub layer）
重要值排序（Importance value rank）=2/123

| 胸径区间 /cm | 个体数量 | 比例 /% |
|---|---|---|
| [1.0, 2.0) | 796 | 58.44 |
| [2.0, 3.0) | 399 | 29.30 |
| [3.0, 4.0) | 129 | 9.47 |
| [4.0, 5.0) | 22 | 1.62 |
| [5.0, 7.0) | 7 | 0.52 |
| [7.0, 10.0) | 9 | 0.65 |
| [10.0, 15.0) | 0 | 0.00 |

　　落叶灌木，高达 4 m；芽及叶干后变黑色、黑褐色或灰黑色；当年小枝浅灰黄色，多少有棱角，无毛，2 年生小枝灰色，灰褐色或紫褐色。冬芽通常长 5 mm 以下，最长可达 1 cm 许，无毛，外面 1 对鳞片为芽体长的 1/3-1/2。叶纸质，卵状矩圆形至卵状披针形，稀卵形或椭圆状卵形，长 7-15 cm，顶端渐尖，基部圆形，边缘基部除外疏生尖锯齿，上面初时中脉被长纤毛，后变无毛，下面仅中脉及侧脉被浅黄色贴生长纤毛，近基部两侧有少数腺体，侧脉 6-8 对，笔直而近并行，伸至齿端，上面略凹陷，下面显著凸起；叶柄长 1-2.5 cm，有少数长伏毛或近无毛。复伞形式聚伞花序无毛或稍被长伏毛，有极小红褐色腺点，直径 2.5-4 cm，常弯垂，总花梗长 1-2.5 cm，第一级辐射枝通常 5 条，花生于第三级辐射枝上，有梗或无，芳香；萼筒长约 1.5 mm，无毛和腺点，

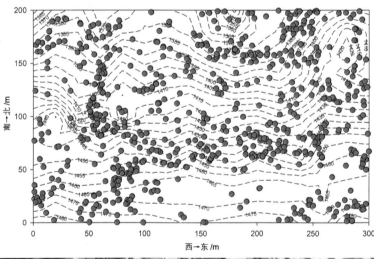

萼齿卵形，长约 0.5 mm，顶钝形；花冠白色，干后变茶褐色或黑褐色，辐状，直径 4-6 mm，无毛，裂片卵形，长约 2.5 mm，比筒长；雄蕊与花冠几等长，花药圆形，极小；花柱不高出萼齿。果序弯垂，果实红色，卵圆形，长 9-11 mm；核甚扁，卵圆形，长 8-10 mm，直径 5-7 mm，凹凸不平，腹面扁平或略凹陷。花期 4-5 月，果期 7-10 月。

　　恩施州广布，生于山谷林中；分布于江苏、安徽、浙江、江西、福建、台湾、广东、广西、湖南、贵州、云南、四川、湖北、陕西。

## 桦叶荚蒾 *Viburnum betulifolium* Batal.

### 荚蒾属 *Viburnum*　　忍冬科 Caprifoliaceae

个体数量（Individual number）＝3
最小，平均，最大胸径（Min, Mean, Max DBH）＝1.5 cm, 2.0 cm, 2.4 cm
分布林层（Layer）＝灌木层（Shrub layer）
重要值排序（Importance value rank）＝97/123

| 胸径区间<br>/cm | 个体<br>数量 | 比例<br>/% |
|---|---|---|
| [1.0, 2.0) | 1 | 33.33 |
| [2.0, 3.0) | 2 | 66.67 |
| [3.0, 4.0) | 0 | 0.00 |
| [4.0, 5.0) | 0 | 0.00 |
| [5.0, 7.0) | 0 | 0.00 |
| [7.0, 10.0) | 0 | 0.00 |
| [10.0, 15.0) | 0 | 0.00 |

　　落叶灌木或小乔木，高可达 7 m；小枝紫褐色或黑褐色，稍有棱角，散生圆形、凸起的浅色小皮孔，无毛或初时稍有毛。冬芽外面多少有毛。叶厚纸质或略带革质，干后变黑色，宽卵形至菱状卵形或宽倒卵形，稀椭圆状矩圆形，长 3.5-12 cm，顶端急短渐尖至渐尖，基部宽楔形至圆形，稀截形，边缘离基 1/3-1/2 以上具开展的不规则浅波状齿，上面无毛或仅中脉有时被少数短毛，下面中脉及侧脉被少数短伏毛，脉腋集聚簇状毛，侧脉 5-7 对；叶柄纤细，长 1-3.5 cm，疏生简单长毛或无毛，近基部常有 1 对钻形小托叶。复伞形式聚伞花序顶生或生于具 1 对叶的侧生短枝上，直径 5-12 cm，被疏或密的黄褐色簇状短毛，总花梗初时通常长不到 1 cm，果时可达 3.5 cm，第一级辐射枝通常 7 条，花生于第 3-5 级辐射枝上；萼筒有黄褐色腺点，疏被簇状短毛，萼齿小，宽卵状三角形，顶钝，有缘毛；花冠白色，辐状，直径约 4 mm，无毛，裂片圆卵形，比筒长；雄蕊常高出花冠，花药宽椭圆形；柱头高出萼齿。果实红色，近圆形，长约 6 mm；核扁，长 3.5-5 mm，直径 3-4 mm，顶尖，有 1-3 条浅腹沟和 2 条深背沟。花期 6-7 月，果期 9-10 月。

　　恩施州广布，生于山谷林中；分布于湖北、陕西、甘肃、四川、贵州、云南、西藏。

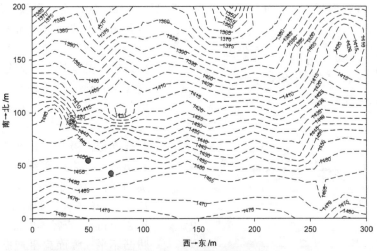

# 宜昌荚蒾 *Viburnum erosum* Thunb.

## 荚蒾属 *Viburnum*　　忍冬科 Caprifoliaceae

个体数量（Individual number）＝53
最小，平均，最大胸径（Min, Mean, Max DBH）＝1.0 cm，1.9 cm，4.3 cm
分布林层（Layer）＝灌木层（Shrub layer）
重要值排序（Importance value rank）＝31/123

| 胸径区间/cm | 个体数量 | 比例/% |
|---|---|---|
| [1.0, 2.0) | 34 | 64.15 |
| [2.0, 3.0) | 14 | 26.42 |
| [3.0, 4.0) | 3 | 5.66 |
| [4.0, 5.0) | 2 | 3.77 |
| [5.0, 7.0) | 0 | 0.00 |
| [7.0, 10.0) | 0 | 0.00 |
| [10.0, 15.0) | 0 | 0.00 |

　　落叶灌木，高达 3 m；当年小枝连同芽、叶柄和花序均密被簇状短毛和简单长柔毛，2 年生小枝带灰紫褐色，无毛。叶纸质，形状变化很大，卵状披针形、卵状矩圆形、狭卵形、椭圆形或倒卵形，长 3-11 cm，顶端尖、渐尖或急渐尖，基部圆形、宽楔形或微心形，边缘有波状小尖齿，上面无毛或疏被叉状或簇状短伏毛，下面密被由簇状毛组成的绒毛，近基部两侧有少数腺体，侧脉 7-14 对，直达齿端；叶柄长 3-5 mm，被粗短毛，基部有 2 枚宿存、钻形小托叶。复伞形式聚伞花序生于具 1 对叶的侧生短枝之顶，直径 2-4 cm，总花梗长 1-2.5 cm，第一级辐射枝通常 5 条，花生于第二至第三级辐射枝上，常有长梗；萼筒筒状，长约 1.5 mm，被绒毛状簇状短毛，萼齿卵状三角形，顶钝，具缘毛；花冠白色，辐状，直径约 6 mm，无毛或近无毛，裂片圆卵形，长约 2 mm；雄蕊略短于至长于花冠，花药黄白色，近圆形；花柱高出萼齿。果实红色，宽卵圆形，长 6-9 mm；核扁，具 3 条浅腹沟和 2 条浅背沟。花期 4-5 月，果期 8-10 月。

　　恩施州均有分布，生于山坡林下；分布于陕西、山东、江苏、安徽、浙江、江西、福建、台湾、河南、湖北、湖南、广东、广西、四川、贵州、云南。

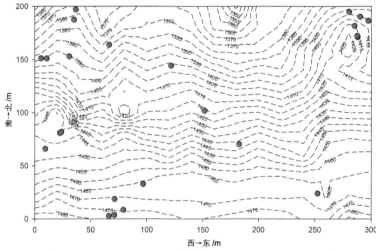

## 糯米条 *Abelia chinensis* R. Br.

### 六道木属 *Abelia*　　忍冬科 Caprifoliaceae

个体数量（Individual number）＝81
最小，平均，最大胸径（Min, Mean, Max DBH）＝1.0 cm, 1.8 cm, 4.9 cm
分布林层（Layer）＝灌木层（Shrub layer）
重要值排序（Importance value rank）＝32/123

| 胸径区间<br>/cm | 个体<br>数量 | 比例<br>/% |
|---|---|---|
| [1.0, 2.0) | 48 | 59.26 |
| [2.0, 3.0) | 30 | 37.03 |
| [3.0, 4.0) | 2 | 2.47 |
| [4.0, 5.0) | 1 | 1.24 |
| [5.0, 7.0) | 0 | 0.00 |
| [7.0, 10.0) | 0 | 0.00 |
| [10.0, 15.0) | 0 | 0.00 |

落叶多分枝灌木，高达 2 m；嫩枝纤细，红褐色，被短柔毛，老枝树皮纵裂。叶有时 3 枚轮生，圆卵形至椭圆状卵形，顶端急尖或长渐尖，基部圆或心形，长 2-5 cm，宽 1-3.5 cm，边缘有稀疏圆锯齿，上面初时疏被短柔毛，下面基部主脉及侧脉密被白色长柔毛，花枝上部叶向上逐渐变小。聚伞花序生于小枝上部叶腋，由多数花序集合成一圆锥状花簇，总花梗被短柔毛，果期光滑；花芳香，具 3 对小苞片；小苞片矩圆形或披针形，具睫毛；萼筒圆柱形，被短柔毛，稍扁，具纵条纹，萼檐 5 裂，裂片椭圆形或倒卵状矩圆形，长 5-6 mm，果期变红色；花冠白色至红色，漏斗状，长 1-1.2 cm，为萼齿的一倍，外面被短柔毛，裂片 5 片，圆卵形；雄蕊着生于花冠筒基部，花丝细长，伸出花冠筒外；花柱细长，柱头圆盘形。果实具宿存而略增大的萼裂片。花期 8-9 月，果期 10-11 月。

产于巴东、建始，生于山地林中；我国长江以南各省区广泛分布。

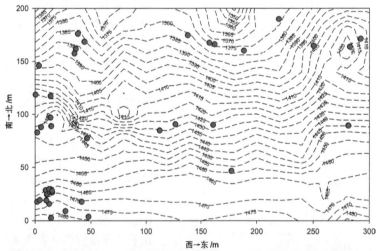

# 锦带花 *Weigela florida* (Bunge) A. DC.

## 锦带花属 *Weigela*　　　忍冬科 Caprifoliaceae

个体数量（Individual number）＝880
最小，平均，最大胸径（Min, Mean, Max DBH）＝1.0 cm, 6.1 cm, 14.7 cm
分布林层（Layer）＝灌木层（Shrub layer）
重要值排序（Importance value rank）＝5/123

| 胸径区间 /cm | 个体数量 | 比例 /% |
|---|---|---|
| [1.0, 2.0) | 81 | 9.21 |
| [2.0, 3.0) | 94 | 10.68 |
| [3.0, 4.0) | 62 | 7.04 |
| [4.0, 5.0) | 90 | 10.23 |
| [5.0, 7.0) | 202 | 22.95 |
| [7.0, 10.0) | 254 | 28.87 |
| [10.0, 15.0) | 97 | 11.02 |

　　落叶灌木，高达 1-3 m；幼枝稍四方形，有 2 列短柔毛；树皮灰色。芽顶端尖，具 3-4 对鳞片，常光滑。叶矩圆形、椭圆形至倒卵状椭圆形，长 5-10 cm，顶端渐尖，基部阔楔形至圆形，边缘有锯齿，上面疏生短柔毛，脉上毛较密，下面密生短柔毛或绒毛，具短柄至无柄。花单生或成聚伞花序生于侧生短枝的叶腋或枝顶；萼筒长圆柱形，疏被柔毛，萼齿长约 1 cm，不等，深达萼檐中部；花冠紫红色或玫瑰红色，长 3-4 cm，直径 2 cm，外面疏生短柔毛，裂片不整齐，开展，内面浅红色；花丝短于花冠，花药黄色；子房上部的腺体黄绿色，花柱细长，柱头 2 裂。果实长 1.5-2.5 cm，顶有短柄状喙，疏生柔毛；种子无翅。花期 4-6 月，果期 10 月。

恩施州广泛栽培；分布于黑龙江、吉林、辽宁、内蒙古、山西、陕西、河南、山东、江苏、湖北等省区。

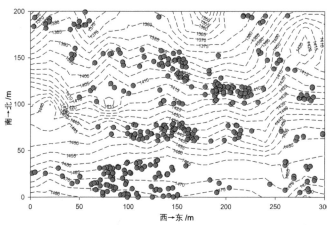

## 忍冬 *Lonicera japonica* Thunb.

### 忍冬属 *Lonicera*　　忍冬科 Caprifoliaceae

个体数量（Individual number）=9
最小，平均，最大胸径（Min, Mean, Max DBH）=1.0 cm, 1.2 cm, 1.5 cm
分布林层（Layer）=灌木层（Shrub layer）
重要值排序（Importance value rank）=63/123

| 胸径区间<br>/cm | 个体<br>数量 | 比例<br>/% |
|---|---|---|
| [1.0, 2.0) | 9 | 100.00 |
| [2.0, 3.0) | 0 | 0.00 |
| [3.0, 4.0) | 0 | 0.00 |
| [4.0, 5.0) | 0 | 0.00 |
| [5.0, 7.0) | 0 | 0.00 |
| [7.0, 10.0) | 0 | 0.00 |
| [10.0, 15.0) | 0 | 0.00 |

半常绿藤本；幼枝暗红褐色，密被黄褐色、开展的硬直糙毛、腺毛和短柔毛，下部常无毛。叶纸质，卵形至矩圆状卵形，有时卵状披针形，稀圆卵形或倒卵形，极少有1至数个钝缺刻，长3-9.5 cm，顶端尖或渐尖，少有钝、圆或微凹缺，基部圆或近心形，有糙缘毛，上面深绿色，下面淡绿色，小枝上部叶通常两面均密被短糙毛，下部叶常平滑无毛而下面多少带青灰色；叶柄长4-8 mm，密被短柔毛。总花梗通常单生于小枝上部叶腋，与叶柄等长或稍较短，下方者则长达2-4 cm，密被短柔后，并夹杂腺毛；苞片大，叶状，卵形至椭圆形，长达2-3 cm，两面均有短柔毛或有时近无毛；小苞片顶端圆形或截形，长约1 mm，为萼筒的1/2-4/5，有短糙毛和腺毛；萼筒长约2 mm，无毛，萼齿卵状三角形或长三角形，顶端尖而有长毛，外面和边缘都有密毛；花冠白色，有时基部向阳面呈微红，后变黄色，长2-6 cm，唇形，筒稍长于唇瓣，很少近等长，外被多少倒生的开展或半开展糙毛和长腺毛，上唇裂片顶端钝形，下唇带状而反曲；雄蕊和花柱均高出花冠。果实圆形，直径6-7 mm，熟时蓝黑色，有光泽；种子卵圆形或椭圆形，褐色，长约3 mm，中部有1凸起的脊，两侧有浅的横沟纹。花期4-6月（秋季亦常开花），果期10-11月。

恩施州广布，生于山坡林中；分布于我国各省区。

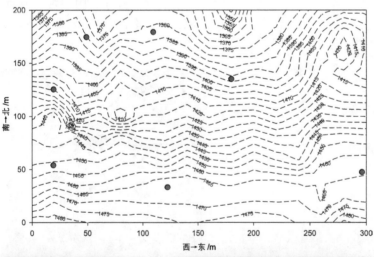

# 菝葜 *Smilax china* L.

## 菝葜属 *Smilax*　百合科 Liliaceae

个体数量（Individual number）=3
最小，平均，最大胸径（Min, Mean, Max DBH）=1.0 cm, 1.0 cm, 1.0 cm
分布林层（Layer）=灌木层（Shrub layer）
重要值排序（Importance value rank）=93/123

| 胸径区间 /cm | 个体数量 | 比例 /% |
|---|---|---|
| [1.0, 2.0) | 3 | 100.00 |
| [2.0, 3.0) | 0 | 0.00 |
| [3.0, 4.0) | 0 | 0.00 |
| [4.0, 5.0) | 0 | 0.00 |
| [5.0, 7.0) | 0 | 0.00 |
| [7.0, 10.0) | 0 | 0.00 |
| [10.0, 15.0) | 0 | 0.00 |

　　攀援灌木；根状茎粗厚，坚硬，为不规则的块状，粗2-3 cm。茎长1-3 m，少数可达5 m，疏生刺。叶薄革质或坚纸质，干后通常红褐色或近古铜色，圆形、卵形或其他形状，长3-10 cm，宽1.5-6 cm，下面通常淡绿色，较少苍白色；叶柄长5-15 mm，约占全长的1/2-2/3，具宽0.5-1 mm（一侧）的鞘，几乎都有卷须，少有例外，脱落点位于靠近卷须处。伞形花序生于叶尚幼嫩的小枝上，具十几朵或更多的花，常呈球形；总花梗长1-2 cm；花序托稍膨大，近球形，较少稍延长，具小苞片；花绿黄色，外花被片长3.5-4.5 mm，宽1.5-2 mm，内花被片稍狭；雄花中花药比花丝稍宽，常弯曲；雌花与雄花大小相似，有6枚退化雄蕊。浆果直径6-15 mm，熟时红色，有粉霜。花期2-5月，果期9-11月。

恩施州广布，生于山坡林中；分布于山东、江苏、浙江、福建、台湾、江西、安徽、河南、湖北、四川、云南、贵州、湖南、广西、广东。

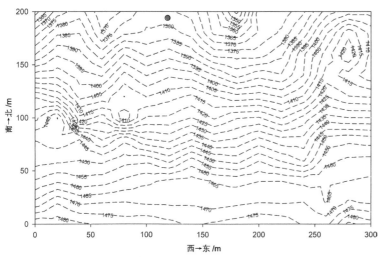

## 小叶菝葜 *Smilax microphylla* C. H. Wright

### 菝葜属 *Smilax*　百合科 Liliaceae

个体数量（Individual number）＝1
最小，平均，最大胸径（Min, Mean, Max DBH）＝2.1 cm, 2.1 cm, 2.1 cm
分布林层（Layer）＝灌木层（Shrub layer）
重要值排序（Importance value rank）＝111/123

| 胸径区间 /cm | 个体数量 | 比例 /% |
|---|---|---|
| [1.0, 2.0) | 0 | 0.00 |
| [2.0, 3.0) | 1 | 100.00 |
| [3.0, 4.0) | 0 | 0.00 |
| [4.0, 5.0) | 0 | 0.00 |
| [5.0, 7.0) | 0 | 0.00 |
| [7.0, 10.0) | 0 | 0.00 |
| [10.0, 15.0) | 0 | 0.00 |

　　攀援灌木。茎长 1-5 m，枝条平滑或稍粗糙，具刺。叶革质，披针形、卵状披针形或近条状披针形，干后一般暗绿色，下面苍白色；叶柄长 0.5-2 cm，约占全长的 1/2-2/3 具狭鞘，脱落点位于近顶端，一般有卷须。伞形花序具几朵或更多的花；总花梗稍扁或近圆柱形，宽约 0.5 mm，常稍粗糙，明显短于叶柄；花序托膨大，连同多枚宿存的小苞片多少呈莲座状；花淡绿色或红色；雄花外花被片长 2-2.5 mm，宽约 1 mm，内花被片稍狭而短；雌花比雄花稍小，具 3 枚退化雄蕊。浆果直径 5-7 mm，熟时蓝黑色。花期 6-8 月，果期 10-11 月。

恩施州均有分布，生于山坡林下；分布于甘肃、陕西、四川、湖北、湖南、贵州、云南。

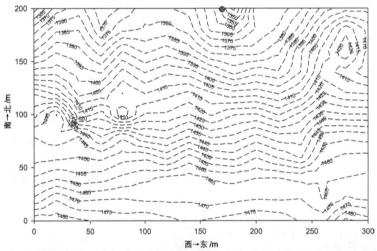

# 参 考 文 献

艾训儒, 易咏梅, 姚兰, 等, 2017. 恩施植物志: 第二卷　裸子植物　被子植物 [M]. 北京: 科学出版社.

艾训儒, 姚兰, 易咏梅, 等, 2017. 恩施植物志: 第三卷　被子植物 [M]. 北京: 科学出版社.

艾训儒, 黄升, 姚兰, 等, 2018. 恩施植物志: 第四卷　被子植物 [M]. 北京: 科学出版社.

陈天虎, 2007. 恩施市维管束植物名录 [M]. 武汉: 湖北科学技术出版社.

方志先, 廖朝林, 2006. 湖北恩施药用植物志 [M]. 武汉: 湖北科学技术出版社.

傅书遐, 中国科学院武汉植物研究所, 2001. 湖北植物志: 第一卷 [M]. 武汉: 湖北科学技术出版社.

傅书遐, 中国科学院武汉植物研究所, 2002. 湖北植物志: 第二卷 [M]. 武汉: 湖北科学技术出版社.

傅书遐, 中国科学院武汉植物研究所, 2002. 湖北植物志: 第三卷 [M]. 武汉: 湖北科学技术出版社.

傅书遐, 中国科学院武汉植物研究所, 2002. 湖北植物志: 第四卷 [M]. 武汉: 湖北科学技术出版社.

刘虹, 覃瑞, 熊坤赤, 2017. 湖北七姊妹山国家级自然保护区植物图鉴 (上) [M]. 北京: 科学出版社.

刘虹, 覃瑞, 熊坤赤, 2017. 湖北七姊妹山国家级自然保护区植物图鉴 (下) [M]. 北京: 科学出版社.

卢志军, 鲍大川, 刘海波, 等, 2017. 湖南八大公山森林动态样地: 树种及其分布格局 [M]. 北京: 中国林业出版社.

王文采, 1995. 武陵山地区维管植物检索表 [M]. 北京: 科学出版社.

中国科学院中国植物志编委会, 1974. 中国植物志: 第三十六卷 [M]. 北京: 科学出版社.

中国科学院中国植物志编辑委员会, 1978. 中国植物志: 第七卷 [M]. 北京: 科学出版社.

中国科学院中国植物志编辑委员会, 1978. 中国植物志: 第五十四卷 [M]. 北京: 科学出版社.

中国科学院中国植物志编辑委员会, 1979. 中国植物志: 第二十一卷 [M]. 北京: 科学出版社.

中国科学院中国植物志编辑委员会, 1979. 中国植物志: 第三十五卷　第二分册 [M]. 北京: 科学出版社.

中国科学院中国植物志编辑委员会, 1980. 中国植物志: 第十四卷 [M]. 北京: 科学出版社.

中国科学院中国植物志编辑委员会, 1980. 中国植物志: 第四十五卷　第一分册 [M]. 北京: 科学出版社.

中国科学院中国植物志编辑委员会, 1981. 中国植物志: 第四十六卷 [M]. 北京: 科学出版社.

中国科学院中国植物志编辑委员会, 1982. 中国植物志: 第三十一卷 [M]. 北京: 科学出版社.

中国科学院中国植物志编辑委员会, 1982. 中国植物志: 第四十八卷　第一分册 [M]. 北京: 科学出版社.

中国科学院中国植物志编辑委员会, 1982. 中国植物志: 第六十五卷　第一分册 [M]. 北京: 科学出版社.

中国科学院中国植物志编辑委员会, 1983. 中国植物志: 第五十二卷 [M]. 北京: 科学出版社.

中国科学院中国植物志编辑委员会, 1983. 中国植物志: 第五十二卷　第二分册 [M]. 北京: 科学出版社.

中国科学院中国植物志编辑委员会, 1984. 中国植物志: 第二十卷　第二分册 [M]. 北京: 科学出版社.

中国科学院中国植物志编辑委员会, 1984. 中国植物志: 第四十九卷　第二分册 [M]. 北京: 科学出版社.

中国科学院中国植物志编辑委员会, 1985. 中国植物志: 第四十七卷　第一分册 [M]. 北京: 科学出版社.

中国科学院中国植物志编辑委员会, 1987. 中国植物志: 第六十卷 [M]. 北京: 科学出版社.

中国科学院中国植物志编辑委员会, 1987. 中国植物志: 第六十卷　第一分册 [M]. 北京: 科学出版社.

中国科学院中国植物志编辑委员会, 1987. 中国植物志: 第六十卷　第二分册 [M]. 北京: 科学出版社.

中国科学院中国植物志编辑委员会, 1988. 中国植物志: 第二十四卷 [M]. 北京: 科学出版社.

中国科学院中国植物志编辑委员会, 1988. 中国植物志: 第三十九卷 [M]. 北京: 科学出版社.

中国科学院中国植物志编辑委员会, 1988. 中国植物志: 第七十二卷 [M]. 北京: 科学出版社.

中国科学院中国植物志编辑委员会, 1989. 中国植物志: 第四十九卷　第一分册 [M]. 北京: 科学出版社.

中国科学院中国植物志编辑委员会, 1990. 中国植物志: 第五十六卷 [M]. 北京: 科学出版社.

中国科学院中国植物志编辑委员会, 1992. 中国植物志: 第六十一卷 [M]. 北京: 科学出版社.

中国科学院中国植物志编辑委员会, 1992. 中国植物志: 第三十四卷　第二分册 [M]. 北京: 科学出版社.

中国科学院中国植物志编辑委员会, 1994. 中国植物志: 第四十四卷　第一分册 [M]. 北京: 科学出版社.

中国科学院中国植物志编辑委员会, 1996. 中国植物志: 第三十卷　第一分册 [M]. 北京: 科学出版社.

中国科学院中国植物志编辑委员会, 1997. 中国植物志: 第四十三卷　第二分册 [M]. 北京: 科学出版社.

中国科学院中国植物志编辑委员会, 1997. 中国植物志: 第四十三卷　第三分册 [M]. 北京: 科学出版社.

中国科学院中国植物志编辑委员会, 1998. 中国植物志: 第二十二卷 [M]. 北京: 科学出版社.

中国科学院中国植物志编辑委员会, 1998. 中国植物志: 第二十三卷　第一分册 [M]. 北京: 科学出版社.

中国科学院中国植物志编辑委员会, 1998. 中国植物志: 第四十八卷　第二分册 [M]. 北京: 科学出版社.

中国科学院中国植物志编辑委员会, 1998. 中国植物志: 第四十九卷　第三分册 [M]. 北京: 科学出版社.

中国科学院中国植物志编辑委员会, 1999. 中国植物志: 第四十五卷　第二分册 [M]. 北京: 科学出版社.

中国科学院中国植物志编辑委员会, 1999. 中国植物志: 第四十五卷　第三分册 [M]. 北京: 科学出版社.

中国科学院中国植物志编辑委员会, 1999. 中国植物志: 第五十二卷　第一分册 [M]. 北京: 科学出版社.

中国科学院中国植物志编辑委员会, 1999. 中国植物志: 第五十七卷　第一分册 [M]. 北京: 科学出版社.

中国科学院中国植物志编辑委员会, 1999. 中国植物志: 第七十一卷　第一分册 [M]. 北京: 科学出版社.

中国科学院中国植物志编辑委员会, 2001. 中国植物志: 第二十九卷 [M]. 北京: 科学出版社.